自我治愈心理学

有成效的自我心理疗愈法

杰　西◎编著

中國華僑出版社

·北　京·

图书在版编目（CIP）数据

自我治愈心理学 / 杰西编著. — 北京 ：中国华侨出版社，2018.5

ISBN 978-7-5113-7614-5

Ⅰ.①自… Ⅱ.①杰… Ⅲ.①心理学—通俗读物 Ⅳ.①B84—49

中国版本图书馆 CIP 数据核字（2018）第 044029 号

● **自我治愈心理学**

编　　著 / 杰　西
责任编辑 / 高文喆　王　嘉
责任校对 / 孙　丽
装帧设计 / 环球互动
经　　销 / 新华书店
开　　本 / 710 毫米×1000 毫米　1/16　印张 /18　　字数 /284 千字
印　　刷 / 香河利华文化发展有限公司
版　　次 / 2018 年 5 月第 1 版　2018 年 5 月第 1 次印刷
书　　号 / ISBN 978-7-5113-7614-5
定　　价 / 39. 80 元

中国华侨出版社　北京市朝阳区静安里 26 号通成达大厦 3 层　邮编：100028
法律顾问：陈鹰律师事务所　　编辑部：（010）64443056　　64443979
发行部：（010）64443051　　传　真：（010）64439708
网　址：www. oveaschin. com　　E- mail：oveaschin@sina. com

前言

随着社会的高速发展，现在的人们活得越来越匆忙，工作压力、生活压力不断增加，承受的负荷越来越重。由于过于紧张劳累，精神过度空虚，心理问题层出不穷，忧郁症、焦虑症、强迫症、成瘾症、恐惧症、情感冷漠症等心理疾病逐渐扩大。

此外，毫无疑问，面对激烈的竞争和复杂的生活环境，人们普遍缺乏安全感，在疲于奔命的时候，总是感到困惑，每个人都有可能患上这样或那样的心理疾病。心理问题出现了怎么办？是装作浑然不知，还是祈求上苍让自己快点恢复？抑或是把所有的希望寄托在心理医生身上？也许你不知道，其实人本身就有强大的自愈能力，能拯救你的不是任何力量或任何人，而是你自己。

世间万物，都有自我修复的能力。一棵树被割伤后，会在疤痕处长出更坚硬的组织；动物受伤后，会用自己的唾液消毒；人作为万物灵长，当然也有超强的自我修复能力。人类的身体经过上百万年的进化，已经具备了超乎想象的自愈能力，伴随着身体的进化，人类的智慧与日俱增，因此也具备了心灵修复的能力。

人类生来就有自愈机制，就像海洋生来就有自我净化的能力一样。所不同的是海洋的净化是一个自然而然的过程，而心灵的自愈却是在主观意志指导下完成的。心灵上的伤疤不会自动消除，内心的尘垢不会自行消失，你需要掌握必要的心理学知识，给予自己科学系统的心理疏导。

每个人都可以成为自己的心理医生，因为在这个世界上最了解你的人是你自己，你最清楚自己的期望、自己的脾性以及内心深处的隐忧，你知道自己的病因在哪里，了解自己的过去和现在，知道自己走过哪些弯路，清楚该用什么样的方式跟自己沟通。从心理分析的角度看，自愈的力量来自内心，而不是来自外界。外界的能量补偿对你的帮助是极其有限的，而内在系统的能量转化，却能源源不断地给你提高力量。所以说，只要学会如何唤醒自身的能量，就能主宰自己的心灵，实现自我疗愈。

本书涵盖了大量的心理学知识，囊括各类心理疾病，案例生动翔实，心理分析鞭辟入里，语言深入浅出，旨在教给你有关自我疗愈的基本方法，希望能带给你有益的启发，帮助你走上快乐健康之路。

目录

第一章　可怕的抑郁症：生命里的黑色废墟

忧郁——阳光消逝的地方，忧伤潜滋暗长　/2
郁闷与抑郁只有一步之遥　/4
伤感泛滥，内心仿佛被掏空　/6
CBT 疗法：情感与理智的较量　/10
十大认知扭曲有多少与你吻合　/13
向不合理的思维宣战　/17
你需要改变的不是环境，而是自己的内心　/20
抑郁不可耻，别把它当成守口如瓶的秘密　/22
对抗抑郁，要有屡仆屡起的勇气　/24

第二章　自闭与恐惧症：荒凉孤寂的噩梦之旅

恐惧——睁开眼全是盲区　/28
千奇百怪的恐惧症　/30
是谁制造了可怕的梦魇　/32
幽闭空间，无法忍受的惊魂体验　/34
当广场成为不敢跨越的雷池　/36
最孤独的成长莫过于自闭　/39
社交恐惧不只是害羞那么简单　/42
用虚拟技术打败现实恐惧　/45

第三章　心理创伤：“刻骨”又“铭心”，沁入灵魂的痛与伤

应激障碍——灾难过后的精神浩劫　/48
心灵的重建是一个浴火重生的过程　/50
用记忆掩盖记忆，用时光埋藏时光　/52

第四章　恼人的焦虑症：躲不开的时代病

焦虑——忐忑不安，如坐针毡　/56
人们为什么总是忧心忡忡　/57
你所担忧的，是杞人忧天还是合理预测　/60
放飞心情，让冥想开启快乐魔盒　/62
正念加冥想，比美酒加咖啡的组合更美妙　/64

第五章　缺失的安全感：在不安的世界里，找不到安宁

难以找回的安全感——外壳有多重，内心就有多脆弱　/68
爱是卸下防御，爱是揣着害怕的敞开　/70
学会在不安中生存，是获得安全的唯一途径　/72

第六章　虚假的强势：活在自我欺骗的谎言里

故作坚强的背后——表情可以“伪装”，情绪却从不“说谎”　/76
允许自己脆弱，才有力量强大　/78
放下沉重的束缚，还生命以轻盈姿态　/81

第七章　偏执型人格：疯狂多疑的幻想家

偏激——把荒谬的想象误当作现实　/86
每个偏执狂都有神经质的气质　/88
友善和信任能消解敌意　/90
与其固守执念，不如优雅转身　/93

让经典佳片触动你的心弦 /95

第八章 病态的彼得·潘：成年世界里的伪儿童

幼稚——成长链条的断裂 /100
活在溺爱和冷漠中的孩子，注定长不大 /102
回溯童年，安抚内在的儿童 /104
发表独立宣言，从依赖走向自主 /106

第九章 懦弱型人格：缺乏胆量和魄力，冲不出自我设置的牢笼

懦弱——立不起来的糊汤面 /110
当懦弱的种子落在幼小的心里 /112
天生的胆小鬼也能磨砺成英雄 /114
运用潜意识塑造强大的自我 /117
奇妙的自我暗示："心想"真能"事成" /120

第十章 自卑情结：卑微的灵魂，畸形的自尊

自卑——在比较中自惭形秽 /124
你为什么瞧不起自己 /126
面对自卑，千万不能讳疾忌医 /128
不自信的你，只能用努力补偿自己 /131
走出"习得性无助"的死循环 /133
以欣赏之心，领略自身之美 /136

第十一章 贪婪心理：人性堕落的根源

贪婪——它填不满你，你填不满它 /140
贪欲为何总是一发而不可收 /142
禁得住诱惑，你就赢了 /144

第十二章　自私心理：个人利益至上的价值取向

自私——在没有共享的世界里　/148
独占与分享的游戏　/150
利己但不自私，利他但不伪善　/152

第十三章　情感冷漠症：冷酷到底，麻木到底

冷漠：情感荒漠化的罪魁祸首　/156
冷酷麻木意味着情感能力的丧失　/158
火热的温情可以融化世间的冰雪　/160

第十四章　荒谬的妄想症：虚妄世界里的白日梦

妄想——狂乱不羁的痴想　/164
步入虚幻，只是为了逃离现实　/167
总疑心有病其实是得了心病　/169
自作多情，小心相思成疾　/171
妄自尊大只不过是自卑的假面而已　/173
对被迫害妄想狂而言，生活就是惊悚片　/175
嫉妒妄想症是对爱情的亵渎　/178

第十五章　表演型人格障碍：把人生当成了演出，把演出当成了人生

人来疯式表演——装腔作势的吸睛手法　/182
毫无原则地取悦他人是一种病态　/184
摘下煽情面具，面对真实自我　/186

第十六章　双重人格障碍：在纠结中分裂，在分裂中纠结

双重人格——天使与魔鬼的矛盾体　/190
内心的阴暗面，造就另一个自己　/192

将割裂的灵魂合二为一 /195

第十七章 冲动型人格障碍：冲冠一怒，伤人害己

冲动的后果：情绪猛于虎 /200

不可遏制的怒火到底从哪里来 /202

控制好情绪的扳机 /204

第十八章 难解的强迫症：一切皆是执念，一切皆是云烟

强迫思维——挥之不去的紧箍咒 /208

为什么要跟无聊透顶的思维纠缠不清 /211

细菌不可怕，可怕的是过度洁净 /213

反复确认和检查，是在和“不确定性”做斗争 /216

忽然闪出的邪恶念头，不代表你的本意 /218

追求十全九美，打败强迫观念 /221

走出误区，顺其自然 /224

第十九章 欲罢不能的成瘾症：一朝沾染，终生枷锁

成瘾——变相的精神依赖 /228

都是多巴胺惹的祸 /230

“剁手”买买买，疯狂网购背后的迷局 /232

被手机遥控的人生很可悲 /234

网络是一张无形的大网，网住了无数流离失所的心 /238

香烟能抽出酒的味，烈酒能喝出烟的瘾 /240

你以为你热爱工作，其实不过是上瘾罢了 /243

第二十章 颓废心理：因失落而自甘堕落，因梦碎而自我放弃

颓废——不能燃烧的生命，终将腐朽 /248

年轻人为何精神早衰 /250

失望无奈的时候，更要重燃斗志 /252
厌倦就是改变的开始 /254

第二十一章 选择障碍症：取舍难，抉择更难

选择恐惧——当断不断，反受其乱 /258
人生岔路口，总让人望而却步 /259
有时候选项越多，反而越不自由 /262
徘徊踌躇时，须当机立断 /264

第二十二章 谁都有一份无法安放的忧伤

原来心理也会患上“伤风感冒” /268
一切的痛苦，本质上都是对自己无能的愤怒 /270

第一章

可怕的抑郁症：生命里的黑色废墟

北大哲学系教授何怀宏曾经说过："一个人的外表可能非常宁静，一个人的行为可能循规蹈矩一如常人，可是只有他自己知道自己的内心经历着怎样的骚乱和革命。"确实如此，人的外表和内心往往是不一致的，平时笑得一脸阳光，内心深处可能潜藏着难以排解的忧伤，白天风风火火、喜笑颜开，晚上可能沉默不语、郁郁寡欢，甚至极度厌世。正是因为人们总是习惯压抑自己的情感，才会患上抑郁症。

当今时代，患抑郁症的人越来越多，有的人的症状是显性的，有的是隐性的。很多人不愿承认自己得了抑郁症，总是设法用微笑来隐藏自己的抑郁情绪。人们对抑郁症的认知目前还十分匮乏，以为这种心理疾病就是心情不好导致的，只要多给自己灌输一些心灵鸡汤，慢慢想通了，病就好了。其实不是这样，抑郁症是一种比较严重的心理疾病，它就像生命里的黑色堡垒，能遮蔽所有的阳光，必须经过科学的心理疏导才能让你重见天日，恢复身心健康。因此掌握一定的心理学知识，是非常必要的。

忧郁——阳光消逝的地方，忧伤潜滋暗长

现如今，忧郁的情绪四处蔓延扩散，慢慢侵蚀着人们的心灵。无论是风华正茂的年轻人，还是白发苍苍的老年人，脸上总有那么一抹难以解读的忧伤。苍白到没有血色的脸，忧郁迷离的眼神，最流行的表情包不是夸张的大笑，也不是尴尬的窘态，而是一双哀怨忧郁的大眼，那么忧郁真的那么美妙吗？当然不是。

想要远离忧郁，并没有那么容易，因为忧郁的种子深植于广阔的社会土壤中，而且根植于人性深处。快节奏的生活方式，无处不在的压力，泛滥成灾的信息，社会上各种丛生的乱象，本身就会给人带来很多困惑。再加上人们在工作、生活、婚恋等方面常碰到各种各样的问题，所面临的困惑自然也就越来越多。

成人的字典里，从来就没有“容易”二字，人生在世，本身就有诸多不易。作为一个有血有肉有感知的人，谁都有心累的时候，谁都有迷茫的时候，表面看起来风光的人，很有可能已经身心俱疲。那些游戏人间、优哉游哉的人，很有可能内心非常苦闷彷徨，找不到人生的方向，也找不到快乐的理由，他们只想通过极致的享乐来刺激麻木的感官。所以忧郁并非完全写在脸上，而是刻在心里，任由这种有害的情绪潜滋暗长，就会丧失感知快乐的能力。

凯瑟琳总想找个没人的地方痛痛快快地哭一场，她总是会感到难过，觉得人生没有意义，无论做什么事都开心不起来。比如打球的时候，别人笑得一脸灿烂，她却愁眉苦脸，不明白打球有什么可高兴的。恋爱也不能让她提起兴致，别人热恋时都很甜蜜，而她却忧心忡忡、患得患失，不敢对未来抱有希望。有时她想所谓的爱情不过是荷尔蒙分泌的产物罢了，并没有人们想象中的那么神圣，这种感情真的值得追求吗？

工作三年以后，凯瑟琳变得更加悲观了。以前她还想为了美好的未来而努力奋斗，现在却一点动力也没有了。她想：奋斗不就是为了赚钱吗？赚到钱又有什么用呢？钱又买不到快乐。人活着本来就很累，为什么一定要把自己异化

成一个拼命赚钱的机器呢？

凯瑟琳整日百无聊赖，心里充满了悲伤。燕来燕往、花谢花开都会触发她的悲伤情绪，看到月缺花残之景，她就会忍不住潸然泪下。每到黄昏的时候，她都会感叹美好的事物短暂易逝，进而联想到自己即将逝去的年华。她常感慨岁月匆匆，青春易老，可惜在最美的年华里，自己的生命却毫无亮色。她没有快乐地活过一天，从来不知道喜悦是什么感觉，她不相信任何人，不相信任何事情，经常怀疑命运，怀疑人生，时常觉得自己是一个多余的人。

凯瑟琳觉得自己还没来得及茁壮成长，就悄然老去了。她深沉得像一个步入垂暮之年的老人，有时会像忧郁王子哈姆雷特那样，思考生存与死亡的问题。她常问自己：如果生命不能尽情燃烧，就一定意味着会腐朽吗？她找不到答案，也找不到安慰，只能任由悲伤的洪水将自己淹没。

人在忧郁的状态下，会忽然变成哲学家，喜欢追问为什么。比如他会问："我从哪里来，该归往何处去？""人为什么要活着？""生活是有意义的吗？"这些抽象的问题通常是没有答案的，没有人能轻易得出结论。那么为什么有人会绞尽脑汁思考这样的问题呢？是为了变得更聪慧，参透某些深奥的哲理吗？当然不是。苦苦追索无解的问题，通常是因为对人生充满困惑，平时感知不到生活的快乐。

来自内心的喜悦有时是可遇而不可求的，而突如其来的悲伤却是避之不及的。即使你不像林黛玉那样多愁善感，不像哈姆雷特那样神经质，也有可能深陷悲伤无法自拔。

人生在世，虽说是苦乐参半，但痛苦往往比快乐更刻骨铭心，悲伤往往比欢愉更容易被感知。所以我们常认为，人生充满苦涩，悲伤注定逆流成河。其实，每个人都曾有过想痛哭的冲动，也都会有悲伤的情绪。人作为一种感性的动物，血液里天生就有忧郁的基因，人人都可能忧郁，只是程度不同。忧郁并不可怕，可怕的是我们沉湎于忧郁，不愿意走出泥潭，只要我们愿意鼓足勇气和自己的心魔作斗争，就能战胜一切心病，为自己迎来一片朗朗晴空。

郁闷与抑郁只有一步之遥

现在，人们似乎已经习惯了把郁闷挂在嘴边。碰上交通拥堵，错过了重要面试，脱口而出的第一句话就是“郁闷”；工作出现了纰漏，被迫加班返工，不由得长叹一声“郁闷”；在电话里和最好的朋友大吵一架，对方先挂了电话，心里万分懊恼，要多郁闷有多郁闷；遭受了失业、失恋的打击，没有人安慰，更是郁闷得无以复加……

郁闷是一种比较普遍的情绪，短期内郁闷并不会给你的生活造成什么恶劣影响，但长期郁结难舒，就有可能发展成抑郁症，郁闷和抑郁只有一步之遥，郁闷久了，就容易憋成内伤。抑郁不是悲伤的一种变相表达，而是一种不容忽视的心理疾病。一个人一旦患上了抑郁症，即使置身于五彩缤纷的世界，也看不到任何绚丽的颜色，因为在他眼里，整个世界都变得暗淡了，眼前只有一片无边无际的灰色。他既看不到光亮，也看不到希望，唯一能感受到的就是空虚、死寂和难以言传的悲哀，所谓的哀莫大于心死，也不过如此。抑郁是很可怕的，它不仅会让人麻木不仁，还会使人产生悲观厌世的自毁情绪，严重者可导致精神崩溃。

抑郁是一种强烈持久的悲伤情绪，巨大的丧失感、沉重的打击、难以排解的忧伤不期而至，可能会在一瞬间将一个人击垮。在人类历史上，很多作家、艺术家都患有抑郁症，他们最终都走向了自我毁灭。他们当中有的在情感、事业上遭受了挫折，有的死于心灵空虚，他们的死既是个人的悲剧，也是人类社会的损失。多愁善感的文学家、艺术家很容易患上抑郁症，那么普通人罹患抑郁症的概率有多高呢？

据不完全统计，全球抑郁症患者高达 3.5 亿人，我国的抑郁症患者约有 4000 万人，只有少量的人选择就医或向外寻求帮助。长期以来，人们对抑郁症患者一直怀有深刻的偏见，认为只有内心脆弱、思想偏激、心胸狭隘的人才会患这种病，甚至认为患病的人是咎由自取，有的人一度把抑郁症简单地解释为想不开。这是对抑郁症的严重误解。其实性格开朗、思想达观的人也会患抑郁症，抑郁症产生的成因很复杂，不能仅用“想不开”三个字来概括和解释。

尤金是一个事业有成的年轻人，他拥有一份不错的工作，在好几个城市都买了房子，还有一个漂亮迷人的女朋友。这些本来都是他梦寐以求的，也是他多年来为之打拼的目标。可是梦想实现的那一刻，他忽然觉得一切都不重要了，一切都不再具有意义，他甚至悲观地认为，在自己的世界里，太阳将永不升起，他将坠入永恒的黑夜，再也看不到光明和希望。

有一天，他开车进入了长长的隧道，忽然觉得每一秒都好像一个世纪那么漫长，好不容易看到了隧道的尽头，看到了一丁点光亮，可是他的内心仍然十分阴暗。他认为，身体可以脱离黑暗，但心灵却不能。为了结束这种煎熬，他吃过抗抑郁类药物，几乎每个星期都会看心理医生，病情时好时坏，没有明显好转。

尤金患病以后，被很多人误解，有的人认为他得了精神分裂症，有的人则认为他是无病呻吟，就连女友也不理解他，总是困惑地看着他问：“我真不明白你还有什么不满意的？你已经拥有别人想要的一切，事业蒸蒸日上，前途无量，你又那么年轻英俊，别人样样不如你，不是照样开心地生活着。”只有一位朋友同情他，把他当成了心理疾病患者，总是讲很多大道理给他听，而且总是以“想开点”作结尾。尤金觉得没有人能真正了解自己的感受，愈发感到悲伤和郁闷。有一天他情绪非常激动，焚烧了汽车，之后又把家里的墙壁涂成了刺眼的亮黄色，有的人认为他太过任性，有的人认为他疯了。尤金不加理会，继续把自己锁在屋子里独自悲伤。

诱发抑郁症的因素有很多，包括遗传因素、家庭因素、社会因素、重大变故等。研究表明，母亲患有抑郁症，子女患上抑郁症的概率就会明显提高。因为抑郁症可以通过易感性基因传递给下一代。基因不仅会把上一代的相貌特征复制移植到下一代身上，还会把某些天然缺陷和易感因素原封不动地遗传给下一代。一个人若先天就具有抑郁倾向，首先是与家族遗传病史有关。比如诗人拜伦生性忧郁，是因为他有一个郁郁寡欢、脾气暴躁的母亲，传承了抑郁的基因，又在一种病态的家庭环境中长大，患抑郁症几乎成了顺理成章的事。

残缺的家庭和不好的成长环境是诱发抑郁症的重要因素。幼年丧母或丧父，童年时期缺乏父爱母爱的孩子，长大后比其他同龄人更容易患抑郁症。比如学贯中西的著名学者王国维幼年丧母，逐渐养成了敏感、忧郁、内敛的性格。毕生活在痛苦的阴影下，花费大半生研究尼采哲学，致力于通过剖析、解构痛苦来摆脱忧郁症。此外，父母长期处于隐形的状态，子女得不到正常的关爱，也比较容易患上抑郁症。单亲家庭长大的孩子，或是长期被家长忽略的孩子，在情感上是孤立和封闭的，更易养成偏激脆弱的性格。

浮躁的社会环境，是抑郁症不断蔓延的主因。当今时代，职场竞争日益激烈，人们每天都要面对巨大的压力，繁重的工作、错综复杂的人际关系、瞬息万变的市场环境，给人们带来了极为沉重的心理负担。由于压力无处不在，所以患抑郁症的人越来越多。

此外，经历丧亲之痛、失恋、家庭破裂等沉重打击，或者身染重大疾病、在学业、工作中遇到难以突破的阻力，都会诱发抑郁症。负面的应激事件，给人带来的消极影响是持久而深远的，它很有可能会彻底改变一个人的性格和思维方式。罹患抑郁症，能让一个开朗乐观的人，变得消极悲观、多愁善感，甚至能彻底摧垮一个人的信念，所以我们必须保持警惕。

伤感泛滥，内心仿佛被掏空

詹姆斯已经连续好几个月没有睡过安稳觉了，他每晚都要借助安眠药入睡，醒来之后，头脑也总是昏昏沉沉的，终日精神恹恹，犹如行尸走肉一般。他很想振作起来，可是无论怎么努力都做不到。每天他都觉得胸口仿佛有一块大石压着，整个人都很压抑，每一刻钟都过得很辛苦。由于精力不济，他已经无法适应工作，在迫不得已的情况下，被迫去了医院。

詹姆斯向医生解释说自己经常感到胸闷头痛，医生认为这是脑供血不足所致，给他开了一堆药。刚开始服药的时候，詹姆斯的头痛有所缓解，但胸闷的感觉依然没有消失，而且呈现出愈演愈烈的趋势。为了缓解不适症状，他开始努力改变自己的生活方式，吃了很多豆制品、绿色蔬菜和水果，每个早上坚持跑步，每个周末到海边游泳。可是他的状态并没有明显的改变，依旧有严重的睡眠障碍，有时头痛欲裂，有时会有窒息感，他不知道自己究竟是怎么了，只觉得有一股无形的力量在慢慢把自己推向黑暗深处。

他不想见人，不想做事，不想出门，只想躺在床上，任由泛滥的悲伤情绪将自己淹没，只要一起床，他就会感到头晕恶心、天旋地转，只好尽可能地待在家里。苦熬了大半年，他实在熬不下去了，在朋友的建议下去看了心理医生。经诊断，他患上了严重的抑郁症。他觉得这个结论很可笑，他自认为是一个很豁达很开朗的人，近些年来并没有经历什么挫折，心中也没有什么愤愤不平的事，怎么可能无缘无故地患上心理疾病呢？

经过分析，心理医生告诉他，他最大的问题在于对自己要求过高，心理压力过大，负面情绪没有得到及时排解。詹姆斯这才弄清自己的病因，他恳求医生无论如何也要治好自己。医生说战胜抑郁症主要还是靠患者自己，医生能帮助患者疏导情绪，但不能代替患者去感受和思考，患者要在积极配合治疗的情况下，掌握一些自我疗愈的方法，时时纠正自己的心理偏差。此后詹姆斯花了大量的时间来研究自我疗愈的心理学方法，每个星期定期到心理医生那里进行治疗，一年之后，终于战胜了抑郁症，再也没有失眠过。

抑郁症患者大部分都郁郁寡欢，内心仿佛被掏空，丝毫感受不到快乐，但这种疾病并非不快乐那么简单。抑郁症患者最突出的表现就是活力丧失。一旦患上这种病，似乎有一种无形的枷锁锁住了你的身体、禁锢了你的灵魂，让你发不出声音，控制不了自己的行为。每天浑浑噩噩、昏昏沉沉，就好像体内的精力被掏空榨干一般。你的大脑无法分泌出多巴胺，也无法分泌出活力因子，哪怕是轻而易举能做到的事情，也会给你带来难以承受的心理压力。即便什么都不做，你也会觉得浑身乏力，感到头痛、背痛、胸闷气短，似乎一瞬间就变成了暮气沉沉、百病缠身的老年人。一切的症状都表明，你的心理健康出现了严重的问题，这些问题必须得到足够的重视。那么抑郁症发作，具体还有哪些具体表现呢？

长期情绪低落

短期之内情绪不佳，属于正常现象，不必过度忧虑，任何一个正常人都会有喜怒哀乐的情绪变化，真正能做到心如止水的人是不存在的。但长期情绪低落，就必须引起警惕了，因为它很有可能是抑郁症导致的。患上抑郁症，轻者萎靡不振、郁郁寡欢，对任何事情都提不起兴趣；重者悲观厌世，痛不欲生，度日如年，几近绝望。抑郁症的症状一般表现为晨重夜轻，患者自尊心受挫，通常自我评价较低，常认为自己一无是处、没有价值，并伴有自责、懊悔等负面情绪，严重者还会出现幻觉和妄想症。

思维迟钝，反应缓慢

患者通常精神恍惚、心不在焉，要么寡言少语，要么语速变慢，愣头愣脑。像一个失去了灵敏度的机器人，给人的感觉仿佛脑子生锈了一般，对于外界的信息木然没有反应，甚至连正常的交流都难以进行。

活动减少，变得被动慵懒

患者失去做事的意愿，不想与任何人接触交往，不想从事任何活动。或是喜欢枯坐一旁、沉思默想，或是卧床不起，等到日上三竿才缓慢地从床上爬起来。严重者蓬头垢面，连个人卫生都懒得收拾，外表邋遢到令人无法忍受的地步。

出现认知功能障碍

患者通常会出现记忆力减退、精力涣散、警惕性提高、敏感易激惹等症状，手脑协调能力变差，学习和工作愈发吃力，难以适应周围的环境。

躯体不适

主要表现为入睡困难、食欲不振、便秘、心慌、胸闷、局部疼痛、体重下降等。患上抑郁症以后，会比平时早醒 2～3 小时，睡眠质量变差，少数患者表现为嗜睡。大部分患者食欲减退，体重急剧下降，也有部分患者为了缓解焦虑，忽然食欲大增，进而发展为暴饮暴食，导致体重激增。此外，背痛、胃痛及其他部位的疼痛，都有可能跟抑郁症有关。

了解了抑郁症典型特征以后，请结合下列选择题进行自查，进一步判断自己是否患上了抑郁症。

1. 近期我感到闷闷不乐，心情十分低落。

A. 没有或很少时间　B. 小部分时间　C. 相当多时间　D. 绝大部分或全部时间

2. 一天之中，我觉得早晨的状态最好。

A. 没有或很少时间　B. 小部分时间　C. 相当多时间　D. 绝大部分或全部时间

3. 我总有一种想哭的冲动，动不动就会大哭一场。

A. 没有或很少时间　B. 小部分时间　C. 相当多时间　D. 绝大部分或全部时间

4. 我睡眠状况很糟，睡眠质量非常差。

A. 没有或很少时间　B. 小部分时间　C. 相当多时间　D. 绝大部分或全部时间

5. 我饮食正常，与平时无异。

A. 没有或很少时间　B. 小部分时间　C. 相当多时间　D. 绝大部分或全部时间

6. 我像往常那样，喜欢跟异性亲密接触。

A. 没有或很少时间　B. 小部分时间　C. 相当多时间　D. 绝大部分或全部时间

7. 我瘦了很多，体重下降得很厉害。

A. 没有或很少时间　B. 小部分时间　C. 相当多时间　D. 绝大部分或全部时间

8. 我饱受便秘之苦。

A. 没有或很少时间　B. 小部分时间　C. 相当多时间　D. 绝大部分或全部时间

9. 我发现自己的心跳要比平时快。

A. 没有或很少时间　B. 小部分时间　C. 相当多时间　D. 绝大部分或全部时间

10. 我感到浑身乏力。

A. 没有或很少时间　B. 小部分时间　C. 相当多时间　D. 绝大部分或全部时间

11. 我思维清晰，大脑能正常运转。

A. 没有或很少时间　B. 小部分时间　C. 相当多时间　D. 绝大部分或全部时间

12. 我处理事情依然能游刃有余。

A. 没有或很少时间　B. 小部分时间　C. 相当多时间　D. 绝大部分或全部时间

13. 我深感不安，心情久久不能平静。

A. 没有或很少时间　B. 小部分时间　C. 相当多时间　D. 绝大部分或全部时间

14. 我对未来满怀期待。

A. 没有或很少时间　B. 小部分时间　C. 相当多时间　D. 绝大部分或全部时间

15. 近期，我常乱发脾气，情绪容易激动。

A. 没有或很少时间　B. 小部分时间　C. 相当多时间　D. 绝大部分或全部时间

16. 我能顺利做出决定。

A. 没有或很少时间　B. 小部分时间　C. 相当多时间　D. 绝大部分或全部时间

17. 我认为自己是一个有价值的人，别人是需要我的。

A. 没有或很少时间　B. 小部分时间　C. 相当多时间　D. 绝大部分或全部时间

18. 我的生活丰富多彩，我觉得人生充满了乐趣。

A. 没有或很少时间　B. 小部分时间　C. 相当多时间　D. 绝大部分或全部时间

19. 我认为如果我从地球上消失，或许别人能生活得更好。

A. 没有或很少时间　B. 小部分时间　C 相当多时间　D. 绝大部分或全部时间

20. 以前喜欢做的事情，现在依然感兴趣。

A. 没有或很少时间　B. 小部分时间　C. 相当多时间　D. 绝大部分或全部时间

计分规则：正向计分题选项 A、B、C、D 分别按 1、2、3、4 计分。反向计分题选项 A、B、C、D 分别按 4、3、2、1 计分。正向计分题号为：1、3、4、7、8、9、10、13、15、19。反向计分题号为 2、5、6、11、12、14、16、17、18、20。

累积分数乘以 1.25 取整数即为最后得分，分数越大表示心理问题越严重，判定抑郁症的分解值为 50，最后得分≥50 分，说明有严重的抑郁症倾向。

CBT 疗法：情感与理智的较量

杰瑞患有严重的抑郁症，多年来反复发作，受尽折磨。他看了不少关于精神分析的书籍，基本上已经找出了病因，但是却苦于找不到解脱之道。他阅读过大量心灵鸡汤类的文章，偶尔会被那些温暖细腻的文字打动，有时还会热血沸腾，认为人生充满希望，可是过不了多久就又被打回原形了。

杰瑞觉得自己很没用，他常常认为自己只是一个外表光鲜的可怜虫。每天他西装革履地出现在高档写字楼里，神采飞扬地和客户洽谈业务，时常出入五星级酒店，时不时地搭乘国际航班参加各种重要会议。在别人眼里，他是一个非常成功的商务人士，可在他自己眼里，自己一点也不优秀。他十分自卑，总觉得自己的工作毫无意义。不知为什么，他总是羡慕那些表面上不如自己的人，他认为别人可以自由自在地奔向自己向往的天地，而他却被永久地困住了，几乎寸步难行，阻力无处不在。他相信生活在别处，不想继续原地踏步，但却总找不到突破口，日子沉闷到令人窒息的地步。

整整七年时间，杰瑞始终无法从阴影中走出来，他荒废了七年时光，浪费了青春，眼看着时间像流沙一样从自己指尖溜走，却一直无能为力。除了压抑和痛苦之外，他几乎不再有别的感觉。一个很偶然的机会，他接触到了认知行为治疗法，他按照这种治疗方法进行自我疗愈，不断纠正自己的认知偏差，时刻与时不时涌出的负能量作斗争，心态慢慢平和了下来，历经曲折，终于找回了内心的平静。从此他不再自我怀疑、自我鄙视，内心渐渐阳光起来，渐渐变得笑口常开，似乎将所有的烦恼都抛到了九霄云外。

抑郁症患者忧郁成疾的根源在于认知出现了严重的偏差，因此矫正错误认知就成了治愈抑郁症最有效的捷径，认知行为治疗方法（Cognitive－behavioral therapy，CBT）由此诞生。认知行为治疗专家认为：不良行为和情绪，并非源于事件本身，而是源自对事件的解读方式和评价方法。比如同样看到半杯水，有的人会苦着脸说："糟糕，只剩下半杯水了。"而有的人却会满心欢喜地说："太好了，还有半杯水。"同样是被玫瑰刺到，有的人会抱怨花下有刺，而有的人则会赞美玫瑰的芳香。可见，人的心境不是由境遇决定的，而是由认知决定的。

抑郁症患者的认知通常是扭曲的。比如一个人在遭受了一丁点挫折之后，就认为自己是个废物，觉得所有人都看不起他。可事实并非如此。他曾经做过很多有意义的事，周围的人都很尊重他，那种被歧视被羞辱的感觉都是他自己幻想出来的，可以说是认知扭曲异化后的产物。那么认知偏差是从何而来的呢？要弄清这个问题，必须从了解认知的由来入手。认知来源途径主要包括以下四种。

童年经历：

我们对事物的判断源自童年时期从父母、兄弟姐妹、老师、同龄小伙伴那里获得的信息。

与我们频繁打交道的人：

包括朋友、同事、合作伙伴等。

成长经历：

包括成败得失，被拒绝被羞辱或被认可、被接纳的经历。

各种载体：

从书籍、报刊、杂志、电影、电视中获得的各类信息。

一个人的信念和对事物的看法虽然不是一成不变的，但有些负面思想是根深蒂固的，想要将其移除并不容易。有的人认为只要一遍又一遍强力给自己灌输正念，就能纠正错误的思想意识，可结果效果并不理想。这是因为他反复陈述的语句，自己并非真的深信不疑，所以这些正能量爆棚的鼓励，并不能真正起到自我激励的作用。

比如有一个年轻人由于临场发挥失常，没有通过面试，与自己梦寐以求的工作失之交臂，事后他反复安慰自己说："失败乃成功之母，这次失败对我来说是一次难得的锻炼机会，我能从中学到不少有用的东西。"假如他内心深处并不认可这种说法，那么就算对自己重复一千遍这样的说辞，也不能真正起到自我安慰的作用。

再比如有个事业有成、家庭美满的中年人，由于做出了错误的决策，人生遭遇滑铁卢，公司亏损了一大笔钱，日子过得越来越差，妻子每天抱怨唠叨，让他不胜其烦，夫妻俩的关系变得日益紧张。为了增加信心，他反复激励自己说："最糟糕的时刻过去了，一切正朝好的方向发展。我将东山再起，成为最大的赢家。我有信心成为最棒的企业家，我的家人将以我为傲。"如果这种自我肯定只是自欺欺人，反复重复这样的话语又有什么意义呢？

认知行为治疗专家认为，自我肯定的话语如果是不符合实际的，即使被录制在磁带上不间断循环播放，也发挥不了积极的作用，更不可能成为扎根于内心的信念。与其说："我永远都不会犯错误，我能把一切都处理得井井有条。"不如对自己说："我相信我能把事情做好，但有时我也会犯错误。"也就是说理智的可信赖的话语，要远远好过具有煽动性的虚假口号。

很多时候，人们认为是某个特定事件的发生，让自己伤心难过。其实不是这样，事件只是刺激源，你之所以会产生这样或那样的感受，并非取决于你的处境，而是取决于你对自身情况的认知。也就是说或喜或悲的感受，是由你脑海中的观念决定的，而这种观念根深蒂固，不容易被撼动，几句简单的自我肯定的话语起不到任何作用。针对这一理论，认知行为疗法的代表人物埃利斯提出了"A—B—C"模型。

A 是指与情感、情绪有关联的事件。B 是指所持有的信念和对事件的看法。C 是指感受和行为反应。大多数人认为是事件 A 直接引起了 C，却忽略了 B 的作用。举例来说：假设你在赴约途中，忽然天降大雨，道路泥泞湿滑，交通不畅，你感到非常着急，开车时非常鲁莽。在这个例子中，A 指的是约会可能迟到的事件。C 指的是烦躁焦急的感受和开车鲁莽的行为。表面上看是 A 引起了反应 C，然而事实并非如此，你之所以会有 C 这样的反应，是因为头脑里存有这样一个观念（B）：“我必须守时，无论如何都不能迟到，我迟到对方会生气，会导致这场约会不欢而散。”

针对上述模型，埃利斯又引入了D即辩驳这一要素，他指出一旦我们弄清了促使我们愤怒、焦虑、悲伤、忧郁的想法，采用理性的声音辩驳它们，尽可能地让自己信服，各种负面的情绪将瞬间烟消云散。倘若你因为约会迟到而感到焦躁不安，甚至联想到了约会不欢而散，心情无比低落悲伤，不妨这样告诉自己：“其实我还是有希望按时到达约会地点的，即使晚了几分钟，后果也没有想象的那么严重。我会向对方解释说，我是因为遇上了极端的天气和糟糕的路况才迟到的，对方一定会理解我的，不会因为我迟到一次，就把我整个人否定。迟到一次，天不至于塌下来。”

学会辩驳不合理的思维，有助于改变最初的认知，安抚自己的不安情绪，对于抵抗抑郁症具有良好的效果。

十大认知扭曲有多少与你吻合

乔是一个十六岁的花季少女，她平时非常爱美，穿衣打扮也是青春亮丽的。有一次，在同学的生日聚会上，她看到不少女同学穿着性感撩人的晚礼服，显得妩媚迷人，十分羡慕。事后她开始有意识地改变自己的着装风格，换下了单调的运动装，代之以各款成熟性感的女装。妈妈见了，不分青红皂白地把她批评了一顿，逼着她换回了原来的衣服。乔非常生气，她觉得妈妈一点也不爱她，从不关心她的感受，只是把她当成了没有感情的物品，从来就没有把她当成一个具有自由意志的人来看待。

乔在日记里悲伤地写道：“我非常难过，觉得失去了人生的主导权，我就是妈妈手里的一颗棋子，必须对她唯命是从。她可以随心所欲地操纵我的人生，而我连反抗的力量都没有。我的人生是没有激情的。以前如此，现在如此，将来也是如此。哎，老天为什么要这样对我？让我有一个霸道、不讲理的妈妈，而别人的妈妈都那么温柔可亲，我对未来的人生感到绝望，今后的岁月里，我恐怕再难展露笑颜了，我今后的人生将是一片灰暗……”

由于各种各样的原因，我们常常会夸大事情的严重性，用一种极端扭曲的思维方式来解读发生在自己身边的事情。譬如听到了一个反对的声音，就认为全世界都与自己为敌；做一件事情有过两次失败的经历，就觉得这辈子都不可能成功；被在乎的人批评了一次，就偏激地认为所有的人都讨厌自己，连最亲密的人也不例外……

这些想法感情色彩浓厚，全都有夸大其词之嫌，不矫正这些不合理的想法，我们就无力改变自己的心理状态，更没有办法和抑郁症对抗了。想要缓解和治愈抑郁症，必须从改变错误认知开始，那么错误认知都包括哪几种呢？心理学家大卫·伯恩斯总结了十种常见的认知扭曲，它们分别是非此即彼、以偏概全、心理过滤、否定正面思考、妄下结论、放大或缩小、情绪化推理、“应该”陈述、乱贴标签、罪责归己。

非此即彼

即要么全有要么全无、非黑即白的极端思想，中间没有柔和的过渡地带。抑郁症患者在评价自己时经常运用这种思考模式。比如有些选手在参加比赛前说：“我要么一战成名，要么一败涂地。”再比如一名出类拔萃的运动员，在多场赛事中表现抢眼，偶尔输掉了一场比赛，他失望地想：“我所有的努力都化成为零，我输了，彻彻底底地输了，我真是一个彻头彻尾的失败者。”又如一名忧郁的中学生多数功课成绩优异，只有一门功课分数中规中矩，他便懊恼地说：“没想到我竟如此平庸，看来我没有希望考上好大学了。”

事实上没有什么是绝对的。无论评价自己还是事物，都不能采用非此即彼的方式。没有人绝对聪明，也没有人绝对愚蠢，没有人十全十美，也没有人一无是处。我们不能用脸谱化的方式定义任何人。好与坏、善与恶、美与丑都是相对的。无论一个人表面看来多么光彩照人，都不可能没有一点瑕疵。同理，一个人无论有多么不堪，都不可能没有任何可取之处。任何事情都不能绝对化，因为黑与白只占据两极的位置，主体是中间的灰色地带，我们应该多多关注灰色地带，而不是拘泥于僵化的判断。

以偏概全

它指的是负面事件发生一次或几次，就武断地认为，这样的事情一定会反复发生，未来你将陷入一种宿命式的循环，再也逃不出循环的怪圈。比如找工作的时候吃了几次闭门羹，就悲观地认为，自己会被所有的用人单位拒之门外，永远都找不到一份稳定的工作了；有过一次失恋的经历，就觉得自己每次恋爱都会以不欢而散收场，这一生都不可能找到理想伴侣了。把一次或几次偶发事件当成生命的常态，显然是极为不合理的，但我们总是会不由自主地被这种想法左右。

心理过滤

它是指你总是选择消极的事件或细节，反复回忆，把积极的内容全部过滤掉，并坚持认为整个环境都是消极的。比如某个涉世不深的年轻人受到了欺骗，心想："人类就是这么狡诈，满口都是谎言。"可事实上，无论是在他受骗前还是受骗后，都有不少人真诚地对待他，但由于受到心理过滤思维的影响，他把这些信息全部过滤掉了。

否定正面思考

即把中性或积极的体验解读成负面体验的一种思考模式。比如别人夸你有气质，你不但不高兴，反而难过地想："他的意思是说我相貌平平，只有长相一般的人才会得到这样的评价，假如觉得某个人其貌不扬，就说他（她）有气质，人们总是那样做。"再比如由于你毕业于名校，经常受到恭维，你不但不接受恭维，反而给自己泼冷水："学历有什么用呢？不过是一张纸。毕业于名校又有什么用呢？步入社会照样要从零做起。哎，我不过是一个从象牙塔里走出来的书呆子罢了，别人看不到我的优点，只好拿学历说事了。"

妄下结论

即不顾实际情况，武断地得出消极结论，它包括测心法和先知错误两种。测心法指的是你假定别人轻视你或厌恶你，并对此深信不疑，认为没有必要去验证。比如同事聚在一起谈天说地，你一走过去，笑声就停止了，你便想当然地认为他们是在暗地里嘲笑你。其实他们听到脚步声，可能以为是老板过来了，刚才的反应并非是针对你。

先知错误指的是你总有不祥的预感，觉得某些坏事会发生。比如节假日期间，你给朋友打电话，电话没有打通，你莫名感到不安，心想：糟了，他可能是发生什么不幸的事了。再比如，你应邀参加一次重要演讲，演讲之前非常紧张，预言自己会在台上出丑，由于承受不住压力，最终取消了演讲。

放大或缩小

你喜欢用放大镜来审视自己的缺点，用显微镜来寻找自己的优点，把缺点无限放大，将优点缩小到肉眼不可见。生活中，我们常听自卑的人说：“我没有任何优点，所有的人都比我优秀。”反映的就是这种扭曲的思维方式。喜欢用放大或缩小思维考虑问题的人，不但不能正确地评价自己，在审视和解读一些事件的时候，也常犯同类的错误，要么夸大事情的严重性，要么把普通的消极事件解读成天大的灾难。比如某个上班族在工作中出现了小小的失误，老板尚未发难，他自己就提前崩溃了：“我犯了一个低级错误，老板不会原谅我的，也许明天我就被扫地出门了。天啊，我失去工作，没了收入，会被房东赶走的，要不了多久，我就会变成露宿街头的乞丐了。”

情绪化推理

即把自己的主观情绪当成客观依据。比如有人说：“我莫名感到自责、内疚，说明我一定干了对不起别人的事，我必须忏悔。”可事实上，他并没有做任何坏事。再比如有人说：“我觉得自己无能，这说明我真的是一个无能的人。”这些假设大部分都是不成立的，因为它们并不是建立在客观事实基础上的，而是建立在不可靠的情绪化推理基础上的。情绪本来就是一种很主观的东西，由它推导出来的结论通常是与现实截然相反的。

“应该”陈述

即倾向于采用“应该”“必须”的句式讲话，以高标准要求自己和别人，如果自己或别人达不到这样的要求，就会感到非常恼火。比如你对自己说：“我应该把每一件事做好。”假如自己没有做到，就会万分懊恼。再比如你看到有人在公共场所随地吐痰、扔垃圾，十分愤慨，心想：“他不应该这样，他这样做，太没有公德心了。”表面看来，这种想法并没有错，看到不文明的现象应该用手指出来，可是这个世界是不完美的，人类社会也是不完美的，并非所有人的素质都能上升到文明层次，你如果总是用“应该”陈述的思维思考问题，就会给自己招来无穷无尽的苦恼。

乱贴标签

即你总是忍不住给自己或他人乱贴标签。比如考试失败了，你可能会说：“我天生是个失败者，从来没干成过一件事。”而不说：“我没有通过考试。”再比如某个人惹怒了你，你可能会说：“他是一个不折不扣的混蛋。”而不说：“他让我生气了。”失败者、混蛋等这些侮辱性蔑视性的称呼就是你给自己或别人贴上的标签，这类评语是不客观的，严重偏离了真相，它会使你愈加自卑，或者对世界充满敌意，你必须警惕这些负面的想法。

罪责归己

你总是认为自己该为负面事件负全责，即使这些事件与你毫不相干。比如一个病人拒绝接受医治，导致病情恶化，医生觉得这一切都是自己的错，心想："我没能说服他及时接受治疗，我不是一个好医生，他的家人有权责怪我，一切的恶果都是因为我失职造成的。"朋友投资股票失败，生活陷入困境，你莫名其妙地责怪自己："他落到这步田地都是我的错，我应该不厌其烦地提醒他'股市有风险，投资须谨慎'。"除无民事行为能力和限制民事行为能力的人以外，每个人都应该为自己的行为负责，别人的所作所为不应该由你来负责，所以别人做出了错误的选择或是做了某些错事，你无须过度自责。

向不合理的思维宣战

安迪是一名高级程序员，他工作繁忙，几乎腾不出时间处理任何私人事情，周末也在想着工作上的事。自从参加工作以来，他一直坚持吃快餐，因为他不愿把时间花费在做饭或等待就餐这些事情上。由于长期吃垃圾食品，他的身体出现了严重的问题，精神状态越来越差。他常常抱怨说："我活得好累啊，连坐下来好好吃顿饭的工夫都没有。每当我看着家里的宠物狗摇着尾巴享受自己的饭食时，我就好羡慕，觉得自己还不如一条狗活得自在。"

朋友说："这是你自己选择的结果，总统日理万机，不是照样能享受美食吗？你难道比总统还要忙吗？"安迪说："总统已经坐稳了第一把交椅，哪还有竞争对手啊？我就不同了，我要是不努力，随时都有可能失去工作，被更优秀的人替代，我的处境你是不可能理解的。"朋友说："也许你的话并非危言耸听，但是你的想法并不正确。你是有能力平衡工作和生活的关系的，过上正常生活和保住工作并不冲突，你不可能因为正常吃饭就失去工作的。"

安迪想了想说："可是我真的没有精力应付工作以外的事情。""那就想办法腾出一点精力吧，我相信你能做到。"朋友鼓励他说。安迪听信了朋友的话，开始重新规划自己的生活，每天按时就餐，有时到餐馆吃东西，有时亲自下厨烹调，不再吃没有营养的快餐了。他惊奇地发现，自己的工作效率并没有因此下降，他所担忧的事情也没有发生。他这才意识到自己以前的想法有多么荒谬，好在一切都已成为过去，以前困扰自己的问题现在都不存在了，他终于可以过上自己想要的生活了。

我们知道任何扭曲的认知都是建立在非理性思维基础上的，想要纠正认知上的偏差，就必须矫正非理性思维，那么具体该怎么做呢？一般而言，大体包括三个步骤：

第一步：留心观察自己脑海中的念头，找出不合理的思维，及时加以记录，并加以反思。

第二步：向那些偏离现实的想法提出质疑。

第三步：用理性思维代替非理性思维。

比如你在演讲中出现口误，说错了一个词，觉得所有的听众都在嘲笑你，甚至悲观地认为自己的演讲生涯即将毁于一旦，以后再也不会有机会站在讲台上发表演说了。针对这种情况，你可以向自己提出以下问题：有什么证据表明所有人都在嘲笑我？又有什么证据表明我的事业已经被毁掉了呢？谁会在意一次小小的口误呢？就算有少许人在意，又能怎样？最坏的结果是什么？无非是别人在谈起这次演讲时，会想起我所犯的错误，仅此而已，我为什么要那么担忧呢？

经过反复练习，把违背事实的猜想和现实区分开来，你会惊奇地发现，你所苦恼的事情根本就不存在，一切都只是你的猜测，事情远没有你想象得那么严重。如此一来，你的心情就会放松下来，抑郁的情绪也会有所缓解。

除了质疑不合理的观点以外，还有一种矫正扭曲思维的方法，那就是通过某个动作或言语打断自己的非理性思维。如果你已经意识到自己的想法非常荒谬可笑，但却没有办法消除那些荒唐的念头，不妨采用拍手、打响指的方式来暂时阻断思维，也可以朝自己大喊“stop”，中止一些错误的想法。然后用理性思维来取代那些消极的负面思维，把美好的情感和思想释放出来，借以安抚自己的情绪。

比如你的脑海里总是有这样一个声音：“我必须把屋子打扫得一尘不染，否则就会感染病菌，我很有可能会因此死掉。”你首先要做的是打断自己的思路，让自己停止想象那些不合理的画面，而不是继续沉浸在大难临头的想法中。

纠正消极的思考模式，需要不厌其烦地进行各种心理练习，逐渐把新的思考模式纳入自己的思维系统，这是一个循序渐进的过程，不能一蹴而就。采用认知行为疗法进行心理疗愈，需要持续不断的努力，你必须具有恒久的耐力和坚定不移的意志力，不要幻想着在短短一两日之内就能全盘颠覆自己的思维，毕竟“罗马不是一天建成的”，旧的思维体系不是在短期内形成的，想要推倒旧的思维体系，建立起全新的思维体系，必然需要一个长期的过程，所以你一定要对此做好充分的心理准备。

在认知行为疗法中，家庭作业被认为是非常关键和非常重要的一环。它有两个作用：一是能起到矫正认知的作用，二是能起到强化理性思维，巩固治疗效果的作用。家庭作业大体可以分为两类，一类是认知作业，一类是行为作业。前者要求患者运用积极的思考方式思考问题，后者要求患者采取积极的行动，以实际行动有力地回击那些错误的想法。两者相互配合，相互促进，可有效改善抑郁状况。

举例来说：假设你接受了一项重要的工作任务，由于准备不充分，把事情搞砸了，眼看截止日期到了，不由得慌了神。遇到这种情况的时候，你要学会留意自己脑海里的想法，回忆一下你在与自己对话的时候，都说了些什么，然后认真厘清思绪，把下意识思维填写在表格的左栏中。

下意识思维	认知扭曲	理性回应
我真蠢，一件事都干不好。	以偏概全	很多事情我都处理得很好，只是这项工作没有做好，仅此而已。
我总是把事情搞砸。	以偏概全	我只是搞砸了一件事，并没有把所有的事情搞砸。这次因为准备不充分，没有把事情做好，以后我会吸取教训的，不会再犯同类的错误了。
我在大家面前出丑了，以后所有人都会瞧不起我，我还怎么在公司里继续待下去？	以偏概全、非此即彼	也许有人会怀疑我的能力，因此看轻我，但不是所有人都会那么想，我不应该妄自揣测别人。
我连那么简单的事情都干不好，真是个笨蛋。	乱贴标签	我才不是笨蛋呢，每个人都有犯错的时候，我不该这样贬损自己。

填好下意识思维后，与十大认知扭曲相对照，将结论填入中间栏，然后在右栏中写下理性回应。注意："理性回应"一栏的内容，不能言不由衷，更不能用自欺欺人的谎话自我安慰，一定要用真实可信的内容为自己辩驳，只有这样，才能达到预期的效果。此外，在"下意识思维"一栏中不要填写诸如"我好烦""我很难过""我快气死了"等描述情绪反应的语句，因为你描述的是内心真实的感受，它属于客观事实的一部分，是没办法辩驳的。

做完认知类家庭作业后，接下来要完成的就是行为类家庭作业了。当你已经用理性的声音说服自己，不再懊悔、自责，忧郁的情绪也有了一定的缓解，之后就该投入到积极的行动中了。你所要做的就是及时总结经验教训，把心得写在记事本上，极力避免以后再犯同样的错误。在截止日期到来之前，看看还有没有挽回的余地，尽可能地采取一些补救措施，这样做，可以极大地减轻你的心理负担。

你需要改变的不是环境，而是自己的内心

列夫·托尔斯泰说："世界上只有两种人：一种是观望者，一种是行动者。大多数人都想改变世界，但没有人想改变自己。"不错，这正是万千苦恼产生的根源，也是现代人抑郁难舒的重要原因之一。有能力改变世界的人可谓是凤毛麟角，普通人只能主动或被动地适应这个世界，妄图以一己之力颠覆整个世界，让客观世界按照自己的意志运行，就会陷入痛苦的深渊。

古时有一个叫愚公的人，想要把王屋、太行两座大山铲平，每天挖山不止，知道自己穷尽一生也不能实现梦想，于是就让自己的子子孙孙世世代代都挖山。柏拉图自称有移山之力，不过他没有挖过一石一土，别人向他请教移山之术的时候，他笑着答道："方法很简单，山不过去，我就过去。"移山的秘诀不是挖土不止，而是轻松地绕过这座山，山永远不可能为人让路，但人可以改变行走路线。改变不了环境，就只能改变自己。

汤姆是一名默默无闻的推销员，就职于一家医疗器械公司，收入很不稳定。他每天带着产品走街串巷地推销，吃了无数闭门羹，遭受了很多白眼。他痛恨

推销员这个职业，也讨厌自己生活的城市，每天都幻想着搬到阳光明媚的地方生活，换一份全新的工作，彻底摆脱现在的环境。可是这个目标对他来说简直就是白日梦。除了做推销员以外，他找不到更合适的工作。

汤姆觉得自己就像一只笼中的困兽，被恶劣的环境束缚住了，永远都得不到自由，无法按照自己的意愿来生活。想到这里，他非常难过，渐渐变得郁郁寡欢。他吃不下也睡不好，脸色越来越憔悴，在短短半年时间里，整个人瘦了好几十磅。身高 181 的他，体重下降到了 120 磅，几乎到了形销骨立的地步。由于长期忧郁，饮食不规律，他患上了胃溃疡，身体几乎要垮了。

朋友们都为汤姆担心。有位朋友关切地问："你是不是遇到了什么重大打击？"汤姆摇摇头说："没有。我只是想换个环境生活，可又没有能力实现这个愿望。所以每天心情都很糟糕。我真是不明白，为什么有的人能无忧无虑地享受阳光沙滩，做自己喜欢的事，受到别人尊重，而我却要像骡马一样劳累，收入微薄，又不受尊重。我为什么就不能选择自己想要的生活呢？我为什么要日复一日地忍受目前这种毫无乐趣的生活呢？比尔·盖茨改变了世界，乔布斯改变了世界，我不要求自己改变世界，我只想改变我所处的环境，为什么就那么难呢？"

朋友说："既然你知道自己改变不了环境，那又何必强求呢？主动适应环境吧，也许你会有新的收获。"汤姆想了想说："我这样自怨自艾确实改变不了什么，高兴是一天，愁眉苦脸也是一天，既然如此，我何不活得快乐一些呢？"从此以后，汤姆改变了生活态度，他热情地跟每一位客户打招呼，每天高高兴兴地上班，他惊奇地发现，人们对他的态度改变了。有的人即使不买他的产品，也会坐下来跟他闲聊一会儿。汤姆结识了很多新朋友，性格变得越来越开朗。他忽然觉得，自己的工作和生活环境不那么糟糕了，在挣扎了那么多年以后，他居然适应了令他愤恨不已的环境，找到了内心的平静，这是他做梦都想不到的。

达尔文曾经说过："物竞天择，适者生存。"大部分生命体都无法选择环境，但可以学会适应，在恶劣的环境中生存下来的，才是真正的强者。沃土里可以开出鲜花，悬崖峭壁上也能长出苍松；温暖湿润的热带雨林是动植物的天堂，无数的物种得以繁衍生息，炎热干旱的沙漠、冰川覆盖的雪原，同样有生命的踪迹。动植物的适应能力是惊人的，人类的适应能力同样是惊人的。

适应代表接受。当你敞开心扉接纳这个世界，接纳所有发生在自己身上的事情时，所有的挣扎、纠结、愤恨、忧郁等负面情绪都会慢慢消失不见。当然，适应一种全新的环境，或者是相对较为恶劣的环境，需要一个过程，没有人可以瞬间适应一切。适应可以是一个主动的过程，也可以是一个被动的过程，你可能会释然，也可能会麻木。

心理学研究表明，人的幸福水平是恒定的，我们很快就能适应目前的状态，即便人生经历了大起大落，也不至于总处在狂喜或大悲的状态。比如刚刚中了百万大奖或通过了某项重要的考试，势必欣喜若狂，可过一段时间冷静下来后，那种兴奋、狂喜的感觉就不存在了，日子还会一如既往地过下去；再比如生活发生了重大变故，一夜由百万富翁变成了一无所有的穷光蛋，起初会非常失落，但经过一段时间的调整，你很快就能适应新的生活。适应是人的本能，你要相信自己的适应能力，相信自己的承受能力，其实你比自己想象中的更强大，你可以战胜困厄，成为笑到最后的赢家。

抑郁不可耻，别把它当成守口如瓶的秘密

乔治偶然间接触到了认知行为疗法，每当抑郁症发作时，他都会悄悄地翻开书籍，按照书里的步骤实施自我治疗。由于刚毕业没多久，他自己租不起独立的住所，一直和同学合租，每次阅读心理学书籍时，他都感到提心吊胆，生怕被室友撞见。他无数次幻想过秘密被室友发现后的场景。在想象的情境中，有位同学用不屑的口气对他说："原来你心理有问题啊。我建议你还是入院治疗吧，不要和正常人混住，不然发生什么事情，很难解释清楚。你没看新闻吗？有位飞行员得了抑郁症，故意让飞机坠毁，客机里所有的乘客都跟着一命呜呼了。你现在也得了这种可怕的疾病，不但危害自己，还有可能对别人构成威胁……"

乔治很担心这样的场景会变成现实。他无力承担房租，假如室友赶他走，他只能搬到阴冷潮湿的地下室居住了。为了不让合租的人察觉出自己的异样，乔治常常趁别人睡下之后看书，只要听到一点风吹草动，他就会惊出一头冷汗。他尽可能把所有的时间和精力都投放到工作上，回到公寓以后，还忙着翻看文

件，尽量避免与室友交谈，免得露出什么蛛丝马迹。他一个人孤独地承受着别人难以想象的痛苦，心情一天比一天沉重，病情不但没有缓解，反而更加严重了。

在运用认知行为疗法自我疗愈期间，患者必须保持一个良好的心态，停止抱怨和自怜自伤。不要反复问："为什么偏偏是我？""我为什么要承受这样的痛苦？"质疑命运，并不能让你痊愈，反而会让你陷入更加绝望的境地。患上抑郁症并不是你的错，不要引以为耻，不要过分在乎别人的看法。

很多抑郁症患者不愿向外界透露自己的病情，主要是担心被扣上精神病的帽子或是被贴上各种负面的标签。有的人甚至不敢向任何人寻求帮助，把患病当成秘密，选择独自承受痛苦，这种做法是非常不可取的。诚然，在我国，由于人们对心理疾病缺乏正确的认识，许多饱受抑郁症折磨的患者不但得不到应有的关怀，反而经常受到歧视。可是我们不能因此对自身产生偏见。事实上，抑郁症就像发烧感冒一样，是一种很常见的心理疾病，它不像癌症那样可怕，只要你能够乐观面对它，找到科学的治疗方法，终有一天能摆脱病魔的困扰。

许多抑郁症患者就像迷途羔羊，不知道该何去何从，看不到未来看不到希望，总是被各种负面的想法所环绕，心情无比糟糕，时常莫名其妙地哭泣，甚至对自己对社会都不再抱有信心，总想把自己孤立和封闭起来。这样做无疑会加重病情。因为你越自闭，信息面越窄，目光越狭隘，思维越容易进入死胡同走不出来。只有多多参加社交活动，保持与外界的通畅交流，你才能吸收更多积极的信息，感受到别人对你的善意帮助，看到人性中光辉美好的一面，如此，抑郁的阴云才能散开。

需要注意的是，由于忧思过度，抑郁症患者精力耗损严重，不适合从事繁重的劳动或是频繁参加各类活动，做事一定要适度。一个人一旦患上抑郁症，就会变成一个巨大的漏斗，能量不断地流失，会常常感到精力不济，所以在抑郁期间，不要从事复杂的工作，也不要进行复杂的思考，尽量为自己减压。可以时不时地拜访好友，从事一些自己热爱的休闲娱乐活动，适度挤出一些时间到福利机构做做义工，在帮助别人的同时感悟施与的快乐。

总之，作为一名抑郁症患者，对外要保持开放的心态，对内要回归内心的平和。与自己对话时，要停止自责、停止自我审查，不要过度苛求自己，更不要轻易给自己贴上失败者的标签。要向对待朋友那样温柔地呵护自己，及时关闭负面思考模式，切莫杞人忧天，切勿妄想自己可以掌控一切。俗话说得好："天有不测风云，人有旦夕祸福。"每个人都有可能遭遇不幸，做人应该随遇而安，不要自找麻烦，自寻烦恼。

如果你不能理性地解读人生，无法客观地评价发生在自己身上的事情，不妨试试从自我的世界里跳出来，站在旁观者的角度来思考、观察和审视问题，也许你的很多看法都会被推翻。作为一名抑郁症患者，你也许已经习惯了采用负面思维思考问题，无论遇到什么事情，思维都会自动跳入负面循环模式，你越是急于把自己导入正确的思考方向，越会觉得阻力重重。这时不要过于着急，不妨安静地坐下来耐心地等待，让负面情绪和负面想法像泥沙一样慢慢沉淀下来，等到所有消极的东西全都沉入心底了，你的心境就不再那么浑浊了，你再引入积极的思维和想法，整个人就会豁然开朗。

对抗抑郁，要有屡仆屡起的勇气

迈克少年时期曾经患过抑郁症，那时的他个性叛逆，对学校和家长厌恶至极，谁的话都听不进去，常觉得人生虚无。他一个朋友都没有，和父母的关系也很冷淡，夜里常常混迹街头，动不动就向别人挥拳头，惹了无数的麻烦。在他眼里，整个世界就像一潭死水一样，毫无生气，了无生机，对他来说活着是一件非常痛苦的事情。每次走到金门大桥，他都非常害怕，担心自己会跳下去。其实他跟叔本华一样，对人生的看法非常悲观，但是又非常惧怕死亡，宁愿浑浑噩噩地活着。

长大后，为了适应社会，迈克慢慢蜕变成了另外一副样子，他磨掉了所有的棱角，每天以笑脸迎人，建立起了自己的社交圈，性格也渐渐变得阳光开朗起来。抑郁的情绪似乎完全消失不见了。回忆起少年时期的灰暗岁月，恍若隔世一般。迈克以为自己彻底脱离了抑郁症，没想到 30 岁那年，他又一次陷入了抑郁状态。他错失了一笔大的订单，败给了自己的竞争对手，不但没有收获任何同情，反而受到了周围人的嘲弄。他再次怀疑世界，怀疑人生，重新燃起了对外界的敌意，同时自怨自艾责怪自己。

经过一段时间的心理治疗，迈克的情绪有所好转，可是没过多久，他的精神状态又变糟了。由于病情反反复复，迈克渐渐丧失了对生活的信心，觉得自己再也不可能好起来了。他变得更加抑郁，每日借酒消愁，常常喝得不省人事，差点酒精中毒。他知道该停止酗酒了，可是却总是控制不住自己，因为他不知道除了醉酒以外，还能采用什么方式缓解自己的精神痛苦。

客观来说，抑郁症是很难彻底治愈的，有过抑郁病史的患者受到重大刺激病情就会复发。所以作为患者，在病情稳定后，要时刻注意监控自己的情绪波动，及早发现一些危险的信号，为预防复发做好积极的准备。如果你发现自己的睡眠质量变差，头脑中经常涌现出负面的想法，情绪变得暴躁，必须保持警惕，因为这些症状很有可能是抑郁症复发的前兆。

倘若你无法控制自己的负面想法，总有些可怕的想法从你的大脑中源源不断地涌出，不要太过惊慌，你可以尽可能地搜寻反驳的证据，让理性思维和感性思维达成一种平衡。初始阶段，也许这种方法起不到立竿见影的效果，一时难以奏效，但千万别轻易放弃，坚持反复练习下去，终有一天会习惯成自然的。

抑郁症初愈时，情绪出现起伏，完全属于正常现象，不必过于惊慌。也许你觉得康复之后，有形势变糟的迹象，担心自己可能旧疾复发了，这种想法令你不寒而栗，如果你不能遏制住这个念头，就会加速抑郁症的复发。无论遇到什么情况，尽量保持沉着冷静，不对自己的情绪问题做过度解读，同时要做好屡仆屡起与抑郁对抗的准备。

如果你绞尽脑汁，也找不出自己情绪低落的原因，就不要再刨根问底了，因为你苦苦追索下去，未必会有结果。不断地询问自己为什么，又总是找不到答案，在一定程度上会加剧自己的焦虑情绪。遇到这种情况，最好的办法就是停止纠结，不做无谓的思考，尽量转移注意力，把时间和精力投放到令人愉悦的事情上，比如阅读、看电影、打球、旅游等。

情绪有所好转时，切忌过度检查情绪，尽量让自己处于平和放松的状态。道理很简单，比如手上的伤口结痂后，你忽然感觉不痛了，如果你不再频繁检查伤口，甚至忘了受伤这件事，伤口很快就会愈合。假如你总是时不时检查伤口，伤口愈合所需要的时间就会更长。心理疾病也是如此。假如你的病情被控制住了，就不要没完没了地审视自己，因为过度关注疾病，你每天都会感觉很糟，这就意味着你始终无法摆脱抑郁症的阴影，会加大疾病复发的风险。

处在恢复期，你可能会觉得自己的精力差不多已经被抑郁症耗光了，没有力量也没有意愿去做任何事情了。遇到这种情况，绝不能任由自己颓废和懒散下去。因为你只有让自己保持活力和热情，才能更快地从阴霾中走出去。最初阶段，不要对自己期望太高，可以尝试一些难度不大的小事，以此激发自己做事的兴趣，慢慢地恢复信心。等到你有了掌控感以后，可能会希望挑战难度更大的事情，这时千万不能操之过急，做事一定要循序渐进，否则遭受挫折以后，又会陷入深深的抑郁，之前所有的努力都将付诸东流了。

为了预防疾病复发，最好事先准备好应急方案，以免抑郁症复发时，措手不及。你可以把应对的预备方案写在日记本上，也可以向朋友、家人寻求支持，有了应对策略之后，你就不会那么恐慌和焦虑了。

第二章

自闭与恐惧症：荒凉孤寂的噩梦之旅

每个人都有恐惧的东西，有人怕水，有人怕火，有人怕蟑螂，有人害怕封闭的空间，有人害怕接触陌生人，再勇敢的人也不可能做到无所畏惧，从这个角度来看，人人都有恐惧症。有些恐惧潜藏在我们的基因中，我们的祖先在趋利避害的过程中，把这种直觉传递给了我们，通常情况下，它并不会给我们的生活带来多大的困扰。可是如果我们总是隐隐感到有什么力量威胁着自身安全，每天惶恐不安，看到特定的事物，到达特定的场所，就惊慌失措，情况就大不一样了，这种心理疾病犹如恐怖的噩梦，给你带来的痛苦远超出你的想象，决不能掉以轻心。

形形色色的恐惧症层出不穷，其实也跟现代人心理压力过大有关。人在内心脆弱的时候，很容易产生草木皆兵的错觉，所以对抗恐惧症除了心理疏导以外，平时还要注意为自己排压解压。

恐惧——睁开眼全是盲区

在这个世界上，唯有人类会对未知的或并不存在的东西感到恐惧。动物只有在面临真正的威胁时，才感到恐慌。人类则不然，即使置身于安全地带，也会莫名惊恐，因为任何超出自身掌控的东西，都有可能被解读成潜在的威胁。在我们人类看来，肉眼不可见的东西要比看得见的东西可怕得多，比如细菌和流行病毒是不可见的，我们便想当然地认为它的杀伤力可能仅次于原子弹，再比如没有人见过外星人，所以外星人总是被无限度地妖魔化。我们之所以如此恐惧，是因为我们忍受不了睁开眼全是盲区的感觉。

面对未知的事物，面对世事的无常，人类总是感到无助。尼采所预言的超人并没有出现，但作为现代人，我们所承受的压力，所能感知到的威胁，已经超出了超人承受的范畴。潜在的威胁无处不在，它比可预见的威胁更让人不安，恐惧由此泛化。人会为不确定的未来担忧，会对一切不可控的事情感到害怕。现代人都怕什么呢？怕失业、怕破产、怕生病、怕孤独、怕丧失存在的价值……

我们常常觉得自己渺小得可怜，总认为自己的力量不够强大，不足以应付各种各样的可怕灾难，如果能有一个更强大的保护者，也许我们才能感到心安。可是没有人能真正保护我们，所以恐惧的感觉是无法消除的。无论一个人有多么自负，也照样有恐惧的东西，真正无所畏惧的人是不存在的。所谓的勇敢，不是什么都不怕，而是即使怕，也照旧敢于接受各种挑战，即使认识到自己的渺小无力，也照样敢于对抗生活和命运，这样的人才有希望战胜恐惧，成为最后的胜利者。

皮特从小就害怕很多东西，比如他怕黄色的物体，怕尖利的物体，害怕打雷下雨，甚至看到气球也会莫名恐慌。他每天都战战兢兢，惶惶不可终日，恨不能闭上眼睛什么也不看，或是塞上耳朵什么也不听。由于太过胆小，皮特得了一个“胆小鬼”的绰号。胆小的皮特周末很少出门，他尽可能待在家里，远离一切让他感到不适的东西。朋友觉得他的行为难以理解，私下里多次找他谈心，想要帮助他找出恐惧的根源。

皮特说："黄色会让我联想到炽热的火焰，然后联想到火灾，尖利的东西会让我联想到很多恐怖的画面，气球的爆破声和闷雷滚动的声音，都能引发我的灾难性联想。""你为什么会产生那些联想呢？"朋友不解地问。"我不知道，我总觉得自己生活在一个危机四伏的世界里，随时都有可能遭受灭顶之灾，"皮特说。"这种说法未免有些太夸张了。虽然危险无处不在，但大体来说，我们是安全的。虽然每天都有车祸发生，但我们不能因此拒绝开车或乘坐交通工具。我想你是太过紧张了，尽量让自己放松下来，也许一切都会变好的。"

皮特努力对抗恐惧，可是他始终无法战胜恐惧。其实他很清楚，自己为何会变得神经过敏，但一直羞于向别人提起，所以无法从外界获得任何帮助。作为一个薪水微薄、朝九晚五的小职员，他面临着巨大的经济压力和生活压力，精神长期处在高度紧张的状态。由于租住的房屋各种设备年久失修，线路也老化了，他总担心电线短路，引起火灾，对火的恐惧渐渐转移到了黄色物体上。他害怕尖利的物体是因为小时候他生活在乡下，那里社会治安非常差，经常有暴力事件发生，每当看到刀具，他都会联想到那些暴力事件。他害怕打雷下雨和气球是因为小时候在一个雨天，他的爷爷心脏病犯了，被家人匆忙送到了医院后就过世了，听到这个噩耗的时候，他的手里正拿着一只气球。从此只要遇上雨天或是看到气球，他就会联想到疾病和死亡。

皮特总是想自己有可能死于一场火灾，或是受到歹徒劫持，抑或是生重病无钱医治，在一个风雨交加的晚上悲惨地死去，或许他病床前也会有一个拿着气球的小男孩，睁着漆黑的大眼睛不解地看着他。他无法消除这些消极的念头，也无力改变自己的生存现状，所以始终不能摆脱恐惧。

苏格兰作家鲍斯威尔说："没有比恐惧更让人苦恼的情绪了，恐惧使我们痛苦不堪，并使我们在自己眼中也可鄙到了极点。"每个人都有恐惧的时候，只是恐惧的强度不同，强烈的恐惧会导致自我憎恨、自怜自伤，甚至能激发自毁情绪。恐惧有可能演变成生命不能承受之重，所以战胜恐惧就显得尤为重要。

千奇百怪的恐惧症

崔西生性比较胆小，恐惧的东西也多种多样。她害怕毛毛虫、害怕金属物体，对带刺的玫瑰花有一种难以言喻的恐惧心理，平时她尽可能避开让自己感到不安的东西，可有一样东西她是无论如何都避不开的，那就是家里的那扇木板门。每次站在门前，她都会产生一种奇怪的联想，认为穿过那扇门，就会有恐怖的事情发生。所以进入家门前，她必须扭动着身体热舞一会儿，等到神经不再那么紧张了，才能鼓起勇气走进房间里。

每个人都会恐惧一种或几种东西，有的人怕蜘蛛，有的人怕飞蛾，有的人害怕乘坐电梯，有的人害怕站在山顶上向下眺望，有的人甚至连走出家门都有压力。人们恐惧的东西千奇百怪，有时即使看到对自己完全无害的东西，也会打冷战。如果你从心底感到恐惧，任何事物都会被涂上恐怖的色彩。比如玫瑰、郁金香、纽扣这些寻常事物，几乎完全安全无害，但在某些人眼里，它们可能比童话故事中的魔鬼还要可怕。

英国的一家网站曾经罗列出了 1500 种恐惧症，内容五花八门，概括得非常全面，被视为恐惧症“大全”，但英国《新科学家》周刊却认为，这个“大全”其实还是不够全面，恐惧症所包含的内容多得超出人的想象。那么在现实生活中，都有哪些常见的恐惧症呢？

恐高症

生活中，有不少人站在高处会感到头晕目眩，这就是恐高症作怪。并不是所有的恐高症都属于心理疾病。如果你站在悬崖峭壁上或是站在二十多层的高楼大厦里，向下俯瞰的时候，感觉非常害怕，那是一种非常正常的反应。可是假如你站在几米高的地方，待在密闭式的建筑里，安全完全没有受到威胁，仍然感到头昏脑涨，甚至出现心跳加快、呼吸急促等强烈反应，那就是患上恐高症了。

社交恐惧症

指某些人存在着严重的社交障碍，在公共场合不敢发表讲话，总担心自己会出丑。排斥聚会和一切社交活动，与人接触的时候会非常紧张，经常面红耳赤、语无伦次，不能与他人目光对视，总担心被人窥见内心的秘密，表现得非常不安。

广场恐惧症

指对开阔空旷的空间或公共场合感到恐惧的一种病症。患者害怕在空旷的场所停留，不敢穿越广场，不敢到商场购物，甚至不能独自乘坐公共汽车或火车。只要是走进令自己害怕的场地，就有一种逃离的冲动，严重者会伴有惊恐发作的症状。

密集恐惧症

指人们对排列密集的物体本能地感到恐惧，以孔洞恐惧最为常见。比如布满小孔的蜂窝、蚁窝、莲子，小圆饼、膨化巧克力、面包圈里的细小的孔洞、皮肤上的疱疹、密集的虫卵等，都有可能让人产生恐惧的心理。密集的物体在视觉上会给人造成一种混乱感和压迫感，使人产生头皮发麻、头晕、恶心等不适反应。但不是所有的人都对密集排列的物体敏感，不适的症状、反应强烈程度因人而异。

社交媒体恐惧症

指曾经一度离不开微薄、微信、QQ等社交平台，早上醒来的第一件事就是刷新朋友圈。你看到朋友在炫耀收入、工作或是高朋满座的完美社交生活时，你会感到无比羡慕嫉妒，进而产生深深的挫败感和社交孤独感，从此开始恐惧社交媒体。

巨大恐惧症

指对巨大的物体有一种无法抑制的恐惧感。比如看到巨大的雕像、巨型广告牌、巍峨的山体，都会感到莫名恐惧。轻则无法移动、双腿发软，重则全身发抖、心率加快、冷汗淋漓，并伴有强烈的窒息感。患者恐惧的对象各不相同，有的即使没有看到实物，只是看到了巨型物体的照片，也会产生恐慌感，严重者可导致惊恐发作。

幽闭恐惧症

指对密闭空间的恐惧，恐惧的对象包括：电梯、机舱、剧场、火车车厢等。患者一旦置身在封闭的环境中，就会感到无比恐慌，会出现手脚发抖、肌肉抽搐、心脏狂跳等剧烈反应，严重者可当场昏厥。脱离畏惧的环境，即可行动如常。

恐尖症

指看到尖锐的物体会极度不适，不敢正视诸如剪刀、铅笔、枕头、小道、钉子、牙签等物体。对尖利的东西分外敏感，恐惧的根源在于，担心自己会拿起锋利的尖锐物刺伤自己或他人。

蜘蛛恐惧症

这是非常常见的一种恐惧症。有的人看到蜘蛛或者栩栩如生的蜘蛛影像、图片，就会非常害怕，恐惧的感觉数日之后才能消失。即使脱离了刺激源，他们也会疑神疑鬼，总是怀疑蜘蛛就潜伏在自己身边，或者眼前随时都会出现一只恐怖的蜘蛛，不过大部分患者许久见不到蜘蛛，恐惧感会随着时间的推移减退或消失。

镜子恐惧症

如果一个人害怕在镜子里见到自己的影像，那么一定是患上镜子恐惧症了。这类患者不敢照镜子，在装有镜子的更衣室里或是美发沙龙里，会感到分外不自在。患有此类疾病的人以年轻女性居多，原因在于女性比男性更注重外貌，如果对自己的外表感到不自信，就会对镜子产生莫名的恐惧感。

是谁制造了可怕的梦魇

杰森今年已经年满 18 岁了，他身材高大，体格健硕，长得非常魁梧，但不知为什么，居然会害怕小小的尖锐物，看到针头、牙签之类的东西就莫名吓得额头冒汗。同龄人为此经常取笑他，都管他叫胆小鬼，杰森为此很是苦恼。他原本觉得自己是个非常勇敢的人，他曾独自驾着橡皮艇穿越激流，还尝试过诸如蹦极之类的极限运动，按理说，他的胆量应该比别人大，可是他身边的人都不怕尖利的东西，只有他害怕，任何带尖的东西他都见不得，所以相较之下，他的胆量反而不如常人了。

杰森从来不用水果刀削水果，也从不使用大头钉，连建筑物的尖顶都不敢看。他总是觉得那些尖锐物有可能刺伤自己的眼睛，总感到眼睛难受，后来，杰森咨询了心理医生之后，才知道自己患上了恐尖症。

你是否问过自己，为什么会莫名其妙地感到恐惧，究竟在怕什么呢？恐惧又是如何产生的？它为何能成为你生命里挥之不去的梦魇？有人说，恐惧是源于一种自我保护的本能，比如你怕火，就不可能把手放在火炉上，这样就能避免被灼伤；害怕大型食肉动物，对其敬而远之，可使自己免受猛兽袭击。的确，恐惧确实跟人类的进化有关，我们的祖先在与大自然进行残酷较量的时候，进化出了各种防卫的本领，恐惧便是进化的产物。可是心理上的恐惧，并不能只用进化论解释。

恐惧的表现多种多样，它包括烦躁、不安、紧张、畏惧、退缩等。通常而言，你所担忧的不是近在眼前的危险，而是可能面临的危险处境，也就是说你的思绪穿越时空，跑到了未来，而未来是不确定、不可控的，所以你注定要加倍忧虑。比如你畏惧尖锐的物体，并不是因为它现在伤害到了你，而是你幻想着未来的某一刻，它可能会对你的人身安全带来威胁。你不知道下一秒钟会发生什么，并且认为自己的行为有可能会失去控制，恐慌感由此产生。

恐惧源于对潜在伤害的预估，以及对可能面临的损失、遭致的失败所产生的一种忧虑感，其本质属于一种防御机制。比如你害怕得不到认同，害怕被证明无价值，就会想方设法凌驾于他人之上，竭尽所能掩饰内心的懦弱，或者狂热地追求能使自己增值的事物，比如金钱、权力、名望等，如果你不能如愿以偿，便会感到精神压力巨大，出于自我保护的需要，你会对周遭的环境产生逃避的心理，从此变得神经过敏，各种各样的恐惧症由此产生。不可否认的是，恐惧与压力有着千丝万缕的联系，但恐惧的成因比较复杂，影响因素众多，我们不能一概而论，那么人们为什么会患上恐惧症呢？它的形成因素有哪些呢？

遗传因素

研究表明，恐惧症与家族遗传有关。父母患有哪类恐惧症，子女患上同类恐惧症的概率要比其他人高。比如父母患有广场恐惧症，子女极有可能患上同类的疾病。父母恐惧血液或是害怕尖利的物品，子女也有可能害怕同样的东西。

性格因素

内心脆弱、个性内敛敏感，胆小、羞怯，略带神经质的人，更容易患上恐惧症。做事被动，缺乏独立性，高度依赖他人及有强迫倾向的个体，罹患恐惧症的概率也比较高。

外界因素

受过沉重的打击和强烈的精神刺激，是患上恐惧症的重要原因。比如某人遭遇过车祸或是亲眼目睹过一场惨烈的交通事故，会对驾车、乘车本能地感到恐惧。因为看到车子的一刹那，那些恐怖的场景会在他的头脑中再现。再比如某人曾经被狗咬伤过，以后看到狗就自然会吓得浑身发抖。还有一种情况是，经历了离异或亲人死亡等不幸事件，形成了心理创伤，神经变得脆弱而敏感，恐惧的范围会无限扩大。

社会因素

现代人生活节奏过快，精神高度紧张，不可避免地会患上各种各样的心理疾病，患上恐惧症的人群较往年明显增加，呈现出不断上涨的趋势。

心理因素

一个人所恐惧的物体，可能与他过往的记忆有关，也可能与他的某些心理需求有关，还有可能跟他的个人喜好有关。比如某人恐惧鱼，这种恐惧看似不合常理，但当你了解了他的人生阅历以后，一切都变得有迹可循了。可能是他很小的时候，从集市上买了两条死金鱼，或者父母都是渔民，自己身上有腥味，被同学嘲笑过。再比如某人恐惧肚脐，这种情绪可能代表他对自己的母亲极度厌恶或是代表他在心理上还没有长大。肚脐，象征着与母体的联系。对这一部位反感或恐惧，大部分与母亲有关。又如有的空军害怕飞蛾拍打翅膀的声音，可能是与战争创伤有关，这种声音能让他联想到敌机来袭的恐怖场景。

幽闭空间，无法忍受的惊魂体验

温妮在乘坐电梯时，电梯设备出现故障，她被困在幽闭狭窄的空间里，完全失去了与外界的联系，半个小时后才获得解救。那次恐怖的经历，给她的心灵造成了囚牢的阴影，从此只要进入电梯，她就会莫名恐慌。有时她想象自己被困在了一个密封的囚牢里，造成的四壁不断向自己挤压，空间越缩越小，她几乎没有容身之地了，很快就会被挤成肉饼。有时她幻想自己被锁在了一个密闭的金属盒子里，洪水一点一点地将空间淹没，水位线从的脚部一直涨到头部，然后没过了她的头顶。

由于摆脱不了那些疯狂的想法，温妮开始排斥乘坐电梯。从此无论上楼还是下楼，她都坚持爬楼梯。她每天要爬好几十层楼，总是累得气喘吁吁，随着年龄的增大，她的身材越发笨重，爬楼梯越来越吃力。她想，终有一天她会老得爬不动楼梯，到时该怎么办呢？

很多人都有过被困电梯的经历。密闭的空间、黑暗的视野，很容易使人陷入恐慌。一些受过惊吓或是想象力比较丰富的人群，很有可能会被这种阴森恐怖的气息逼得发疯。惊恐发作时，有的人会歇斯底里地尖叫；有的人会哭闹不休；有的人会苦苦哀求；有的人会颓然地蹲在地上，反反复复唠叨："我不能呼吸了，我快死掉了。"人们为什么会有那么强烈的反应呢？被困电梯为何会成为无法忍受的惊魂体验？

心理学家指出，密闭狭小的空间，会让人本能地感受到威胁，使人产生想逃离的冲动，而实际上那种威胁是不存在的。简单来说，开放的空间，方便人们逃生，而封闭性太好的空间，通常让人觉得无处可逃，恐慌感由此产生。其实在大多数情况下，我们根本没有逃离的必要。我们的恐惧是多余的、不合理的。在理性上，我们觉得自己的所思所想很好笑，但在感性上，这种恐惧是真实存在的，我们没办法忽视它和摆脱它。

除了电梯以外，密闭的房间、车厢、飞机，都比较容易诱发恐惧症，这种对密闭空间的恐惧统称为幽闭恐惧症。治疗幽闭恐惧症主要以暴露疗法为主，患者可根据自身的情况，选择满灌疗法或是系统脱敏法。

以电梯恐惧症为例，如采用满灌疗法，可直接进入电梯，任由自己惊恐发作几次，经过反复练习，逐渐消除心理障碍。心脏病患者或是心肺功能不全的中老年人不建议采用这种疗法。刚刚进入电梯时，你可能感觉非常不适，比如呼吸变得急促，心脏狂跳，感到头晕恶心，胃里翻江倒海，觉得自己随时会呕吐或者可能突然晕倒。你迫切地想要离开电梯。在这种情况下，千万不要逃跑，让自己在电梯里多待一会儿，恐慌感会自行减退或消失。有过几次相同的经历之后就不会害怕乘坐电梯了。即便偶尔惊恐发作，发作的次数也不至于像以前那么频繁了。坚持数月以后，你就能成功脱敏。

一般而言，系统脱敏法比满灌疗法要安全一些。在幽闭空间，极度恐惧的患者可选择采用此种疗法。此疗法分为三个步骤：

第一步：先进入相对开阔的大房间进行治疗。在封闭的大空间里，你的恐惧感相对较轻，一般不会引起惊恐发作，仔细体验呼吸加重加快、心跳加快的感觉。然后慢慢放松下来。

第二步：习惯大房间的环境后，转入小房间进行治疗。在密闭的小房间里，你的恐惧感会陡然上升，但还不至于惊恐发作。让自己习惯与恐惧作伴，慢慢地调匀呼吸，恐惧感随着时间的推移会自行减轻，直至消失。

第三步：独自乘坐电梯，在封闭的电梯间进行自我治疗。当你适应了封闭的空间后，对电梯的恐惧感会随之减轻，惊恐发作的概率也会降至最低。到时你将发现，封闭的空间是安全的，乘坐电梯也没有任何危险，以后就不会害怕乘坐电梯了。

幽闭恐惧症治愈后，如果再次受到刺激，很有可能复发。比如某个电梯恐惧症患者，乘坐电梯上楼时，整栋居民楼停电了，被困在电梯里好几个小时或是一个晚上，当时惊恐发作了。遇到这种情况该怎么办？首先要保持头脑冷静，不要大喊大叫，以免过量消耗体能，先做几个深呼吸，尽量让自己的心情平静下来。不要拼命按各楼层的按钮，因为电梯没有反应，你的恐慌感和焦虑感将加倍增长。成功脱困以后，可尝试满灌疗法或系统脱敏法，逐渐摆脱对电梯的恐惧。

美国精神科医生罗德·莱文森指出，大多数的恐惧症都跟内耳功能障碍有关，适量服用增强内耳功能的药物，能有效缓解和消除恐慌感。部分心理专家建议，在进行心理治疗的同时，患者可服用抗抑郁、抗焦虑的药物降低恐惧感。

当广场成为不敢跨越的雷池

凯文有一天独自穿过市中心的广场，忽然莫名感到恐慌，他的心跳很快，胸口一起一伏，呼吸的节奏完全处于混乱状态，他觉得自己快要窒息了。那座广场就像宇宙中的一个奇异时空，无限延展着，他无法举步前进，也不能转身后退，只能两腿酸软地站在那里，仿佛被定格住了，吓得汗如雨下。那天，他费了好大的力气，挣扎了好久，才精神恍惚地走到了广场的另一头。

此后，凯文开始有意识地回避广场，再也没有一个人单独去过广场，但这种恐惧情绪并没有消除。有一天，他独自走在宽阔的大桥上时，又莫名产生了恐慌的感觉。当时的反应与穿越广场时一模一样。后来他发现经过任何空旷的场地，都会惊恐发作。有一次他外出办事，必须要经过一座大桥才能回家，那天天下着大雨，他的太太简妮一直等到天黑也没有看见他的踪影。最后简妮在大桥上找到了他。他当时浑身都湿透了，冻得瑟瑟发抖，显然他是惊恐发作了，无论如何都穿越不了那座桥。

为了保障他的安全，太太不允许他单独外出，无论他走到哪里，她都会陪伴在侧。他的恐慌感虽然稍微减轻了一些，但噩梦并没有结束，每当走到空旷开阔的地带，他都会吓得直打哆嗦，假如不是太太及时抓住他，他很有可能会发狂或是会跌倒，事后想想都感到后怕。

这是一个有关广场恐惧症的典型案例。患有此类疾病的人不敢出入空旷或拥挤的场所，比如商场、剧院、会场、广场等，他们外出通常需要他人陪伴，如果找不到陪自己出行的人，宁愿留在家里。因此有些精神分析学家认为，这可能是因为患者在人格上是不独立的，在情感上极度依赖身边的人，试图借助惊恐发作来满足婴孩般的缠缚需求。如此就能让对方时时陪伴自己了。

大多数心理学家并不完全认同这种说法，他们普遍认为一个人之所以会患上广场恐惧症，除了上述原因外，还有三点原因，它们分别是缺乏安全感、对外界怀有抵触和敌对情绪、存在心理阴影。缺乏安全感的人，不愿离开舒适区，喜欢待在熟悉的地方，一旦脱离了熟悉的场地，暴露在外面，就觉得自己的处境十分危险；对外界持敌对情绪的人，总是把危机想象得太严重，以致总是惶恐不安；有过创伤性经历的患者，内心更为脆弱，神经也更为敏感，较其他人更容易产生恐惧心理。

恐惧是一种主观情绪，无论它是由于什么原因产生的，只要控制住头脑中荒谬的意念，就能从根本上消除这种不适的感觉。因此有人提出，理智是打败恐惧的最有效利器。问题是，当你被突如其来的恐惧感淹没时，理智又在哪里呢？强烈的恐惧感，会让人丧失理智，无论多么理性的人都有可能被不可遏制的恐惧感打败。所以治疗广场恐惧症不能仅仅靠理性。心理学家研究发现，患者让自己暴露在所恐惧的场景，如广场、剧院等，比内省治疗、认知疗法更有效。也就是说想要征服恐惧，必须咬紧牙关面对它，除此之外，再无更好的方法。

让患者直接暴露于恐惧的情景中，逐渐产生耐受力的心理疗法叫作暴露疗法。暴露疗法分为两种：一种叫快速暴露法，又名满灌疗法；一种叫缓慢暴露法，又称系统脱敏法。满灌疗法是指不做任何放松训练，直接进入恐惧刺激的场景中，通过强烈的刺激，短期内消除恐惧、焦虑等不良反应。为了保证患者的安全，心理专家建议最好是采用想象或模拟的方式来进行心理疗愈。系统脱敏法是指通过放松训练，让患者逐渐进入放松状态，在想象的场景中慢慢脱敏，然后经过强化训练消除对实物的恐惧感。

广场恐惧症一般采用系统脱敏法治疗。系统脱敏法分为四个步骤：

第一步：掌握放松技巧，让自己进入放松状态。

以舒服的姿势坐在椅子上或沙发上，要保证室内光线柔和、气温适宜，且安静祥和，没有噪声的干扰。播放轻柔舒缓的音乐，按照音乐的节奏进行适度的肌肉放松训练，先放松双臂，然后从头到脚依次放松身体的各个部位，使各部位的肌肉慢慢进入松弛状态。

第二步：设立恐惧等级。

将恐惧的情境按照害怕的程度排序，创建一个恐惧等级表，完成由小恐惧到大恐惧的过渡。每个恐惧级别都要设定分数，最小恐惧级别为 0 分，最大恐惧级别为 100 分。0 分代表你没有任何恐慌感，100 分代表你非常恐惧。你可以根据自己的实际情况来设置等级，一般分为十个等级，每一级为 10 分。比如你最恐惧的是穿越广场或进入剧院，可将相应的场景设置为 100 分。你觉得最安全的地方是家里，可将对应的场景设置为 0 分。

第三步：在想象中实现系统脱敏。

先想象最低级别的刺激场景，逐级进入不同的情境，等到感觉焦虑恐慌时，中止想象，马上深呼吸几次，适度做一些放松训练。回顾一下出行路线，第一个场景是在家里，你感到很安全，没有任何焦虑感；第二个场景是在门外，你仍然没有产生强烈的不适感；第三个场景在楼下，远远望去，你可以看到即将穿行的街道；第四个场景，你走在人来人往的大街上，离广场还有一段距离；第五个场景，你走过了第一个路标，站在一家酒店旁边，离广场更近了一些，广场周围的建筑清晰可见。

如果你感到非常不适，立刻停止想象，做完放松训练，心情平稳以后，把刚才的场景按照先后次序重新想象一遍，反复重复上述过程，直到自己不再紧张恐慌为止，这个阶段被称为一级脱敏。一级脱敏完成后，接着想象更高等级的刺激场景，比如第六个场景，你走过了第二个路标，站在一家餐馆前面，又一次拉近了与广场的距离。以此类推，直到进入第十个场景为止。

循序渐进地进入更高级别的刺激场景，好比爬楼梯的过程，每上一个台阶，就意味着克服了一个困难。等到你爬到顶层的时候，基本上已经脱敏成功了。这是一个轻松感和焦虑感互相交替的过程，每次练习时，你都是在最放松的状态下进入恐惧情境的，然后又从恐惧的场景脱身而出，回归到放松状态，如此反复，你的耐受能力就会逐渐增强，适应性也会随之增强，这样恐惧场景再现时，你就不会再感到极度恐惧了。

第四步：在现实中脱敏。

最初阶段，可在别人的陪同下尝试穿越广场。恐惧感减轻或消除后，可尝试独自外出，在无人陪伴的情况下穿越广场。一般而言，经过想象脱敏训练，再进入真实场景后，恐惧感会大为降低，惊恐发作的概率也会大大降低。

系统脱敏疗法需要反复练习才能发挥效力，必须持之以恒地坚持下去，才能达到预期效果。需要注意的是，患有心脏病或呼吸系统疾病的患者，不易采用此方法进行脱敏治疗，以免发生意外，此类人群可考虑采用认知行为疗法进行认知矫正，逐渐摆脱对空旷场地的恐惧。

最孤独的成长莫过于自闭

毕淑敏说：“没有人是一座孤岛。”的确，人是高度社会化的动物，谁都不可能抛开外界的联系而单独存在。人既需要从外界获取信息和资源，满足日常生活所需，又需要从外部世界获得情感支持。可是社交并不能消除孤独感。在灵魂深处，每个人都是孤独的，没有人可以对另外一个人的成长经历和体验感同身受，谁都渴望被了解，但作为独立的个体，人与人之间本身就存在着天然的隔膜，谁都不可能完完全全了解谁，你可以在人群中取暖，却不能消灭孤独，这就意味着，孤独的感觉会永远如影随形。

从某种意义上说，每个人都有可能成为一座孤岛，尤其是在与外界沟通不畅或失去沟通意愿的时候，到那时各种心理疾病就都找上门来了。自闭是万病之源，也是一种变相的自我惩罚，因为它意味着把孤独感放大一万倍，将快乐、温暖的感受缩小到消失不见。一只鸟脱离了群体，不再受到关注，尚且会啄光羽毛，抑郁成疾，更不要说有着复杂思想和情感的人类了。最孤独的成长莫过于自闭，如果可以选择的话，人都希望能在爱的抚慰下度过或艰难或美好的岁月，那么人类为什么要自我封闭呢？其实人在各个年龄阶段都有可能走向自我封闭，造成自我封闭的原因主要有以下五点：

由于阅历、秉性、爱好、人生观价值观的差异，人与人之间不可能形成亲密无间的关系。

父母子女为至亲关系，按常理说这种关系是血浓于水的，可是因为彼此之间存在着无法消除的代沟，双方很难融入彼此的世界；交往甚密的朋友，也未必能发展成志同道合的知己，自古以来知音难求知己难遇，朋友可以多得不可计数，但知己却少之又少。也就是说人与人之间永远也不可能形成亲密无间的关系，隔阂一旦产生，你就有可能退回到自己的城堡，拒绝与他人分享体验和感受。

随着社会节奏的加快，人们面临着诸多挑战和压力，亲情、爱情、友情常常经不起现实的考验。

如今，社会上出现了很多望子成龙望女成凤的虎妈狼爸，他们危机意识强烈，生怕孩子输在起跑线上。出发点也许是好的，但教育方式过于简单粗暴，常常会遭到子女的强烈抵制，随着矛盾的升级，亲情会被稀释得越来越淡薄；爱情其实比亲情更为脆弱，有一种现象是不可忽视的，那就是在商品经济为主导的社会环境下，婚恋关系掺杂了太多物质利益的考量，纯粹无瑕的感情变得越来越稀缺，越来越遥不可及，人们已很难判断爱情的纯正度，只能从童话故事里寻找爱情的影子；友情同样会被侵蚀和物化，随着“天下熙熙，皆为利来；天下攘攘皆为利往”的观念大行其道，朋友往往被异化成可利用的资源和工具，人与人之间的信任度大打折扣，在这种情况下，彼此想要培养出真正的友谊几乎是不可能的。严厉的家长、叛逆的孩子、貌合神离的夫妻、互相算计的朋友构成了社会百态，人内心的孤独感倍加强烈，从这个角度分析，每个人都有潜质发展成一座孤岛，进而成为病态群体中的一员。

疲于奔波的现代人，不但忽略了自身的情感需要，还经常忽略身边人的感受。

比如家长忙于应酬和工作，腾不出时间陪伴孩子，错过了与儿女共同成长的时光，儿女长大后，可能变得孤僻乖戾，难以适应外部环境；年轻人忙于为事业打拼，腾不出时间照料和陪伴父母，父母有可能变得抑郁和封闭。

封闭的生活环境会加剧内心的闭锁。

随着城市化进程的加快，原来那种阡陌交通、鸡犬相闻、黄发垂髫怡然自乐的景象已不复存在，邻里之间成了最熟悉的陌生人，数十年比邻而居，不清楚对方的姓氏，也没有打过招呼，人与人之间的亲近感下降，戒备心增强。

遇到挫折时，很多人像鸵鸟一样把头埋进沙子里，靠逃避抵御外部世界的威胁。

随着教育的普及，现代人的智商水平有所上升，逆商水平却在直线下降，一旦遭受挫折和打击，就有可能一蹶不振，产生逃避心理。自我封闭便是回避社会的一种应激反应。封闭自己是一种本能的防御机制，回避外界环境，能在一定程度上降低挫折感。但长此以往，人就会变得越来越孤立，越来越难以适应社会。

总之，由于种种原因，人们选择了封闭自己，不愿意对任何人敞开心扉，无法从日常交际活动中传递情感，孤独感、隔绝感由此产生，心理活动逐渐呈现出病态化。

小琳性格活泼开朗，喜欢跟不同类型的人打交道，交际范围广泛。可是每当她陷入困境或遭受挫折时，连一个谈心的人也找不到。很多人都说小琳是双重性格，一半明媚一半幽暗，表面看来，她非常受欢迎，在各种社交场合都混得风生水起，无论说什么，都能引发阵阵笑声，可实际上，她所扮演的只是耍宝逗乐的开心果角色，别人笑过之后，就把她忘掉了，没有人把她当成真心朋友。

小琳在生活中不信任任何人，不愿意向任何人吐露心声，每次与人交谈，都在滔滔不绝地讲笑话，或者频繁地说双关语，显得既机智又圆滑。把别人逗笑时，她也会跟着大笑。然而收敛笑容之后，她会莫名感到忧伤。她常常以为，除了自己以外，世上再没有更孤独的人了。在她上小学时，父母忙于工作，把她寄养在奶奶家，她只和奶奶亲近，跟父母的关系非常疏远。奶奶去世后，她就没有更亲的人了。步入社会后，她辛辛苦苦积攒的工资，被朋友骗去炒股票了，从此她便不再相信友情了。结婚之后才发现自己所嫁非人，不到一年果断地离了婚，为了财产分割的事官司缠身。小琳的心彻底凉了，她不再对任何人抱有期待，只想和家里的宠物狗度过下半生，因为在她眼里，动物比人更容易亲近，而且比人更值得信赖。

许多人认为只有离群索居、沉默寡言的人才容易出现心理问题，其实不是这样。身处闹市，性格活泼开朗，频繁参加宴会和派对的人，也有可能走向自我封闭，患上各种各样的心理疾病。封闭与开放只是一个相对概念，言语的多寡与内心的开放程度未必会成正比。一个言语不多的人，内心可能是明朗和开放的，而一个谈笑风生的人，也有可能心门紧锁，本能地抗拒和排斥外部的一切。

虽然这个时代给我们带来了很多困惑，人生际遇中的负面体验又会进一步加深我们对外部世界的怀疑，可是无论怎样，我们都不能闭目塞听，让自己长期与世隔绝。不要让自己成为一座孤岛，试着敞开怀抱去接纳这个并不完美的世界，试着相信人世间的真善美，到时你会发现，外部世界并非你想象得那样光怪陆离。在这个拥挤不堪、热闹非凡的世界上，总有那么一个角落等待你回归，勇敢地迈出第一步，你一定会找到属于自己的快乐和幸福。

社交恐惧不只是害羞那么简单

克劳迪娅性格非常孤僻，平时少言寡语，从来不主动与别人讲话，与人交谈的时候，她也不敢直视对方的眼睛，目光闪烁游离，就像是做错事的小学生一般。每次开口说话，她都会满脸绯红，脸颊发烫，时不时低头盯着自己的脚尖看。闭口不言的时候，她能清晰地听到自己的呼吸声和怦怦的心跳声，情绪紧张。她不敢跟任何人交朋友，故意表现得十分高冷，试图让所有的人对自己敬而远之。平时出行，她总是一个人，常年扮演着独行侠的角色。有了喜事，她不知道该跟谁分享，伤心难过时，也不知该向谁倾诉。

克劳迪娅原以为可以用自己的左手温暖右手，到头来才发现这种假设根本不可能成立。她是一个有血有肉的人，拥有正常的情感需求，她需要恋人、需要朋友、需要合作伙伴，孤家寡人的日子真的不好过。由于她始终无法克服心理障碍，不能正常与人交往，所以，工作和生活都受到了极大影响，更糟糕的是，她时常感到孤独压抑，每天都过得非常疲惫，几乎无法体会到生命的乐趣。

每个人都是独一无二的存在，是一个独立的个体，这是人的自然属性，但作为社会中的一员，人又具有社会属性，我们每个人都需要同类的陪伴和关怀，需要付出爱和给予爱，需要正常的社交活动。不善社交，不仅无法在社会上立足，还会在孤独和自闭中患上各种各样的心理疾病。在当今社会，有这样一类群体，他们无法与外界进行正常的交流和沟通，与人交往的过程中，总是脸红心跳，表现得手足无措，这种现象在心理学上被称为“社交恐惧症”。

有的人认为社交恐惧症是害羞引起的，理由是性格腼腆内向的人普遍存在社交障碍。社交恐惧症的确与害羞有关，但并不能完全用害羞来解释。缺乏自信、有完美倾向或者是内心世界极为脆弱的人，都比较容易患上社交恐惧症。他们最大的问题在于，太在意别人的看法和评价，总担心自己的表现差强人意，怕当众出丑，怕被人轻视，时常怀疑所有人都在密切关注着自己的一举一动，时刻处于高度紧张的状态，所以往往言语吞吐、动作笨拙，显得呆板乏味。他们越是想给别人留下好印象，越是会适得其反，所以治疗这种心理障碍，最重要的就是放下所有的心理负担，把自己调整到最自然轻松的状态，那么具体该怎么做呢?

紧张时要尽量转移注意力

不要过于关注别人的反应，把全部注意力转移到当前的话题中，流畅自如地表达自己的观点。别总想着“我要是出丑了该怎么办”“别人会不会认为我很傻”，这样一来，你开口讲话时，就会很专注很自然，紧张的情绪也会有所缓解。

讲话时一定要看着对方的眼睛

与人交谈，一定要有目光上的交流和互动，这是最起码的礼貌，也是一种自信的表现。目光闪烁游离，代表胆怯和心虚，只有底气不足的人，才会有那样的反应。要想克服社交障碍，首先要鼓起勇气与别人对视，不要低头，也不要刻意转移目光，要目光坚定地看着对方，让别人感觉到你的诚意和热情。

每天给自己设立交谈目标，逐步克服交流障碍

交谈的对象刻意从身边最亲近的人开始，如果没有亲密的挚友，可以从家人开始。等到和家人能交谈自如了，就可尝试着与熟人、同事交谈，然后把交谈的对象扩大到陌生人群体。如果你找不到合适的话题，可从一般性的问候和打招呼开始。开口之前，要学会倾听，切忌一个人自说自话。沟通是一个双向交流的过程，很多时候，会听比会说更重要，你只有从别人的话语中了解到足够的信息，才能弄清对方的癖好兴趣，才能抓住别人感兴趣的话题，赢得对方的好感和尊重。

不要过度苛求完美，别给自己施加太大的压力

部分社交恐惧症患者，总希望自己能妙语连珠，恨不得马上变成一个风趣健谈的社交高手，这种不切实际的期待，往往会给自己带来很大的心理压力。比如有的人总喜欢说双关语和冷笑话，以为这种诙谐的表达方式，最能吸引听众，常因为自己想不出搞笑的段子而莫名紧张，结果往往词不达意，不仅没能活跃气氛，反而把自己推向了尴尬的境地。其实，与人交谈目的在于实现信息和情感方面的交流，你不需要练就“语不惊人死不休”的语言功底，只要能自然流畅地表达自己的观点就可以了。

停止胡思乱想

社交恐惧症患者总是担心与别人有过交流之后，别人会对自己品头论足，或是恶意取笑自己。这些想法没有任何依据。不要恶意揣测别人，要尝试着相信别人。大多数人关心的都是自己的生活，别人不会揪住你的错误不放，即使你笨拙的表现成为了别人茶余饭后的谈资，但这种无聊的话题也不会持续太久，很快它就会成为过去式，日后不会再被提及。

交谈时要注意自己的肢体语言

一般而言，话语可以粉饰和伪装，但肢体语言却能将内心所有的隐秘暴露无遗，所以千万别表现得过于胆怯和畏缩。站立时要昂首挺胸，用适度的肢体语言展露出自己自信的风度。坐姿以舒适自然为宜，无论倾听还是交谈，要面露微笑，不要刻意装高冷，也不要表现得太过殷勤，可时不时地颔首一笑，给予对方积极的信号。

用虚拟技术打败现实恐惧

有一天，苏珊在家中做除尘工作时，忽然看见了一只蟑螂，她吓得失声尖叫，手里的扫把丢在了地上。男友在楼上听到惊叫声，急忙往楼下跑，只见苏珊脸色灰白，浑身瘫软，嘴唇失去了血色，抖动不停。男友随便抓起一个家什就把蟑螂打死了，转身将其丢到了垃圾桶里。苏珊仍然没有从惊恐中恢复过来，泪水一直在眼眶中打转，过了一会儿，竟梨花带雨地扑在男友怀里抽泣起来。男友安慰了好一阵，她才破涕为笑。

过了一段时间，苏珊又在家里发现了一只蟑螂。可是那天，男友不在。她立即抓狂了，像逃离火灾现场一样逃离了居室，在酒店里度过了整个晚上。直到第二天男友登门，把屋里的那只蟑螂消灭掉，她才敢回家。

有时候，人会莫名地对某个特定物体（或场合）产生恐惧感，这种恐惧症被称为特定恐怖症。特定恐怖症的患者恐惧的对象非常广泛，它可以是蜘蛛、蟑螂、毛虫、蛇、深海动物、老鼠、小刀、灰尘、血液、废墟，也可以是黑夜、风声、雷电声，还可以是穿行马路的感觉或被触摸的感觉。有的人只要听到相应的字眼，就会感到毛骨悚然，但却说不清自己为什么会害怕那些东西。很多恐惧是没来由的，人们恐惧的东西千奇百怪，不一而足。治疗这种恐惧症多采用暴露疗法。

在暴露疗法中，患者要强迫自己面对所恐惧的事物，一般是采用直接接触实物和想象脱敏两种方法进行治疗。除了这两种方法外，还有一种新型疗法，那就是引入虚拟现实技术，通过虚拟体验来克服对特定实物的恐惧感。

看过影片《阿凡达》的观众，一定会惊叹于逼真的3D影像技术，那些以假乱真的宏大场景，那种身临其境的刺激感觉，实在是太震撼了。其实，我们可以把这种独特的体验运用到特定恐怖症的治疗当中。比如你恐惧蜘蛛，无论如何都不敢触碰这种动物，甚至没有勇气想象接触蜘蛛的画面，在这种情况下，你可以考虑在虚拟影像中观察或触碰蜘蛛，由于虚拟的画面并不会给你造成实质性的伤害，你对蜘蛛的恐惧感会自然降低。

那么到哪里寻找虚拟的3D呢？你可以考虑去观看一场科幻大片，在刺激的观影体验中，实现自我疗愈。一般而言，好莱坞大片比较丰富全面，几乎涵盖了大多数人恐惧的事物，你总能从中找到一种或几种自己所恐惧的事物。栩栩如生的画面、触手可及的感觉，在一定程度上，能让你混淆现实与虚拟的界限，所以特定的恐惧事物出现的时候，你可能会出现心跳加快、手臂发抖等不适反应。不要急着逃离现场，安静地坐着，坚持看完整场电影，恐惧感将在不知不觉中自行消失。反复观看同一影片，直到自己适应为止。之后，你可以根据自己的需要观看一部或几部同类的影片。

假如某些影片属于限制级，已经超出了你的心理承受能力，或者故事情节过于复杂，分散了你的精力，不能起到良好的治疗效果。你可以考虑到自然博物馆的3D虚拟展厅，观看特定事物，在增长知识的同时，逐渐消除内心深处的恐惧感。比如你非常怕蛇，但在看了有关巨蟒的3D影片后，并没有消除对蛇的恐惧感，反而更加怕蛇了。那么这就说明这种治疗方法并不适合你。

一般而言，为了达到惊险刺激的效果，导演会故意渲染一种恐怖氛围，这有可能会加剧你对特定对象的恐惧感。所以有关毒蛇、猛兽、鲨鱼、老鼠、鲜血等本身会让人产生极度不适感的事物，最好不要通过逼真的影片来自我疗愈，最明智的做法是到博物馆的3D虚拟展厅里，与这些事物来一次亲密接触。3D虚拟展厅，对各种自然界的生物做了详细科学的解说，通常能给你留下一个比较客观的印象，有助于改变你对某种特定事物的观感。如果你从科普的角度了解自然界的各种生物以及各种自然现象，恐惧感会自然减退。

如果你恐惧的事物本身并没有那么狰狞恐怖，在影片中通常不以阴森恐怖的面目出现，那么通过观影方式来治疗恐惧症是比较适宜的。比如你恐惧的对象是蒲公英、郁金香、玫瑰、鸽子、气球、木门、山体等完全无害的事物，可选择较为温馨浪漫的影片纠正自己的认知偏差。恐惧巨大山体或者对花卉有异常反应的患者，在观赏影片《阿凡达》的过程中，会看到山体或花卉的逼真画面，由于这两种事物给人的感觉无比安宁和美好，患者原有的恐惧感可能会不知不觉消失。在潘多拉星球上，高耸的山体巍峨险峻、奇崛秀美，各色花卉色彩艳丽、美如梦幻，反复观赏这些画面，你会发现高山和鲜花都是美的，它们是大自然的杰作，慢慢地，你会情不自禁地爱上这些事物，回到现实世界的时候，就不会再害怕它们了。

第三章

心理创伤：“刻骨”又“铭心”，沁入灵魂的痛与伤

从自然的角度看，生命是在创伤中蜕变和成长起来的，破茧成蝶、凤凰涅槃都是这样一个过程。人的一生，也是一个在创伤中磨砺成长的过程，所不同的是肉体上的伤结痂之后，很容易愈合，而心灵上的伤，历经数年以后，依旧还会隐隐作痛。因为它比切肤之痛更深刻，它所承载的记忆随着时间的流逝而模糊淡去，极有可能变成沁入灵魂深处的一道疤。

当你遭受了灾难性的心理创伤，受到巨大的精神刺激，久久无法释怀时，创伤性事件会反复闯进你的脑海，迫使你一遍又一遍重温那些可怕的体验，相关场景以闪回的形式反复再现，将给你带来无穷无尽的痛苦。这种现象就是心理学上所说的应激障碍，你必须与过去达成和解，接纳那些刻骨铭心的伤害，才能得到解脱，从阴影里走出来。

应激障碍——灾难过后的精神浩劫

布朗是一个货车司机，一年四季风雪无阻地送货，多年来从未出过事故。有一年冬天，天降大雪，路面非常湿滑，家人劝他不要开车送货了，叫他随便找个借口推掉公司的差事。可布朗并没有这么做，他说："业务员能签下这笔大单不容易，我必须把这批货物及时送到，不能让他失信于人。我这样做既是为公司里的同事着想，也是为了维护公司的信誉。"家人说不过他，只好目送他出门。

到了下午大雪还没有停，路况非常差，布朗出事了，他的车和另外一辆大货车撞到了一起。事情发生得太过突然了，布朗以为死神降临了，没来得及挣扎便不省人事了。醒来的时候，布朗发现自己正躺在医院里，脖子上戴着颈托，身上缠着纱布，被包裹得像一具木乃伊一样。由于全身剧烈疼痛，他无法安然入睡，每天都要借助药物入眠。他经常会做同一个噩梦，车祸的场景频繁出现在梦境里，每次被吓醒时，他都会惊出一身冷汗。

转眼一年过去了，他的身体已无大碍，可是他的精神依旧没有恢复。那场可怕的车祸给他留下了严重的心理创伤，此后他总是没完没了地做噩梦，精神也高度紧张，惶惶不可终日，脾气越来越暴躁，与以前判若两人。他觉得自己的人生被那场车祸彻底毁了，无论如何，他再也不能回到从前了。

常言道：人生无常，世事难料。谁也不能预测下一秒会发生什么。面对突如其来的打击或威胁，人们往往招架不及，显得分外无助。不幸事件发生后，有的人会郁郁寡欢，经常伤心垂泪，短期内无法从阴影中走出来，严重者则会陷于惊恐的状态中无法自拔，头脑中不断闪回创伤性事件，任何正常的场景都有可能激起那段可怕的回忆，这是典型的创伤后应激障碍反应。

所谓应激障碍就是灾难过后的精神浩劫，一个人亲历灾难、面临死亡威胁或躯体受到严重伤害，事后都有可能患上这种病。经历亲人离世、家庭破碎等巨大打击或亲眼目睹人间惨剧，罹患此类疾病的概率也比较高。有些应激障碍和童年的精神创伤有关，有些则是和成年后的精神刺激有关。患者经历过常人难以想象的痛苦，那种噩梦般的体验就像幽灵一样挥之不去，持续不断地折磨着他们脆弱的神经。有的人变得敏感易受惊，有的则表现得异常冷漠麻木，变得无法接近。

应激障碍包括急性应激障碍、创伤后应激障碍、适应障碍三种。

急性应激障碍是指在灾难性事件发生后即刻发病的心理障碍疾病。患者通常会感到茫然无措，意识处于模糊混乱状态，不能清晰感知周遭事物。比如某人听到亲人辞世的噩耗后，当场昏厥，醒来之后意识恍惚，不知自己身在何方，认不出亲朋好友，也不记得究竟发生了什么事情，这种症状可能会持续数小时或数日。严重者丧失生活自理能力，生活起居需要他人照料，情绪波动大，时而麻木不自知，时而恐慌愤怒，时而悲伤绝望。反常行为持续 1～3 个月。

创伤后应激障碍是指创伤性事件发生数日或数月后发病，病程持续 3 个月以上的心理疾病。有的患者病程可延长至数月、数年，甚至数十年之久。童年时期有过创伤经历，受到暴力侵害，经历过战争、水灾、火灾、地震、交通事故等天灾人祸，目睹过惨绝人寰的悲剧性事件，较容易患上创伤后应激障碍。患者通常感到惊恐无助，反复梦到相关事件，夜里辗转反侧，不敢入睡，偶尔睡着，听到一点风吹草动就会被惊醒。很多人在患上此病后，会变得情感淡漠、脾气暴躁，注意力难以集中，正常生活受到严重影响。部分患者会选择性地遗忘某些可怕的记忆，无论怎么努力都甩不掉负面记忆的人，会刻意回避与创伤性事件有关的场所及环境。

适应障碍是指应激事件发生 1～3 个月之内发病的一种心理障碍疾病。这种疾病通常和生活烦恼或人生变故有关，比如高考失利、找工作不顺利、移居异地或离退休之后不适应新环境新生活等。主要表现为悲伤抑郁、注意力涣散、焦虑不安、胆小怕事、易冲动暴躁等，不良情绪会随着时间流逝消除，病程一般不会超过半年。

俗话说得好，人非草木，孰能无情，作为有血有肉有思想有感情的自然人，每个人都有脆弱柔软的一面，真正无坚不摧的人是不存在的。有过创伤经历之后，出现了心理障碍，属于一种极为正常的反应，并不能说明当事人不够坚强。患者不必过于内疚，要鼓起勇气正视自己的心理问题，争取早日康复。

心灵重建是一个浴火重生的过程

吉米亲历了一场火灾，劫后余生之后变得冷酷麻木，他不想跟任何人交流，连最亲近的人也不愿多看一眼，整日怏怏不乐。家人担心他继续这样下去，精神会垮掉，想方设法诱导他开口，他们认为只要让吉米把埋藏在心里的恐惧和痛苦全部说出来，过不了多久，他就会好起来。可是吉米对那场火灾讳莫如深，非常不愿意提及那件事，想要让他敞开心扉简直比登天还难。

有一天吉米的父亲忍不住开口说："吉米，你不能永远封闭自己，我们就在你身边，你有什么话，可以毫无顾忌地向我们倾诉，我们愿意与你共同分担痛苦。"吉米抗拒地说："不，你们永远都无法体会我的感受，不可能真正同我共担痛苦，我差点葬身火海，已经做好了最坏的准备，最后奇迹般地活下来了，你也许觉得我该感激上苍，可是我并不那么认为，我觉得我活着似乎比死了还要痛苦。每天晚上我都会做噩梦，有时我分不清真假，这就相当于每天我都要经历一次火灾，这种精神折磨无休无止，我真的快要支撑不下去了。"

遭遇创伤性事件的刺激后，很多人会选择对过往的经历闭口不谈，因为他们很怕触及昔日的创口或者回忆起恐怖的情境。有些心理学家认为，应激障碍患者刻意回避创伤性事件，不利于自身恢复。患者如果肯吐露心声，将负面的感受和情绪全部倾吐出去，在一定程度上能有效减轻精神上的痛苦，这种疗法被称作宣泄治疗。这种治疗方法只适合创伤较轻的患者，因为心灵的重建是一个浴火重生的过程，对于患有严重精神创伤的病人，如果内心世界不够强大，对外宣泄不仅不利于病症的减轻，反而有可能导致精神崩溃。

关于精神创伤的处理，患者需谨慎对待。如果觉得放声大哭或是把内心的感受全部讲出来，确实能减轻心理分担，那么可以采用宣泄疗法进行治疗。如果认为自己尚未做好准备，不想向任何人提及那段不愉快的经历，就不要急着逼迫自己。

治疗应激障碍，除了宣泄疗法外，最常见的方法当属暴露疗法。采用这种方法进行自我疗愈，患者需要一遍又一遍重温创伤事件，过程极其痛苦，假如这种方法奏效，确实能使压抑在心头的负面情绪得到充分释放。不过采用此方法治疗之前，需做好充分的心理准备，以免过早暴露伤口引起严重不良反应。

刚刚患上应激障碍时，可通过以下方式进行自我调节，其步骤如下：

自己脚踏实地

一个人一旦心灵受伤，常常会感觉无助。由于缺乏安全感，精神高度紧张，身体得不到放松，往往紧绷僵硬。脚踏实地的动作能让患者感受到外部世界对自己的支持，并从中获得勇气和力量。它能带给你这样的暗示：即使全世界的人都弃你而去，即使你孤立无援，仍有脚下的大地作伴，大地将给予你无私的支持。等到你感受到这种力量以后，紧绷的神经和僵硬的身体就都能得到充分放松了。

关注自己的身体变化，阻断条件反射

有过精神创伤的人，每当回忆起当时的场景，都会不由自主地进入防御状态，比如受过惊吓的人，每次做噩梦或想起令人生畏的场景，都会不由得紧缩身体，出现呼吸急促、心跳加快等反应。当你意识到自己的身体出现微妙变化的时候，可有意识地阻断这一系列惯性反应，这样就能有效地打破条件反射，缓解焦虑症状。比如你童年时代，曾经被狗咬过，从此只要看到狗就会往后缩，甚至有可能惊恐发作。当你意识到这一点，努力控制住自己的步伐，站在原地不退缩或者是轻微地活动一下手脚，惯性反应就会被阻断。

多想想正面积极的体验

应激障碍患者，大多较为悲观，内心装满了负能量，整天想着消极的事情，回忆里几乎没有一件愉快的事情，人生观、世界观都比较灰暗。其实每个人都有可能经历不幸，谁都不可能永远一帆风顺，只专注消极体验忽略积极体验是不可取的。难过的时候，不妨多多回顾一下正面的积极的体验，想想那些美好的人和事，想想别人给予过自己的帮助，你会发现命运远没有你想象的残酷，世界也不像你所想象得那么糟糕。经过一段时间的心态调整后，也许你会慢慢回归生活的正轨。

激活体内能量，完成防御反应动作

人在经受巨大的打击或感到极为惊恐时，往往会呆若木鸡，事后表现得异常麻木，冥冥之中总是感到不安和愤怒，这是因为机体自然的防御反应被阻断，体内的能量没能得到释放，所以胸口总有一种压迫感。试想一下，当你遭受人身安全的威胁时，第一反应是什么？本能的反应无非两种：反击或逃跑。可是由于种种原因，你的防卫功能并没有开启，大量的能量被冻结在体内。你所要做的就是通过反复训练，恢复自己的防卫反应，比如你可以用手掌用力推墙壁、椅子、树木或任何能让你发泄的物体，使出全力，将体内过剩的能量释放出来，胸口压大石的感觉很快就会消失了。

写情绪日记

如果你没有勇气回顾黑暗痛苦的经历，不想向任何人提起伤怀的往事，可以考虑把这些内容写进日记。你一味极力逃避和否认消极事件，负面情绪就会越积越多，终有一天会以更剧烈的形式爆发出来。所以你必须为自己找到宣泄情绪的通道。写日记可以让你学会观察和处理自己的情绪，对于走上康复之路非常有帮助。

用记忆掩盖记忆，用时光埋藏时光

近年来，有一则令人哭笑不得的新闻引起了媒体的注意，有一个妙龄女孩迫切地想要删除记忆，苦苦哀求医院为其实施开颅手术。经诊断，医生没有在女孩的脑部发现病变迹象，断然拒绝了女孩的请求。那么做开颅手术真的能把所有不愉快的记忆删除得一干二净吗？显然是不可能的，采用某种医疗或科技手段删除记忆的情景只存在于科幻小说中，在当今时代，它是不可能转化成现实的。那么人们为什么会幻想着把某些记忆永久性地从大脑中删除呢？

原因很简单。如果你的大脑里储存了很多不愉快的记忆，你拼命想要忘掉，却怎么也忘不掉。时隔多年以后，它们依然十分清晰，就仿佛昨天刚发生一样，至今仍有那种历历在目的感觉。于是就倍加沮丧、抑郁，惶恐不安，恨不能有一架神奇的机器，能将所有的负面记忆全部绞碎、消除。这种愿望是非常不切实际的，人的记忆犹如一台同步录音设备，它会忠实地记录每一条信息，之后按照原音一遍又一遍重复播放。

人出于自我保护的需要，会自动屏蔽某些对自己不利的信息，将一些创伤性记忆打入潜意识区域。但这些记忆是不能被格式化删除的，记忆中的消极感受和消极体验完整地保留了下来，一旦被触发，就好比开启了潘多拉魔盒，一发而不可收。所以屏蔽某些记忆，并不能解决自身的心理问题。

林洁患有严重的恐惧症，她非常怕黑，而且害怕听到猫叫，每当夜幕降临，她都会格外紧张，如果听到猫叫声，她会吓得浑身发抖。朋友都觉得她的恐惧是没有来由的，昼夜交替本是自然现象，有什么害怕的呢？再说猫是那么温柔可爱的动物，不像狮子老虎那样凶恶，也不像蜘蛛毒蛇那样令人毛骨悚然，怕猫是不合常理的。林洁认为朋友说得很有道理，可是仍然没有办法克制自己的恐惧心理。天一黑，她就不敢出门，即使月色再好，她也不敢踏出家门半步。多年来，她一直对猫敬而远之。

为了消除恐惧，她想了很多办法，比如晚上开灯睡觉，不跟养宠物的人做邻居，可是不知为什么，那种恐惧的感觉并没有消失。有一天晚上，她做了一个噩梦，梦见自己独自待在黑暗的楼道里，忽然有一只毛发脏乱的流浪猫蹿了出来，面目狰狞地扑向她，她避之不及，手臂上被抓出了三道血印。从噩梦中惊醒之后，她终于弄明白了恐惧的源头在哪里了。其实那个梦是真实发生过的。上小学二年级的时候，她确实在幽暗的楼道里被一只流浪猫抓伤过，从此留下了心理阴影。不过这次创伤性事件被无形中过滤掉了，事后她只是感到恐惧，却记不清为什么会恐惧了。

为了克服恐惧，林洁逼迫自己直面黑暗，时常在晚上的时候，外出散步或逛夜市，还特地养了一只可爱的小猫。渐渐地，她发现黑夜并没有想象中那么可怕，而小猫也是一种无害的动物。渐渐地她和小猫相处得很好，从此再也不怕猫叫声了。

人们常说，时间是最好的良药。所有抚平不了的伤口，都可以被时间治愈。其实这种说法过于乐观了。有些记忆会随着时光的流逝慢慢变模糊，但那些深刻的、强烈的灾难性记忆，是不会随着时光的推移变淡的，更加不可能消失。既然旧的记忆不能删除，昔日的伤疤难以抚平，那么我们该怎么治疗自己的心理创伤呢？答案是用新的记忆掩盖旧的记忆，用美好的时光埋葬阴霾的岁月，尽可能去改变回忆中的负面体验。

心理学研究发现，记忆是可塑的，而且可以被改写。我们可以通过心理训练来消除不良记忆的影响。比如案例中的林洁，惧怕黑暗，经过一段时间的强化训练，她改变了对黑暗的认知，从此对黑暗环境不再敏感。她很怕猫，在过去的记忆中，猫被定义成具有一定威胁性的动物，自从养了宠物猫以后，她对猫的印象完全改观，恐惧心理自然而然也就消除了。再比如某些失足落水的人，会患上恐水症，一部分人可能终生无法摆脱对水的恐惧，但也有一部分人最后成为了游泳健将。他们之所以能战胜自己，主要是因为在水中自由游弋的愉快记忆淡化了落水挣扎的负面记忆。

弱化负面记忆的影响，最有效的途径就是主动创造积极的体验。一个连续失败多次的人，最需要的是一次小胜，而不是换一种角度来解读失败；一个被深深的恐惧感环绕的人，最需要的是找到安全的感觉，而不是强迫自己勇敢；一个把“办不到”当成口头禅，认为自己一无是处的人，最需要的是凭借自身的能力真正办成一件事，而不是高喊口号自我欺骗。总之，用积极的行动刷新记忆，是对抗负面体验最有效的方法。

第四章

恼人的焦虑症：躲不开的时代病

焦虑是一种普遍而常见的情绪，每个人都有过焦虑的感受，考试前夕紧张的备战，约会之前反复练习说辞，登台演讲前口中念念有词地背诵，都是焦虑的表现。适度的焦虑，能调动我们的积极情绪，促使我们更好地应对即将到来的危机。但是杞人忧天式的焦虑对我们是没有任何帮助的，它只会妨碍我们的生活，严重到一定程度还有可能发展成焦虑症。

如今焦虑症已经成为了一种躲不开的时代病，在重重压力之下的现代人，即使没有面临不良处境，也不曾受到实质性的威胁，精神依旧高度紧张，好像随时都要大难临头一样。这是为什么呢？原因很简单，由于社会节奏太快，竞争太过激烈，为了生存发展，谋求有利的地位，人们纷纷忙着往自己身上加码，因此疲劳不堪。身体和精神变得愈发脆弱，每天醒来就如临大敌，患上焦虑症的概率自然就增大了。

焦虑——忐忑不安，如坐针毡

潘妮是一个聪明干练的女强人，工作能力超强，各方面表现都非常突出，她深得老板欣赏，入职刚满三年就被提拔成了部门经理。走马上任一段时间后，她突然莫名感到焦虑，整天心烦意乱，食不甘味，寝不能寐，一天到晚忧心忡忡，极大地影响了日常工作和生活。她认为自己生了大病，可是到医院检查，身体各项指标均正常，没有查出任何毛病。朋友认为她心理上出了问题，建议她看心理科。

潘妮断然拒绝了，不过她并没有否认自己患上心理疾病这个事实。她承认，得到提拔时，她确实曾沾沾自喜，不过就任没多久，就觉得有些吃不消了。她认为自己并不具备管理者的才能，她没有相关经验，很怕被下属看不起，又担心自己人言微轻，不能在部门里立威。公司里很多员工都在觊觎她的位置，等着看她出丑，所以她不允许自己出错，整天忧心忡忡，不知不觉就患上了焦虑症。

焦虑症是现代社会最为常见的心理疾病之一，近年来越来越受到世界各国的重视。由于现代企业更加讲求效益和效率，工作模式越来越标准化、流程化，人逐渐被异化成高效运转的机器，时常感到紧张焦虑，即使下了班，身心仍然得不到放松，所以患上焦虑症的人越来越多。

焦虑症与现代人不健康的工作生活模式有关，也与自身的心态有关。很多人并没有活在当下，总是在为不确定性的未来担忧，如害怕被解雇、被否定，担心在竞争中落败，害怕家庭破裂、身染重疾或破产失业。这些忧虑看似多余，却在一定程度上反映了为了生计和前程打拼的现代人，内心极为不踏实，对于明天的预估是非常悲观的。不可否认的是，现代人面临着很多现实的压力，不少人为购房、就业、晋升等问题所困，焦虑已经成为了一种常态，似乎不焦虑就代表着不上进，焦虑才是一种正常的状态。

当今时代，焦虑已经成为一种普遍的情绪，但焦虑情绪和焦虑症并不是一回事，那么两者的界限究竟在哪里呢？焦虑症都有哪些症状呢？

没来由的恐慌

如果你总是感到心慌，心脏跳得厉害，出现双手发抖、浑身流汗等不良反应，甚至莫名有一种窒息感，感觉自己像是患上了严重的心脏病，总有大难临头的感觉，那么，你极有可能患上了焦虑症。

精神涣散，注意力难以集中

你的思绪经常飘忽不定，无论做什么事都提不起兴致，做事总是漫不经心，注意力很容易分散，不能及时完成手头的工作，效率大打折扣。

睡眠障碍

你躺在床上，辗转反侧，难以入睡。头脑里装满了各种各样的想法。你为工作、金钱、家庭等问题担忧，直到深夜还是没有睡意，有时会睁眼熬到天亮。

躯体症状

你经常感到肠胃不适，头晕头痛，易于疲劳，身体健康直线下滑。这是因为忧思过度，会损害胃肠消化系统，并引起头昏头痛等不良反应。

其他并发症

患有严重焦虑症的人，可能同时患上拔毛症、恐惧症、强迫症等心理疾病。

习惯性回避行为

回避是一种自我保护方式，也是人的本能反应。如果你感到极度焦虑，就会养成事事回避的习惯。比如你不敢冒险，不敢尝试新事物，不敢犯错，不敢主动请缨接手具有挑战性的工作，宁愿看着千载难逢的机会从自己眼前溜走。这些自我设限的行为都是由焦虑引起的。

人们为什么总是忧心忡忡

艾伦是一名杰出的工程师，他有一份让人羡慕的工作，领着可观的薪水，在老板眼里是一个称职的好员工；在朋友眼里，是一个可信赖的好伙伴；在父母眼里，是一个孝顺懂事的好儿子。可是他却不这么看自己。他总觉得自己做得不够好，每天都非常焦虑，控制不住对自己的批判，只要有一件事没做好，他就会非常懊恼，然后把自己骂得体无完肤。

他也曾对自己做过精神分析，觉得自己之所以变成现在这样，与小时候的生活环境有莫大的关系。他的父母都是教师，平时对他管教甚严，总用高标准来要求他，长大以后，他用更高的标准来要求自己，尽管他已经足够优秀了，却还是不能停止焦虑。他觉得自己活得很辛苦，压力大时，曾想过脱离地球，移民火星。不过他还是没有勇气辞掉现有的好工作，因为他非常在意别人的看法，他不愿做出任何出阁的举动，所以只能通过胡思乱想来排解心绪。

对自己期望高的人，通常比其他人更容易焦虑。比如等公交车时，你发现自己上班就要迟到了，或是考试前发现自己有很多功课没有复习，抑或是约会时找不到合适的鞋子，你都有可能感到焦虑，焦虑的程度在于，你对自己的期望究竟有多高。如果你希望自己是个按时上班的好员工，或是希望自己考试得满分，抑或是希望在约会时给对方留下良好的印象，就会感到非常焦虑。如果你对所有的事都从容不迫，没有太高的要求，那么无论遇到什么突发状况，都不会焦虑。

透过现象看本质，你焦虑是因为你急于想做好某事，期望一切能按照你的意志运行，不能接受任何糟糕的结果。可是你的想法是不切实际的，因为没有人能掌控事态的发展，总有些事情会超出你的掌控范围。因此从某种意义上说，想要彻底消灭焦虑几乎是不可能的，你可以适度缓解焦虑症状，降低焦虑水平，却无法将其彻底根除，那么这种挥之不去的焦虑究竟是怎么产生的呢？你为什么总是忧心忡忡，这种心理疾病究竟受哪些因素的影响呢？

遗传因素

父母一方或双方患有焦虑症，子女患上焦虑症的概率将是其他人的数倍。同卵双胞胎中，一方罹患焦虑症，另外一方也极有可能患上同样的疾病，发病的可能性高达31%～88%。婴幼儿由于大脑发育不完全，人格尚未养成，不可能出现焦虑症状，但是却有可能遗传父母身上那种极度敏感的特殊气质，长大后遇到一点刺激，就有可能引发焦虑症。

错误的抚养方式

父母对外界持过度谨慎的态度，总是在潜移默化地向孩子灌输危机意识，孩子会变得分外胆小。比如父母总是夸大其词地向孩子讲述细菌对人类的威胁，孩子在与别人握手时，就会感到非常不安。此外，父母对子女过于苛责严厉，动辄批评谩骂，子女也会变得容易焦虑。他们常觉得自己不够好、不可爱，不被接纳，长大后将变得极为敏感，总是担心自己丢脸出丑，时刻处在巨大的恐慌中。

持久的精神压力

短时间的压力，一般只会引起短时间的焦虑，但压力长期存在，你就不可能摆脱焦虑的情绪。生活中总有些问题是难以解决的，人们不可避免地要面临来自四面八方的压力，如果你不懂得为自己减压，就有可能被压力压垮，患上严重的焦虑症。

你认为焦虑对自己有好处

其实你所忧虑的事情大多都不会发生。有些担忧完全是杞人忧天，可是你仍然固执地认为忧虑是十分必要的。你觉得忧虑能让你查漏补缺，尽量避免犯错误，把不利因素消灭在萌芽状态，或者认为忧虑能让你为可能面临的风险做好完全的准备。不可否认的是，忧虑有时确实具有积极作用。我们的祖先正是因为有了焦虑这种情绪，才会在冬季到来之前储备好食物，安然度过最难熬的时光。但是在绝大多数情况下，焦虑起到的都是破坏性作用而不是建设性作用。从总体上来看，焦虑是消极的。

应激事件

遭遇重大变故或天灾人祸的不幸事件时可诱发焦虑症。人在受到强烈精神刺激的情况下，会出现焦虑、紧张、心慌等不良反应。

认知偏差

研究表明，认知扭曲的人更容易夸大负面事件的影响，且经常在前景不明朗的时候，做出灾难性的预言，这类人群比其他人更容易患上焦虑症。

自我要求过高

有完美主义倾向的人，很容易产生挫败感，即使他们已经足够优秀了，各方面都遥遥领先于别人，仍然不会对自己感到满意，因为他们永远都不可能做到百分之百完美，所以他们注定要永远焦虑。这类患者如果想摆脱焦虑症，只有一条途径，那就是降低对自己的要求，允许自己像普通人那样犯错，坦然接受不完美的自我，若是做不到，很有可能终生与焦虑症为伍。

你所担忧的，是杞人忧天还是合理预测

克莱尔在一家知名的广告公司做策划，平时她对自己的工作能力很自信，很少感到焦虑。最近公司接手了一个大项目，作为策划部的主要负责人，她感觉压力非常大。如果她能做出令客户满意的策划方案，事业将更上一层楼，如果她把事情搞砸了，前途很有可能毁于一旦。对她来说，成败在此一举。

自从参与这个重大项目以来，克莱尔就陷入了深深的焦虑中，她几乎每天都在修改策划案，周末也在加班工作，可是不知为什么，她越是卖力工作，效果越是不尽如人意。她觉得自己似乎已经江郎才尽、灵感枯竭了，写不出什么像样的策划案了，即使修改一百次也不能达到客户的要求。

她把苦恼说给姐姐听。姐姐说："我想是因为你太紧张太焦虑了，所以才捕捉不到灵感，你何不想办法放松放松，也许你心情放松了，灵感自然会涌现。"克莱尔觉得姐姐说得很有道理，于是暂时搁置了策划案，把大量时间花在打球和游泳上。她快快乐乐地度过了一个星期，觉得整个人的状态好极了，这才想起了那套未完成的策划案。翻看策划案的时候，她又开始感到焦虑，心想：眼看就到截止日期了，方案还没有确定下来，这下事情可真要泡汤了。

很多人认为，感到焦虑的时候，马上转移注意力，做做运动，看场电影，听听音乐，来一场说走就走的旅行，能有效排解烦乱的心绪，但事实果真如此吗？其实这样做只能暂时帮你缓解焦虑，并不能让你停止焦虑，对于控制焦虑症并没有实质性的帮助。比如你明天要在重要场合演讲，尽管已经把稿件背得滚瓜烂熟了，但仍然感觉焦虑，为了放松心情，你特地到附近的影院看了一场惊险刺激的电影，在观影过程中，你确实暂时忘记了明天要演讲的事。但从电影院出来，你又想起了令你感到焦虑的事情，这时你会发现，看电影并不能帮你缓解焦虑情绪。

当你为某件事感到焦虑的时候，通过从事另外一件事来转移注意力，只能让焦虑的情绪得到短暂性的缓释，事后你依然会感到焦虑，因为你所担忧和烦恼的事情依然存在，那么究竟该怎么做才能有效地控制焦虑呢？

理性分析自身的处境，弄清自己所忧虑的问题是否是真实存在的

你首先要明白，焦虑和妥善解决问题并没有直接的关系，你整日焦虑不安，并不意味着你就能控制事态的发展。强烈的危机意识并不能直接转化成积极的能量。你所忧虑的事情，你所面对的威胁，并不会根据你的情绪变化而自动消失。所以当你被焦虑环绕的时候，不妨问问自己担心的问题是真实存在的吗？如果所忧虑的事情并不是杞人忧天，那么糟糕的事情发生了该怎么办？有什么积极应对的措施吗？坏事发生的概率究竟是多少？该怎样做才能将消极影响降至最低。

接受无力更改的事实，努力改变可改变的部分

坦然接受不可更改的事情，积极改变可改变的部分。你要认真区分哪些事情会真实发生，哪些事情不会发生，哪些问题可以解决，哪些问题无法解决，对于无能为力的事情，除了接受以外，你没有别的选择，继续焦虑下去，没有任何意义。假如你认为通过积极的努力，自己仍有希望力挽狂澜、扭转乾坤，那么就制订一个切实可行的行动方案，给自己吃一颗定心丸，不要再继续焦虑了。

给自己保留一个时段，专门用来处理焦虑情绪

当你感到焦虑时，不要强迫自己停止思考，因为那样做并不能让你终止焦虑，反而会促使你把更多的时间和精力放到你所焦虑的事情上。脑海里的念头和想法通常是不可抑制的，你越是压制某个念头，它越是会源源不断地冒出来。比如你告诉自己：不要再想粉红色的大象了。结果怎么样？你满脑子都是粉红色的大象。可见，粗暴地强迫自己终止某个想法是不可行的。你不但不能压制自己的想法，还要留心观察自己的念头，如此你才能弄清自己究竟是为什么事情而感到焦虑。

很多人只要觉得焦虑，就会想方设法转移注意力，让自己忙个不停，想通过这个方法抑制焦虑情绪。这种方法可以但只治标不治本，不能从根本上解决问题，很有可能让你更加焦虑。你不能永远逃避令自己忧虑的事情，该面对的终归要面对。你也不能一味回避焦虑情绪，因为这种有害情绪如果被埋藏在心底，得不到释放，极有可能变成一枚不定时炸弹，随时有爆炸的危险。所以一定要给自己保留一个焦虑的时段，允许自己焦虑，认真体会和感受这种情绪，争取将头脑里的负面想法和身体里的负能量全部释放出来，这样你才不至于被焦虑压垮。

把令你不安的事情写下来，制作一张忧虑清单

忠实地记录所有从你脑海里掠过的念头，先不要忙着作评判，事后再去审视清单中的内容。这样做的好处是可以让你用文字表达的方式宣泄部分垃圾情绪，同时又能起到内观和自省的作用。

预先设想最糟糕的情况，做好充分的心理准备

灾难化的设想，是焦虑症患者摆脱不掉的可怕梦魇，尽管事情看起来并没有那么糟糕，他们仍然忍不住去预想最坏的结局。很多想法令他们惶恐不安。其实他们如果肯继续向前探求一步，就会发现，大部分所焦虑的事情其实并没有那么可怕，他们完全有能力承担最坏的结果。

比如在赶去面试的途中，你发现时间来不及了，意识到自己很有可能会迟到，因此感到极度焦虑。这时你不妨想想迟到的后果是什么？最糟糕的结局是什么？无非是自己没有被录取，这种结果虽然令人沮丧，但并不意味着世界末日。正所谓“失之桑榆，收之东隅”，人生漫漫，来日方长，你还有很多机会，错过一次机会，并不意味着整个人生都毁了，这样一想，你反而感到释然了，就不会再为未来感到焦虑了。

放飞心情，让冥想开启快乐魔盒

行色匆匆的现代人，似乎每天都很匆忙，忙着竞争，忙着消费，忙着攫取更大的权力和更多的财富，忙碌成了这个时代最大的特色，人们慢慢异化成了经济动物，感官慢慢退化，可是感受力却变得愈发敏锐了。生活中出现一点变动，就会心绪不宁、坐立不安，受到一点伤害，就会变成惊弓之鸟，人类为什么忽然变得这么脆弱了？究其原因，主要在于，我们腾不出时间和精力来关照我们的内心，抵御不了外部嘈杂混乱的环境，所以才变得如此焦虑不安。我们只有让自己的心跳慢下来，找回内心的宁静，才有力量抵御外面的风风雨雨。

不少人建议放慢脚步，学会尽情享受慢生活，问题在于，社会这部机器一直处于高速运转中，我们身不由己地追着机器的车轮跑，在这种情况下，想要放慢脚步谈何容易呢？客观而言，人的身体是不自由的，因为要受到各种因素的束缚，但心灵是自由的。步履匆忙的现代人，唯一能做的就是打破心灵的禁锢，放飞思绪，让灵魂在无形的世界里纵横驰骋，以此来疗愈身心。

冥想是放飞思想最有效的方法之一。人类为何要冥想呢？原因有很多，它可以让你的意识变得敏锐起来，带给你前所未有的美妙体验。一旦你进入冥想的境界，时钟就会慢下来，时间也会随之凝固，你将忘掉自己所在的时空，忘掉所有的烦忧，踏上一段神奇的旅程，发现一个水晶般纯净的世界。

现实生活中，谈到旅行度假，人们首先想到的是去一个遥远陌生的地方，享受阳光沙滩的美景，感受异域风情的浪漫情调，在旅行过程中放松身心，换一种全新的活法。其实旅行还有另外一种方式，那就是闭上眼睛冥想，来一次心灵的探索。地理上的旅行，属于向外探求，而心灵的探索，则是从心出发，向内寻找。抛开眼前的苟且，到达远方，可以让我们重新认识自我；留守在繁华的闹市中，学会闹中取静，伴随着呼吸的律动，静享一份安详和平和，也能让我们认识未知的自己。

吉姆是一家集团公司的白领，每天都忙得焦头烂额，入职八年来几乎没有休过一天假，他觉得自己快要被异化成了一部机器。眼看夏天到了，朋友们都到国外度假了，不少人拍了美照来炫耀。蔚蓝的海水、金色的阳光、蜿蜒的海岸线、葱郁的树木……构成了一幅幅美丽的天然画卷，令人一见即向往。这样的生活是吉姆想都不敢想的，他太忙了，恨不能把所有的时间都花在工作上，哪有时间去观赏风景呢？

由于经常通宵达旦地工作，吉姆累倒了，医生建议他休长假调养。吉姆连忙摇头道：“不，我没有时间休长假，我必须在短期内恢复健康，否则我的职位就有可能被别人取代。”事后，他请了三天病假。待在家里的时候，他感到百无聊赖，他已经习惯像陀螺一样转个不停了，突然闲下来反倒有些不适应。不知为什么他忽然很想游泳，于是就纵身跳进自家的泳池里畅游起来。皮肤接触到清水的一刹那，他觉得凉爽极了，可惜泳池太小了，不能让他游得过瘾。于是他就幻想着自己在广阔无垠的大海里畅游，感到无比自由惬意，上岸以后，他的脑海里还保留着那幅美妙的图景。

他觉得有些倦了，便在泳池边放了一把躺椅，舒舒服服地躺在上面，闭上眼睛，幻想着自己现在正躺在海边的沙滩上，阳光淡淡地洒下来，带来了丝丝暖意，他感到舒服极了，几乎昏昏欲睡，似乎一瞬间所有的压力都消失不见了。第三天上班时，他觉得神清气爽，仿佛换了一个人一样。午休的时候，他又开始闭上眼睛冥想。调整好呼吸以后，他的思绪又把他带到了阳光海岸，他幻想着自己正在湛蓝的海水里自由自在地游弋，全身都很放松，渐渐地，他觉得水的阻力越来越小，自己似乎幻化成了一尾小鱼，接着他潜入了深水，发现了一个无比雄奇瑰丽的海底世界……冥想完毕后，他缓缓地睁开了眼睛，觉得全身都很舒展，似乎所有的烦恼和压力都消失不见了。

当人们感到疲惫和迷茫时，总希望用外在的事物来安慰自己，却很少想到深层次地关怀自己的心灵。有的人沉溺于肉体和感官的享受，认为劳累了一天，最好的放松方式就是到高级场所尽情吃喝玩乐，或是进入气息迷醉的酒吧追求刺激，这些都是不可取的。其实身体不过是心灵的载体，只有心灵放松下来，身体才能全面放松下来。饕餮大餐、迷醉的音乐、闪烁迷离的灯光，只能制造出更多的混乱，不可能给你舒心的感受。冥想则不同，它给你带来的将是截然不同的体验，因为它舍弃了一切外在形式，舍弃了一切的浮夸，把纯粹的精神层面的东西保留了下来，只关注你的内心，所以对于疗愈心灵的效果更佳明显。

有的人误认为冥想就是躲在自我的狭小世界里沉思默想，其实不是这样。通过冥想，你不仅能到达自己的内心深处，还能突破自我，让思绪插上翅膀，在整个浩瀚宇宙中遨游。思想是没有边界的，灵魂所到达的地方永远要比双脚远。冥想会让你发现世界的奥秘，明白生命的意义，颠覆你的认知。当你学会向内观察的时候，不仅能把自己的内心世界看得清清楚楚，还会在觉醒和顿悟的一瞬间，收获更多的礼物，体验到更多的快乐。

正念加冥想，比美酒加咖啡的组合更美妙

戴维人到中年时，情场职场双双失意，经历了前所未有的危机，他一度感到焦虑，患上了重度焦虑症。在患病的两年里，他换过好几位心理医生，服用了大量控制情绪的药，病情始终不见好转。他度日如年，觉得活着实在太辛苦

了，希望自己永远都不要清醒，因此染上了酗酒的恶习。由于长期大量饮酒，他又患上了酒精肝，健康每况愈下。医生告诉他必须停止喝酒，再不戒酒有可能发展成肝硬化，后果不堪设想。

戴维被迫戒了酒，可是清醒的时候，他又要面对无休止的痛苦和焦虑，这让他难以忍受。在近乎绝望的情况下，他偶然接触到了正念冥想疗法，后来每天坚持冥想两次，每次半小时，没想到坚持了三年之后，居然有效地控制住了焦虑症。现在他的生活已经回到了正轨，找了一份新工作，重新组建了家庭，日子过得充实而幸福，即使不再服药，焦虑症也没有再发作过。

大量研究表明，正念冥想疗法对于缓解和控制焦虑症有明显疗效。所谓的正念冥想疗法就是将冥想训练和正念训练相结合的一种自我疗愈方法。通过冥想，你可以将全部注意力集中到自己的呼吸上，暂时将所有的感受放空，促使自己进入一种非常宁静平和的状态。在冥想过程中，你的身心将暂时得到全方位的休息，再加入正念练习，效果往往会更佳，可以毫不夸张地说，这种组合比美酒加咖啡更为美妙。

那么正念究竟是什么呢？正念包括三部分内容：有意识地观察自己的思维活动，摒除杂念活在当下，不对任何事情任何感受做主观判断。乍听起来，正念似乎是一种抽象神秘的东西，其实它并非你所想的那样。举个简单的例子，比如你在进餐的时候，大脑所想的肯定不止吃饭一件事，你可能在为生活上的琐事烦心，可能在为一段无疾而终的感情伤心，也可能在为工作上的事情忧虑，因为杂念太多，你无法用心体味食物的味道。正念就是让你放下这些乱七八糟的念头，时刻活在当下，吃饭时就用心品尝美味的食物，认真感受各种味道给自己带来的愉悦感。

平时无论遇到什么事情，我们都急于给事情定性，正念练习的意义在于，让我们对发生的事情不做任何评判，我们只是静静地观察它，接受它的存在，这样就可以保持心境的宁静，防止外界对内心的干扰。

可见正念并没有那么复杂。正念冥想疗法操作起来也非常简单，你可以随时随地进行正念冥想，下面有五种方法可供参考。

方法一：在你泡澡或沐浴的时候，先深呼吸几次，然后想象温暖的水流缓缓而下，将所有的烦恼、压力和不快统统冲走。这时候感觉好极了，觉得水作为万物之源，有一种奇妙的治愈力量。此刻你处在十分舒适和放松的状态，不再为任何事情忧虑，只想尽情感受与水互动的快乐。

方法二：当你饮茶的时候，要有意识地放慢节奏，切忌仰起头来一饮而尽。

要用舌尖细细地品味茶叶特有的芳香，将所有的味蕾激活，伴随着缓慢而有节奏的呼吸，尽情感受幽幽茶香在舌尖上欢舞的微妙感觉，让自己全身心地沉醉在这美妙的时刻，你会发现生活原本是这么美好，快乐原来是这么简单。

方法三：用餐时，尽量细嚼慢咽，有意识地放慢进食速度。你要调动所有的感官去分辨食物的色香味。用嗅觉捕捉每一种味道，用味蕾感受每一种滋味，用双眼观察每一种色彩。姑且把色香味俱全的佳肴当成一份精美的艺术品，把品尝美食当成一种无与伦比的享受。你什么都不要想，静下心来好好享受眼前的大餐，到时你会发现，幸福处处可见，从日常饮食中也能捕捉到幸福的味道。

方法四：在排队的时候练习正念冥想。长时间排队等待，你也许会感到分外无聊，因为百无聊赖，不知不觉就开始胡思乱想。所有令你担忧的事情都向你涌来，而长长的队伍和拥挤的人群又令你感到烦躁不安。这时不妨静下心来认真地观察周围的环境，你会发现周遭的人和事物就像电影一样生动有趣，这一切并不会给你带来压迫感。

此时的你非常安全，闭上眼睛，做几次深呼吸，把所有的注意力都集中在呼吸上，想象新鲜的氧气通过你的鼻孔进入了你的肺部，给你带来了活力和能量，所有的废气带着负能量和烦恼统统排出了体外。这时会感到很放松很舒心，一点都不焦虑了。

方法五：晚上躺在床上时，你也许还在为很多事情担忧，想着白天的人和事，脑海里充满了乱糟糟的念头，所以翻来覆去睡不着。这时不妨来一次正念冥想。调匀呼吸，努力放下那些杂念，什么都不要想，让大脑处于一种空明的状态，让思绪缓缓深入内心，接着开始向内观察，不对头脑中涌现的念头做任何评判。把思绪集中在呼吸上，渐渐地，除了自己的心跳声和呼吸声，你什么都感知不到了，不知不觉你就会进入梦乡。

第五章

缺失的安全感：在不安的世界里，找不到安宁

心理学家马斯诺认为，安全感属于人类的基本需求，人们在获得了充足的食物和水等基本物质需求以后，最渴望得到的就是安全感。一个人若是缺乏安全感，心理发育就会受到严重影响，他的追求会始终停留在较低的层次上，很难达成自我实现。

现代人普遍缺乏安全感，衣着光鲜的白领，表面飞扬自信，内心却充满隐忧，家财万贯的企业家夜里常被噩梦惊醒，这都是不安的表现。有些人表面上很热情，却总是与别人若即若离，还有些人喜欢时时刻刻粘着别人，不能忍受片刻孤独，生怕自己被忽略或被抛弃，这也是安全感匮乏的体现。对缺乏安全感的人来说，世界充满凶险，所有人都不值得信赖，一切都充满变数，在不安的世界里，人类注定找不到安宁。这是一种很极端的看法。客观而言，外界虽然存在很多不稳定的因素，但世界相对是安全的，世上有好人也有坏人，可信赖的人终归是存在的，你唯有看破了这点，才能把丢失的安全感找回来。

难以找回的安全感——外壳有多重，内心就有多脆弱

缺乏安全感是现代人的通病，人们频频挂在嘴上的话题，莫过于“我没有安全感”。很多心理问题，皆因此而生。没有安全感，就意味着你不能好好享受人生，不能随心所欲地安排自己的生活，不能无所顾忌地燃烧青春和生命，每天故步自封地活着，总是小心翼翼、委曲求全地迎合别人，永远都没有办法给自己的心灵筑造一个温馨甜蜜的安乐窝。

安全感固然跟物质保障有关，但本质上它属于精神层面的东西。古人一箪食一瓢饮，自得其乐，从来不为未来担忧。而现代人即便有了更多的保障和更好的物质条件，仍然无法停止焦虑。有的人加班加点地工作，抓紧一切时间充电，仍然担心自己会被甩下时代的列车，被无情地淘汰出局；有的人表面上极度自信，可以游刃有余地掌控一切，可是只要受到一点挫折，自信心就会全线崩塌，一个小小的错误，一点轻微的失落感，都有可能成为压死骆驼的最后一棵稻草；有的人严重依赖他人，恨不能跟别人合二为一成为连体人，只要受到一点冷落，就会夸大其词地说，自己被整个世界抛弃了。

此外，缺乏安全感还表现在生活的诸多细节上。怕黑，喜欢开灯睡觉是缺乏安全感的一种表现。蜷缩着身体入睡，也代表缺乏安全感，因为那是人在母体内的姿势，只有极度缺乏安全感的人，才会退化到婴孩状态。喜欢听甜言蜜语，又不相信对方的话，也是没有安全感的表现，只有无法与他人建立亲密关系的人，才会如此矛盾。偏好靠窗的位置或幽暗的角落，表明有意隐藏自己，不想让自己暴露于光天化日之下，这类人大多敏感、脆弱、怕出丑，普遍没有安全感。

安全感的缺失，主要是跟童年的经历有关。人类在婴儿时期，如果没有得到积极的反馈和无条件的爱，就会想当然地认为自己是不被外界接纳的，久而久之，会对外界产生强烈的抵触心理，并形成超强的自我保护意识。这种自我防御机制慢慢地蜕变成一层笨重坚硬的外壳，将柔软脆弱的心灵包裹在里面，所以心灵越是脆弱，外壳越是厚重。一个人总是想向别人证明自己的强大，多

半是因为随时都准备启动自我保护机制，掩饰自己的内在情感，并试图通过外在的优越条件来弥补童年时代的缺憾。比如美国总统林肯自幼丧母，与父亲不合，在饥寒交迫的恶劣环境中长大，唯有走上权力的巅峰，才能使他获得安全感，这种极强的不安全感反倒让他成全了自我。那么这是否意味着安全感的丧失会给人的心理造成积极的影响呢？

客观来说，缺乏安全感的人如果能够战胜自己的心魔，很有可能激发出无穷的潜能，获得更高的成就，可是这只是个案。大多数没有安全感的人性格上都是有严重缺陷的，这类人比其他人更容易陷入悔恨、自责、焦虑等负面情绪，通常很难有成就。所以一旦出现这种心理问题，必须加倍重视。

安娜是一个非常没有安全感的女孩，所以她总想从别人身上获得安全感。无论给朋友还是男友发短信，她都要求对方必须在第一时间回复，别人若是做不到，她就会大发脾气，吵着要断交或分手。她经常因为鸡毛蒜皮的小事疑神疑鬼，男友不小心把她送的杯子打破了，她就哭闹了半天，认为对方没有把她放在心上。风波平息后，她经常撒娇，动辄无理取闹，表现得极为刁蛮任性，男友一次又一次地包容了她。她这才找到了安全感，她的思维逻辑很简单，自己已经表现得像个泼妇了，男友还是没有离开她，这说明无论她有多么不好，男友都不会抛弃她。

安娜的童年是无比灰暗的，所以长大之后，她总是担心自己被忽略被抛弃。她的妈妈是茶叶包装厂的女工，每天都要加班到很晚，几乎没有时间照顾她。爸爸是个酒鬼，大部分时间都是在酒吧度过的。由于缺乏关爱，安娜从小就很自立，小小年纪，她就学会了做家务，每天在妈妈回来之前就已经把饭菜做好了。长期以来，没有人关心她的成长，也没有人关注她的感受，看到别的孩子抱着玩具在母亲的怀里撒娇，她就会一个人躲起来默默地流泪。看到别的孩子跟父母一起乘坐旋转木马，笑得一脸灿烂，她也会暗暗难过。

安娜是一个没有人疼爱的孩子，她就像被随意抛掷在瓦砾堆里的一颗种子，得不到阳光雨露的恩泽，兀自在黑暗中疯狂生长，结果长成了一株病态的植物。长大以后，安娜想通过建立自己的家庭弥补童年缺失的情感。她在用各种方法试探男友，希望男友能包容她所有的缺点，把她捧在手心上。直到后来她才发现，没有任何人能给她带来真正的安全感，这个世界变化太快，人是会变的，爱情也会随着时间的流逝褪色，其实真正的安全感源于内心，自己若不能给予自己安全感，别人更加做不到。

人生是一条单行线，我们没有办法穿越时空修补童年时期的遗憾。我们所能把握的唯有现在。抱怨家庭，抱怨成长环境，无助于解决问题。消除不安感，只能靠自己。试着接纳自我，接纳环境，多做一些让自己感到安全的事情。不要反复舔舐伤口，不要让自己成为契科夫笔下的套中人，更不要躲在暗处顾影自怜，而要让自己坦然地活在阳光下，意气风发地迈出铿锵有力的步伐，你要相信，一切的不幸都会成为过去，风雨过后必然会迎来一个艳阳天。

爱是卸下防御，爱是揣着害怕的敞开

亚瑟是一个年轻有为的男青年，他精力充沛，身体健康，收入可观，名下有两家小型公司，每年都有时间出国旅游，日子过得很滋润。在别人眼里，亚瑟条件非常优越，应该过得非常幸福。可事实并非如此。亚瑟是一个极度缺乏安全感的人，每次出行他都要乔装改扮，生怕别人认出自己，尽管他并不是什么大明星。他的未婚妻一直都不知道他的真实身份，还以为他就是一个普普通通的打工族。他不想欺骗她，但又没办法诚实地对待她。因为他担心对方知道真相后，会爱上自己拥有的东西。他不愿承担这个风险，不想让爱情变质，所以一直在对自己最爱的人撒谎。

亚瑟时常觉得自己很失败，他不敢正视未婚妻，也不敢正视自己的朋友。在旅行期间，他结交了三个志同道合的好友，彼此一直保持联络。对方也并不知道他的真实身份，以为他就是一个普通的背包客。他这样做，是因为担心友谊掺杂进太多的利益，变得不再纯粹。他认为别人若是知道了他的身份，就会出于各种目的巴结他，到时双方就不再有任何真情了。他经常自言自语地说："我觉得在金钱、地位、权力面前，我个人的魅力小到可以忽略不计。我没有信心去招架这一切。"

亚瑟不止一次地怀疑未婚妻和那些朋友早就知道了自己的身份，这些人之所以对他那么好，就是因为他事业有成，假如他一无所有，他们一定不愿意多看他一眼。这样一想，他就更难过了，觉得只要自己事业败落，所有的人都会弃他而去。

缺乏安全感的人，通常是对自己和他人都没有信心，所以才会一直处于紧张的防御状态，无法与外界建立起持久稳定的关系。如果你素来缺乏安全感，不妨回顾一下那是怎样的一种体验。在与人交往的过程中，你是不是经常感到紧张，总是有意无意地进入警戒状态，别人无伤大雅的一句玩笑或是一个十分随意的眼神都会被你过度解读，觉得自己受到了讥讽嘲笑，不受欢迎不被喜欢，处境非常尴尬。你是不是觉得讨厌你的人总是在给你脸色看，而喜欢你的人其实是对你有所图，这个世界上没有人真正欣赏你，本质上你就是一个彻头彻尾的孤家寡人。

你可能会有意无意地构筑自己的防御堡垒，把所有人当成需要战胜的假想敌。生活中你不敢拒绝别人提出的要求，怕被苛责怕被挑剔，怕被踢出某个小团体。工作中，你表现得非常谨慎，生怕被人看出一点破绽，觉得有一件事做得不够好，就有可能被扫地出门。为了保全自己，你可能长期处在被动、警醒的状态，偶尔也会变得强势，试图通过主动出击的方式来抵御内心的不安，你有时很霸道很冷淡，对谁都不冷不热，有时很强悍很热情，让人觉得捉摸不透。

你之所以有以上种种表现，是因为你无法掌控别人，无法控制外部世界。你以为安全感来自外界。外界给了你足够的情感支持，你才能获得安全感，外界对你不够友好，你就要永远与所有人对抗下去。其实，真正的安全感源自你的内心，它不是任何人赐给你的，而是自己给自己的。与其奢望别人敞开怀抱拥抱你，不如向外界敞开心扉，主动接纳这个世界，当你勇敢地走出自己的狭小天地时，会发现一切都跟你预想的不一样。久而久之，你会在各种不确定性中找到安全感。诚然，对于一个极度缺乏安全感的人来说，主动卸下防御武装，向别人打开心扉是很难做到的，那么究竟应该怎么做呢？

消除对外界的敌意，学会用客观的眼光看待自己和他人

别人怎么对待你，取决于你怎么对待别人。如果你想收获友谊和善意，就必须先播种友谊，先向别人表达善意。你之所以认为外界冷漠、不可信，是因为你总是用一张冰冷的脸对待别人，总是用怀疑的态度审视所有人。如果你不同意这种看法，不妨做一个小小的实验。主动向别人微笑一次，主动问候别人一次，或是做一次及时雨，主动帮助别人一次，看看你收获的将是什么。

尝试向部分可信赖的人吐露心声

不可否认的是，这个世界很复杂，人心也很复杂，无论一个人的心态多么开放，都不可能对每个人都袒露心扉，但对于关系密切的人可适度吐露心声。当你对外界持警惕戒备的态度，满腹心酸委屈无处诉说时，可谨慎地选择交流的对象，先向亲人、挚友或伴侣吐露心声，慢慢地与外界建立起信任感。

坦白地向你在乎的人说，你需要他（她）

心里明明非常在乎某人，害怕有一天会失去对方，嘴上却偏偏很强硬，总表现出一副高冷的样子，这样做只会让对方更快地离开你。要想留住生命中重要的人，就必须敢于消除戒备，大胆地向对方表明心迹，告诉他（她），你非常在乎他（她），需要他（她），不要担心对方是否会嘲笑你奚落你，记住，爱是卸下防御，爱是揣着害怕的敞开，你只有敢于去爱，敢于动情，对方才会被你的一片真情打动，你们才有可能成为最亲密的朋友和最甜蜜的伴侣。

提升自信，用乐观的态度面对人生

世上没有十全十美的人，不要为自己的缺陷耿耿于怀，你可能在某些方面不如别人，但总能找出一个长处是别人所不及的。其实每个人都有过人之处，你无须过度关注自己的缺点。不要让自己太敏感，要乐观坦然地去面对风雨兼程的人生。鲁迅说过，脚下本没有路，走的人多了也便成了路。此时你看不清眼前的道路，感觉不到一丝善意，并不意味着前方没有路，也并不意味着世界是一个冰冷的地狱，如果你敢于用上下求索的精神勇敢地走下去，你会发现未来的道路无限宽广，人间处处充满希望。

学会在不安中生存，是获得安全的唯一途径

本希是一个非常胆小的人，什么事情都不敢尝试，总是亦步亦趋地跟在别人后面行动，当过好多人的跟班。他非常担心做错事或是遭遇失败，因为他一直认为，只要自己把缺点暴露出来，就会遭到所有人嫌弃。他觉得自己输不起，所以连痛痛快快赢一次的机会都放弃了。从小到大，他只有一个好朋友，那就

是他的邻居布莱恩。布莱恩很了解他，所以一直鼓励他突破自我束缚，做一个顶天立地的男子汉。本希觉得自己做不到，他对布莱恩说："我不想做任何我觉得没有把握的事情，因为我不想在别人面前暴露我的无能，我真的没有勇气这样做。"

本希不止一次地问过布莱恩："你会不会觉得有我这样的朋友很丢脸？"布莱恩每次都说不会。本希却还不放心，总是想验证布莱恩的回答。他想出了很多方法考验布莱恩，试图以此证明布莱恩并没有说谎。最后布莱恩通过了考验，可他们的友谊却毁于一旦。在布莱恩看来，本希实在太神经质了，跟这样的人交往，每个人都会觉得累，他实在不想再跟本希打交道了，果断地搬了家，将本希的号码从手机里删掉了。本希失去了唯一的朋友，才知道自己干了傻事，可惜一切已经无法挽回了。他只能望着隔壁的空屋时时长叹。

一般而言，一个人若是无法与任何人建立起持久、稳定、亲密的关系，都是因为缺乏安全感所致。那么安全感究竟建立在什么基础上呢？有的人认为，是建立在十足的确定感和稳定感之上，即你非常确信你与外界的关系是可控的，没有人威胁到你，没有人会伤害你，别人全都尊重你、欣赏你、接纳你，你就会觉得非常安全，反之，你就感到不安全。可事实上有很多因素是不可控的，安全感是相对的，而不是绝对的，那么究竟怎么做才能获得安全感呢？

尝试做自己没做过的事，勇于冒几次险

你要学会接受世界的不确定性，不要妄想将一切牢牢操控在手中，因为任何人都做不到。通过小范围的冒险行动，你会发现，即使有些事情超出了你的控制，结果也不像你想象中的那么糟。下班回家的时候，不妨尝试走一条全新的路线，你也许会迷路，也许会花费更多的时间到达家里，你可能会有点慌乱，但仍能承受住这样的压力和风险。经过这件事你会发现，不确定的事情并没有那么可怕，只要积极应对，大部分难题都能迎刃而解。

主动远离能让你获得廉价安全感的区域

每个人都有自己的心理舒适区。待在舒适区里，常年按部就班地生活，就能获得廉价的安全感。不过这种安全感和真正意义上的安全感是有本质区别的。它是怯懦的产物，代表着你缺乏进取心、上进心，一心贪求安稳的生存状态，长期下去，你不仅不会更加安全，反而有可能陷入险境。正所谓："生于忧患，死于安乐。”过惯了安逸生活，你就没有办法适应这个快速发展的世界了，到时必然会被社会淘汰。所以想要获得真正的安全感，你必须鼓足勇气脱离自己的舒适区，迈开脚步去自己不熟悉的领域闯一闯，等到你变得足够强大了，自然会被更多的人认可，到时就能获得足够的安全感了。

少接触那些结局凄惨内容狗血的影视作品及文学作品

对于那些悲悲戚戚、无病呻吟的影视及文学作品，还是少接触为妙。因为那些东西会让你莫名忧伤，也可能让你变得矫揉造作。多选择一些温暖且鼓舞人心的好电影好书籍，你的很多负面想法都能得到纠正，你的心境也有可能豁然开朗。

把你所担忧的事写在纸上，封存在保险箱里，过一段时间再开启

对于缺乏安全感的人来说，必然有很多害怕的事情。那么你究竟在担忧什么，在害怕什么呢？恐怕答案只有你自己知道。把它们逐一写在纸上吧。写完之后，锁进保险箱里。等到你觉得时机合适的时候，再打开保险箱，看看你所担心的事情有多少真实发生了。你会吃惊地发现，你所忧心的事情大部分都没有变成现实。这说明你的担心是多余的。以后要尽可能放宽心，不要再做这种杞人忧天的事情了。

少些索取，多些给予

如果你是一个极度缺乏安全感的人，那么很有可能时刻都在扮演受害者的角色，总是认为自己有可能被嫌弃被抛弃，所有的焦点都在自己身上。你忧虑恐慌是因为你没办法掌控别人，一心要求别人无条件地爱自己、迁就自己、呵护自己，当别人跟你的预期不一样时，你就会觉得无比失望，忍不住会责怪对方。也许你没有意识到你一直扮演着索取者的角色，你只想得到，不想给予，这正是你无法赢得人心的根源。倘若你能变换一下角色，学会奉献学会给予，学会体谅别人，那么你势必会收获更多的友谊和感情。

第六章

虚假的强势：活在自我欺骗的谎言里

有时候我们会小心翼翼地隐藏好自己的情绪，用伪装欺骗别人，欺骗自己。想哭的时候，在强颜欢笑；明明被戳到了痛点，非常难过，却偏要装作无所谓；想要对方留下，却强横地赶对方走开；累得快要散架，却偏要高昂着头故作轻松。我们处心积虑地把自己的脆弱掩盖起来，总是独自默默地舔舐伤口，不愿让人看到自己柔软的一面，不愿接受任何人的同情，把所有的善意挡在门外，事后一个人慢慢收拾残局。力不从心的时候，也会笑话自己，何必要逞强，活在自我欺骗的谎言里，又有什么意思？

其实每个人都有脆弱的一面，毕竟我们不是钢铁之躯，又有一颗善感的心灵，脆弱本身没有罪，我们没有必要引以为耻，别人也不会因此瞧不起我们。褪去伪装，大胆裸露真实的自己，内外保持一致，以后就不会活得那么累。脆弱是一种本色，我们应该予以接纳。

故作坚强的背后——表情可以“伪装”，情绪却从不“说谎”

人的心理是无比微妙复杂的，有的心理问题是显而易见的，有的却难以察觉。生活中，我们常看到这样一种现象：一个无坚不摧的强人，忽然倒下了，从此一蹶不振；一个爱说爱笑的开心果，忽然毫无征兆地抑郁了；一个自诩为蜗牛的励志达人，经过多年的摸爬滚打，好不容易到达了雄鹰的高度，忽然找不到人生的意义了。这些令人费解的事情究竟是怎么发生的呢？

其实冰冻三尺非一日之寒，大厦的倾倒也不是在一瞬间发生的。很多时候，人都是表里不一的。强悍的外表下裹挟着一颗脆弱的心，明媚的笑脸上隐匿着难解的忧伤，咬紧牙关苦苦打拼的背后隐藏着太多的心酸与无奈。当我们习惯了在人前伪装的时候，自己也会被欺骗，所以即使心理出现了问题，自己也是后知后觉，更不要说防患于未然了。假如我们已经麻木到无法洞悉自己内心的时候，唯一了解自身感受的途径，就是时刻关注自己的情绪。

表情可以伪装，但情绪无法伪装。当你感到愤怒、沮丧、悲伤的时候，身体会不由得缩紧，继而感到压抑、胸闷、气短，这些症状都是负面情绪释放的信号。你可以不动声色地继续做事，可以拼命压制自己的不良情绪，但有时只会起到反效果。情绪是不会撒谎的，无论你的伪装技巧有多么高超，情绪都会在第一时间出卖你，毫不客气地拆穿你精心编织的谎言。

生活中，有不少人前春风满面，人后黯然神伤的双面人，以演技而论，他们完全有资格夺得奥斯卡最佳男女演员奖。但人生不是演戏，我们需要真实地活着，伪装得再好也是没有意义的，你可以欺骗全世界，却唯独欺骗不了自己。无论你多么爱面子，多么在乎别人的看法，都要抽出时间照顾好自己的情绪，不要忽略自己的真实感受，不要压抑内心的想法，学会释放真实的自我，将负能量慢慢地排解掉，唯有如此，才能实现满血复活。

比利是从耶鲁大学毕业的优等生，前途似锦，被很多人看好。毕业没多久，他就留校成为了一名教师。他博学多识、口才极佳，讲课生动有趣，深受学生欢迎。在学校，提及比利的大名，几乎人人都竖大拇指。可是比利并不甘心一辈子做教师，他的同学有的成为了法律界的权威律师，有的成了腰缠万贯的大老板，有的成了跨国企业的金领，这些人在校的表现不如他，现在却都比他发展得好，他非常不服气，决定作出改变。

任教一年后，比利便辞去了在校的职务，投身于法律界。凭借过硬的专业功底和卓越的辩论能力，比利打赢了好几场轰动一时的官司，在这个行业，他仅仅做了五年，就成为了国内非常有名的律师，薪水高得令人咂舌。许多人慕名而来，愿意花高价请他效力。比利的事业如日中天。

表面上看，他事业顺风顺水春风得意，应该过得很如意很舒心，可实际上他活得一点也不开心。他觉得自己的性格根本就不适合律师这个行业。他是一个非常感性的人，没法让自己在案件中保持中立，他如果认为当事人是个卑劣的人，就不愿意为其辩护，认为当事人品行高尚，即使得不到高额回报，也愿意为之奔忙。可问题是，自己不能做主，毕竟律师事务所不是他自己开办的，他总要被迫为自己讨厌的人辩护，为此他非常窝火。

上司非常器重比利，只要是找上门来的大生意几乎全都交给比利去做，比利接到了不少重大案件，佣金也水涨船高。他每天都对人笑脸相迎，一副志得意满的样子，可内心却非常沮丧，他觉得自己就像一个被人随意拉扯的木偶，总是身不由己，明明身心俱疲，却还要强颜欢笑，活得实在太累了。

有一天，比利病倒了，到各大医院检查，都没有查出病因。有位医生建议他去看看心理医生。比利一听就火了：“你觉得我心理有问题是吗？你不妨问问我的同事、朋友，我究竟是一个怎样的人，然后再说这句话。所有认识我的人，都认为我是他们见过的，最幽默最开朗的人，无论我走到哪里，都能给别人带来欢笑，像我这样的人，怎么可能得心理疾病呢？”

医生平静地说：“你何必那么激动呢？我只是想给你提个有效的建议罢了。”比利这才发现自己左手握成拳头，手上青筋暴起，呼吸也非常局促，以前他从来没有这样失态过，当时的反应让他自己都大吃一惊。“先生，请恕我直言，我觉得你是一个表里不一的人，你爱笑，也很健谈，但内心却充满愤怒，我希望你能正视自己的问题，不要再欺骗自己了。”比利无言以对，只好嗫嚅着说：“也许你说得对。”

两个月后，比利辞去了律师事务所的职务，重新回到高校任教。他不再伪装自己，不再刻意压抑自己的情绪，渐渐地疾病竟不治而愈了。

负面情绪的破坏力是巨大的，它所携带的能量足以摧毁一切。消极的情绪如果找不到宣泄的出口，长期淤积在体内，就会憋出内伤。人是感性的动物，再理性的人也有感性的一面，再刚强的人，内心深处也有一处柔软的角落，每个人都有可能被负面情绪包围，这是人之常情，你不需要感到羞愧，也无须刻意掩饰。

有的人认为成熟稳重的人，必须喜怒不形于色，无论发生什么事情，都要不露声色，装作若无其事，无论开心与否，都必须笑脸迎人，事后把所有的悲伤埋藏在心底。诚然，作为一个成年人，我们无法像孩童那样无所顾忌地哭哭笑笑，我们所扮演的社会角色要求我们理智、冷静、沉稳，在工作场合，我们没有办法把真实的自我原原本本释放出来，也不适合把各种情绪带到工作中。可是在私下，我们就没有必要继续掩饰了，很多人会为了一个完美的形象或光鲜的假象而刻意伪装，这是不可取的，因为这是一种自我欺骗，长期沉醉于这种不真实的幻觉，必然会给自己带来意想不到的恶果。

允许自己脆弱，才有力量强大

黛比是个不折不扣的女强人，她素来不苟言笑，总是一副高高在上的样子，做起事来雷厉风行，无论遇到多么棘手的问题，都能妥善解决。很多人把黛比当成自己的偶像，因为她拥有精英阶层具备的一切品质，比如精明、干练、坚毅、冷静、理智、处变不惊。2008 年全球经历了金融危机，黛比所在的公司受到波及，在关键时刻，她顶住重重压力力挽狂澜，终于帮助公司成功渡过了难关。她的表现受到了老板的高度赞扬，从此被视为公司的中流砥柱，还赢得了

“钢筋铁骨”的光荣绰号。

表面上看来，黛比的生活非常风光，她简直就是成功女人的代表。其实少有人知道，黛比成功的背后包含了多少不为人知的辛酸。黛比在职场上太过强势了，习惯了那种居高临下的感觉，她把这种作风很自然地带到了家里，婚姻因此出现了问题。多年来丈夫鲍勃一直包容她，以为可以用温情将她那颗坚硬冰冷的心融化，可是五年过去了，她仍然是那个冰冷桀骜的女强人，鲍勃实在忍受不下去了，提出了离婚。

“我想，即使没有我，你依然可以过得很好。”鲍勃说。黛比咬着嘴唇没有说什么。其实她的心在滴血，毕竟再强悍干练的女人也希望有个宽厚的肩膀依靠，她也不例外，身心俱疲的时候，她多想靠在鲍勃的肩上小憩一会儿，跟他耳鬓厮磨说说心里话，但她没有那么做，因为刚强如铁的她，不肯向任何人展露脆弱的自我。她眼睁睁地看着鲍勃从自己的生命里退出却无能为力，由于伤心过度，离婚后她就病倒了。后来她辞去了工作，消失在人们的视野中。人们始终搞不明白这位冰冷刚强的女强人究竟去了哪里。

我们常听人说故作坚强的背后往往隐藏着许多不为人知的心酸，的确，所谓的坚强不过是一层铠甲，一种保护色，里面包裹的永远是脆弱和痛苦。百毒不侵的心，有时会被一句温暖的安慰打败，无懈可击的伪装，敌不过一句真诚的问候。做强大的冷血动物，是一件非常辛苦的事，说到底，人都是感情动物，由于拥有丰富细腻的情感，人注定成为脆弱的载体。脆弱才是人性最真实的一面。

很多时候，我们能清晰地感觉到自己的脆弱，比如孤独的时候，渴望有人来陪；受伤的时候，希望能得到抚慰；迷茫的时候，希望听到鼓励的声音……这些都是人之常情。我们不可能把脆弱的感觉从生命里赶走，但确实能用坚强的伪装将脆弱掩盖。坚强是一种力量，脆弱又何尝不是？健康完整的心灵，只有注入了柔软的力量才能保持弹性，强迫自己时时刻刻刚强，不仅不会让自己傲立于天地之间，反而会使自己更快地垮掉。

正所谓至刚易折，处处强势的人真的坚强吗？他们倒是很有可能一击即溃，聪明人从不处处示强，因为他们懂得“满齿不存，舌头犹在”的道理，牙齿是人体最硬的部分，舌头则是最柔软的部分，当牙齿全部脱落时，舌头仍然完好无损，这足以说明强与弱、柔与刚是一种相对概念。事实上你只有允许自己脆弱，才有力量强大，一味地排斥脆弱，反而可能变得更加不堪一击。道理人人都明白，但真正做到的人寥寥无几，究其原因，主要是因为打不开心结，总把脆弱当成完全负面的东西，那么究竟该怎么做才能改变错误的认知，坦然拥抱真实的自我呢？

用同理心思考问题，卸下心理负担

我们之所以不敢向任何人展露脆弱的一面，是因为杂念太多。我们的头脑里总是会快速闪过各种各样的问题，比如：假如我表现得不够优秀不够坚强，大家会不会对我失望？是不是有人会幸灾乐祸？我是不是有可能被社会淘汰？我会不会失去别人对我的尊重、信任和爱？这些担忧大部分都是多余的。没有人要求你做一个无坚不摧的战士，偶尔真情流露，展示出你柔软脆弱的一面，不但无损于你的形象，反而会使你看起来更具亲和力。

不妨尝试一下用同理心思考问题。你会佩服和敬重什么样的人？又会疏远和反感哪类人？你喜欢像大理石雕像一样冰冷乏味的人吗？你热爱严肃刚硬，没有一点弱点，同时也没有一点人情味的人吗？答案当然是否定的。人们所欣赏所敬重的其实是有血有肉有性格有特点的人，而任何一个血肉丰满的真实的人，都会有脆弱的时候，所以脆弱并不是一种罪过，别人不会因为你偶尔的脆弱而轻视你、奚落你，因为人人都有脆弱的时候。

允许自己给自己一段修整的时间

人作为高级动物，既具有人性，又具有动物性，我们要尊重自己的自然属性。动物为了生存，既要与残酷的自然界斗争，又要躲避天敌、捕获猎物，有时会精疲力竭，有时会流血受伤，当它们感到虚弱疲惫的时候，会躲到一个安全的地方静静疗伤。人也一样，为了生存和发展，不可避免地要卷入各种争斗中，每个人都有极度疲惫的时候，每个人心里都有一道不肯结痂的伤口，与其强迫自己继续坚持战斗，还不如给自己的心灵放个假，花时间好好修复一下那颗破碎的心，等到你修整完毕以后，往往会更有信心应对各种棘手的问题。

为了你所爱的人，你应该时不时卸下坚强的伪装

在你所爱的人面前，你是想扮演威严霸气、凛然不可侵犯的狮子，还是温存可人、需要呵护照顾的小兔子。如果你选择了前者，就会把对方越推越远，甚至有可能会痛失所爱。太过强势高冷的你，最容易伤到的往往是离你最近的人。因为对方感觉不到自己被需要，在你身上找不到温情和爱意，觉得自己很多余，自然会弃你而去。你唯有卸下坚强的伪装，才能挽回濒临破碎的感情，面子和真情孰轻孰重，你心里自有定夺，如果你真的在乎对方，就应该做出明智的选择。

放下沉重的束缚，还生命以轻盈姿态

克莉丝汀娜是一位优秀的女孩，她能力超强，在职场上表现得极为出色，刚毕业两年就晋升到了主管位置，人长得也漂亮，气质端庄大方。在世人眼里，克莉丝汀娜当真是美貌与智慧并举，可是这么优秀的女孩，却一直找不到男朋友，而且身边的同性朋友也不多。究其原因，就是因为她太强势太独立了，她经常一个人外出旅行，无论多重的行李都能自己背动，生活中她可以自己换灯泡、自己修电扇，所有的事情都不需要别人帮忙。她不愿意向任何人展示脆弱无助的一面，连最亲密的挚友也不例外。

有一次她和好朋友吵架了，好友打来电话想要和解，她硬是不肯接。尽管她心里非常难过，非常担心两个人的友谊会毁于一旦，但却坚决不肯接对方的电话。一连好几天，好友没有再联络她，她感到无比失落，难过得想哭，却依然在人前装作若无其事的样子。一周后，好友给她发了一条短信，约她周末一起到外面吃大餐，她很高兴，以为两个人的关系可以缓和了。没想到第二天好友又通知她说，因为临时有事要办，约会取消，下个周末再约。

克莉丝汀娜很生气，她赌气地想：有什么了不起，你有事要忙，我比你还忙，以后干脆别再见面好了。好不容易又熬到了周末，两个人见面了，好友表现得很热情，克莉丝汀娜却故意表现得很冷淡，脸上总是挂着那副“我都快忘了你是谁”的不屑表情。好友很受伤，知趣地提前离开了。

克莉丝汀娜见好友走了，不知为什么，鼻子一酸，竟流下了眼泪。她怕别人看到，赶忙找纸巾拭泪，这时有人给她递过来一方手帕，她抬头一看，那人不是别人，正是她的好友。“你何必要这么辛苦地伪装呢？”朋友不解地问。克莉丝汀娜不好意思地笑了笑：“我也不知道啊，我一向都是这个样子。”

在当今时代，人们普遍认可“物竞天择，适者生存”的丛林法则，所以我们希望自己变得更强大更优秀，以期在残酷激烈的竞争中获胜。为了更好地生存，我们已经进化得足够强大，可是在强大起来的同时，我们也失去了很多东西。为了克服敏感和柔弱的特质，为了不被感情所左右，我们将正常的情绪和情感从自己生命里剥离，心灵变得越发刚硬麻木，以致无法体验到真实的喜怒哀乐，也感知不到快乐和幸福的存在。

都市中的男男女女，习惯了穿着厚重的铠甲疲惫地前行，早已忘记了生命本该拥有的轻盈姿态。感到无助脆弱的时候，都羞于向别人倾诉，只想一个人默默消化痛苦，想哭的时候强忍着泪水，不想向任何人示弱。男人以为有泪不轻弹，独自舔舐伤口，就能活得顶天立地，就能有傲视群雄的威仪；女人以为只要活得像男人，克服女性善感脆弱的特点，就能搏出一片天地，活出属于自己的风采。其实外表表现得十分刚强的人，内心大都不够强大，真正内心强大的人，往往懂得倾诉和示弱，正因为如此，他们才能始终保持内心的平和。那么我们究竟该怎么做才能放下所有顾忌和束缚，适度地通过示弱的方式宣泄心里的负能量呢？

要学会倾诉

强势的人有了烦心事，常常习惯把所有的事情压在心底。压抑到一定程度，有精神崩溃的风险，适度的倾诉有助于排解压力、疏导情绪，对于心理健康有非常重要的意义。当你感到无助或忧伤的时候，可以考虑向某个可信赖的人倾诉。

有的人认为，向别人倾诉，是为了向外部寻求情感支持，性质等同于摇尾乞怜，所以宁可一个人默默吞咽苦水，也不愿把内心的酸楚讲述给任何人听。这种想法是不对的。人与人之间本来就应该是互相关心互相帮助的，向外界求助，并没有什么错，如果有些问题你自己解决不了，别人又乐于提供帮助，为什么要拒人于千里之外呢？

难过的时候，不妨痛痛快快地大哭一场

绝大多数人都有过这样一种经历：伤心压抑到极点时，毫无顾忌地大哭一场，之后心情会好很多，似乎所有的压力、烦恼都被眼泪排解掉了。这是因为人在闹情绪的时候，身体里会产生大量有害的化学物质，而眼泪可以把这些物质排出体外，起到疗愈身心的作用。此外，哭泣能调节人的情绪，一般情况下，人在情绪激动之后心情往往会更快地归于平静，恰如潮起潮落的过程，这样非常有利于心灵修复。

哭泣还有一个重要作用，那就是它能让我们感觉到自己被关爱着。婴儿为了获得母亲的关注，常啼哭不止，哭的目的在于索求爱护。那么我们成年人哭泣的目的是什么呢？部分是为了获得别人的同情，部分是为了释放恳求的信号，在以一种示弱的方式向别人索求爱与关怀。

假如我们哭给自己看，那么多半是为了宣泄委屈、难过等负面情绪，它同样是一种爱的表达，代表的是我们对自己的理解、呵护和认同，也就是说我们在以流眼泪的方式给予自己慰藉。允许自己哭泣，意味着向外界示弱，也意味着向自己示弱，它并不是一件丢脸的事情，因为任何人都曾有痛哭一场的冲动，谁都不是屹立不倒的战神，要知道摔过跤之后你才能站得更稳，擦干眼泪你才能更坚强。

学会适度地依赖他人

作为一个成年人，想要拥有健康完满的人生，必须拥有两种能力：一种是独立自主的能力，包括经济独立、人格独立和情感独立；另外一种是有限度地依赖他人的能力。一个人若要活得有尊严，就必须独立自主，要想获得更多的关注、友谊和爱，就必须拥有适度依赖他人的能力。如果你已经强悍到不需要任何人的地步，就会让所有的人敬而远之，这不利于你与外界建立正常联系。适度地示弱，给别人爱护你、帮助你、抚慰你的机会，满足对方的某些心理需要，有助于双方达成共赢，让别人享受施与的快乐，你又能得到被重视被关爱的感觉，这对双方来说都是一件好事，何乐而不为呢？

第七章

偏执型人格：疯狂多疑的幻想家

生活中有这样一群人，总是疑神疑鬼，认为别人所有的言谈和举动都是刻意针对自己，自己是最无辜最可怜的受害者，所有的过错都在别人。他们就是典型的偏执狂。这类人不仅固执己见，听不进任何人的意见，而且疑心特别重，总是幻想着别人在酝酿阴谋迫害自己，所以与外界非常隔膜对立，人际关系一团糟。

偏执型的人身边缺少朋友，性情普遍比较孤僻，因为没有人能忍受这种没来由的猜忌。由于得不到关怀和帮助，他们可能在错误的道路上越走越远。坦白来说，偏执性心理缺陷并不容易纠正，因为他们秉承非此即彼的二元价值观，容易钻牛角尖，不知不觉就走进了死胡同，很难走出来，再加上对外界充满敌意，不被众人所接纳，显得格格不入，非常容易陷入被动和孤立的境地。矫正这种人格缺陷，需要付出持久的努力，必须进行系统的心理治疗，才有希望改变现状，过上正常生活。

偏激——把荒谬的想象误当作现实

从前有两个天使到一个富人家里投宿，这家人对他们的态度很冷淡，不允许他们在卧室里过夜，把他们安置在了潮湿冰冷的地下室。天使那天也非常疲惫，没有精力去挑剔住宿环境了，急急忙忙铺好床，想要好好睡上一觉。老天使整理床铺时，在地下室的墙壁上发现了一个小洞，不假思索地把它修补好了。年轻的天使感到困惑不解："主人对我们这么不友好，你为什么还要帮他修补墙洞呢？"老天使说："事情并不是你想象的那样。"

第二天，他们来到一户贫苦的农家借宿。主人非常好客，不仅把家里最好的食物端上了餐桌，还主动让出床铺给客人睡，自己睡在地上。天使非常感动，在他们看来，农户家里的粗茶淡饭比山珍海味更美味，而简陋的床铺则比任何一张豪华的大床都要舒适，主人的盛情让他们感受到了春天般的温暖，这种感受是他们以前从未有过的。年轻的天使认为，老天使一定会报答这对贫苦的夫妇，他们在前一家受到怠慢，老天使尚且愿意为人家补墙，现在受到优待，更应该投桃报李，好好感谢这家人了。

第二天一大清早，小天使就被一阵哭声吵醒了，原来主人家里的奶牛死了，全家人失去了生活来源，不知道该怎么办好，不由得伤心落泪。年轻的天使认为一切都是老天使的错，于是怒气冲冲地质问道："你为什么要这样做？第一个家庭那么富裕，什么都不缺，你还帮助他们修补墙洞；第二个家庭一贫如洗，即便这样，他们还是热情招待了我们，你为什么没有阻止奶牛死亡，为什么不肯帮助他们保住唯一的财产？"

老天使回答说："事情并不是你想象的那样。我们在第一个家庭过夜时，我从那个小小的墙洞里发现了一个惊人的秘密，原来墙里面塞满了闪闪发光的金块。这个秘密是主人都不知道的，否则他们就不会把我们安顿在地下室了。我觉得主人太过贪婪、冷漠、自私，得到这笔财富之后，一定会被贪欲所吞噬，所以就把墙洞补上了。昨天夜里，我听到死神召唤农夫的妻子，不忍心看到死神把那么善良的人带走，就用奶牛代替了她。所以说，很多事情并不像你想象的那样。”

很多时候，我们会像故事中的小天使那样，把看到的和想象的当作现实，可事实上，亲眼目睹事情未必和真相相符，而想象的东西都是主观臆断的产物，更加不可信。生活告诉我们眼见未必为实，亲眼目睹的事有时也是不可信的，亲身经历的事情经过想象力的加工，也有可能被扭曲。

法国作家莫泊桑曾经说过：“生活从来不是人们想象的那样美好，也不是想象的那样不幸。”那么我们为什么会产生偏离现实的感受呢？这是因为，思想偏激的我们常常把心理现实和客观现实直接画上等号。那么什么是心理现实，什么是客观现实，两者的区别又在哪里呢？所谓的客观现实，指的是客观实际，它存在于客观世界，不以人的意志为转移，比如山河大地、日月星辰、某些真实发生过的历史事件，都属于客观现实的范畴。而心理现实，指的是脑海中的意象，反映的是人的心理活动，它可以是客观现实的映射，也可以是对客观现实的创造性加工。

客观现实是原料，人的大脑是加工厂，加工后的产品就是心理现实，两者是有质的区别的。比如蚕丝加工成了丝绸，发生了质的变化，就没人会把蚕丝和丝绸等同了，两者的区别一目了然，很少有人会把两者混淆。那么人们为什么会把心理现实和客观现实混淆呢？因为心理现实对人的影响不属于客观现实，有时候可能比客观现实更加逼真。我们都听说过“草木皆兵”这个成语。风吹草动是客观现实，把摇动的草木想象成敌兵属于心理现实，人在精神高度紧张的情况下，更加倾向于相信心理现实，而不是客观现实。再比如“望梅止渴”的原理，梅林只是人脑海中的产物，属于心理现实，可是仍能起到止渴生津的作用，这是为什么呢？因为人在口干舌燥的情况下，宁愿相信假象，也不愿意相信现实。

相对而言，理智、逆商高、人格健全的人，能够比较客观地看待世界，不会添油加醋地曲解事件，不会把个人的主观偏见凌驾于客观现实之上。而敏感、脆弱、个性偏激，存在严重心理障碍的人，则会把自己的想法凌驾于客观世界之上，误把心理现实当成客观现实。同样的遭遇，同样的经历，不同的人会有不同的体验和感受。比如两名研究生因为没有写好论文受到同一个导师的批评，第一个研究生心理承受能力差，认为导师是有意刁难他，从此碰到导师就焦虑不安；第二个研究生比较自信乐观，心理承受能力较强，认为导师及时批评指正，有助于自己的成长，从此更加卖力地做研究，最终交上了一篇精彩绝伦的优秀论文。

学会排除主观干扰，用客观的眼光来审视这个世界，用冷静的理性来解读身边的事件，往往能使事情变得更加顺畅。沉迷于心理现实，以扭曲的心态解读生活和人生，就会把自己推向更加糟糕的境地，所谓的“境由心生，境随心转”反映的就是这个道理。

每个偏执狂都有神经质的气质

弗朗西斯是位个性非常偏执的姑娘，她总是揣摩别人，总认为别人想蓄意伤害她。别人无心说的话，她统统铭记于心，久久难以释怀。因为她心胸狭隘，开不起玩笑，所有人跟她说话的时候都小心翼翼，生怕触动了她敏感的神经。尽管如此，她照旧疑神疑鬼，总把别人脱口而出的话当成有针对性的恶意攻击。她的丈夫每次跟她沟通的时候都要提前打腹稿，稍有一点口舌之失就会惹得她不高兴。两个人经常吵架，每次吵完都要冷战好长时间。她一次又一次地乱发脾气，她的丈夫一忍再忍，忍无可忍的时候干脆摔门而去，夫妻感情由此降到了冰点。

弗朗西斯在公司非常不受欢迎。她跟老板吵过架，跟上司多次发生过剧烈的争执，与同事闹过无数次矛盾。每次争执起来，她都认为是别人不对，觉得别人故意整蛊她，陷害她，所有人都瞧不起她，每个人都对她怀有极深的偏见和极大的恶意。她换过好多份工作，以为换个环境一切都会好起来，没想到无论走到哪里，她的处境都一样。没有人喜欢她，她跟谁都相处得不愉快，似乎全天下的人都有意跟她作对似的。

弗朗西斯非常郁闷，近期经常胃痛，到医院又检查不出什么毛病。医生认为可能跟情绪有关。弗朗西斯到图书馆查阅了一些有关心理学方面的资料，才知道自己患上了偏执型人格障碍。

偏执型人格也叫妄想型人格，它是一种非常常见的心理疾病。古今中外患上这种疾病的人可谓是数不胜数，敏感多疑、嫉贤妒能的曹操，妄自尊大、自命不凡的赵括都患有此类疾病。偏执型人格障碍的患者，皆具有神经质气质，他们喜欢妄加揣测、胡思乱想，对自己和客观世界缺乏正确的认识。要么自以为是，要么极度自卑，思考问题僵化刻板，嫉妒成性，不能正视自我，常有一种被低估被侮辱的屈辱感，遇到挫折总是把问题归咎于别人，对外界充满质疑，不愿接受任何善意的劝告。

任何一个偏执型人格障碍的患者，都是阴谋论的推崇者。他们总认为人心叵测，所有的人都居心不良，即使别人表露善意，他们也会怀疑其背后的动机。这样的人大多无法与社会和谐共融，在职场上会处处碰壁，在感情世界里也更容易受伤。在公司里，他们常与同事争吵，在家里，常与家人发生摩擦，人际关系非常糟，他们常为人际冲突头痛，但事后丝毫不吸取教训，反而总是怪罪别人，认为是别人在有意挑衅滋事，故意为难自己。那么人为什么会患上这种奇怪的心理病呢？引发此类疾病发病的原因究竟是什么呢？

遗传因素

研究发现，人格异常主要与血缘、基因有关。近亲之中若有一人发病，其他人发病的概率通常比较高。心理学家曾经调查跟踪过寄养家庭，发现被寄养的孩子，如果亲生父母属于人格障碍患者，那么他们即使改变了成长环境。罹患人格障碍疾病的概率仍然比其他人要高。

心理因素

经历过家庭破碎的打击或者在成长过程中得不到母爱，常常会使儿童的心理健康出现严重问题，为日后发展成人格障碍埋下隐患。幼儿在三岁以内，与母亲接触次数过少，母爱被剥夺，长大后易形成病态人格。父母管教过于严厉，会使孩子养成敏感胆怯的性格；父母对孩子无节制地溺爱，会让孩子变成温室的花朵，养成脆弱的性格。如果孩子在童年或青少年时期经常受到训斥打骂，则容易对外界产生仇视心理。此外，自身患有某种疾病或是生理上存在某种缺陷，担心自己被嘲笑，也容易养成敏感多疑、爱猜忌妄想的病态人格。

后天环境因素

后天环境因素包括家庭环境、教育环境、社会环境三部分。父母品行不端，不能以身作则，给子女树立良好的榜样，往往形成错误的诱导，对儿童的人格发展产生极为不利的影响。此外，在单亲家庭、寄养家庭长大的孩子，由于得不到关注和关爱，容易产生自卑、愤恨等不良心理，攻击性通常比同龄的孩子要强。

没有机会接受完善教育或者在学校经常受到歧视、侮辱的学生，易形成偏执型人格。文化程度较低的孩子或是学校里的差生，不被老师同学尊重，常常受到批评指责，长大后大多会变得偏激易怒，甚至有可能发展成病态人格。

恶劣的生存环境，也是诱发人格障碍疾病的主因。弱势群体生存艰难，生活缺乏保障，居住环境差，各方面条件不如别人，长年承受着巨大的经济压力和生活压力，同时又饱受外界歧视，心态容易失衡，性情比较容易向偏执型人格方向发展。

友善和信任能消解敌意

格蕾丝近期工作压力很大，她常常感到力不从心，无论做什么事情都觉得吃力。朋友觉得很奇怪，格蕾丝在校读书时成绩优异，反应敏锐，是学校里出类拔萃的优等生，凭借她的聪明才智，再棘手的问题都能迎刃而解。如今她已经有三年工作经验了，按理说业务水平应该很熟练了，做什么都应该得心应手才对，怎么可能感到做事吃力呢?

格蕾丝对朋友诉苦说："你不了解我的处境。同事不喜欢我，他们不希望我表现得比他们出色，所以上班经常大声喧哗，影响我工作。有的还跑到老板面前打小报告，说我有意拖慢工作进度。他们总是在背后陷害我、欺负我，搅得我无法安心工作。我真的快被气疯了，每天不知道该怎么面对他们。恨不能挥舞一下魔法棒，让所有的人都在我面前消失。"

事实上，格蕾丝所说的情况全都是她自己幻想出来的，根本没有任何现实依据。在办公室里，没有人对她怀有恶意，她总是没来由地怀疑别人，认为别人处处与她做对，不但搞得大家都很不愉快，自己的心情也很糟糕。由于心情不好，经常生气，她的身心健康受到了严重影响，半年后她不得不放下所有手头工作在家疗养。

偏执型人格障碍的患者最大的问题在于无法信任别人，觉得所有人都可疑，连最忠厚可靠的人都信不过。他们通常认为别人全都暗怀鬼胎，自己周围的人要么伪善要么狡猾，已经堕落到无可救药的地步，唯有自己是出淤泥而不染的白莲花，但却总是被误解被贬低被羞辱。正是基于这种想法，他们才会满腔愤怒，时刻都想控诉他人。治疗偏执型人格障碍关键在于，改变认知，消除对别人的误解和敌意，与他人建立起正常的互信关系，治疗方法主要包括：认知矫正法、敌意纠正法和交友训练法三种。

认知矫正法

如果你的头脑里总是充斥着各种不合常理的念头，认知已经出现了严重的偏差，那么你首先要做的是，先分析那些非理性的观念，然后用理性的观点替代它。比如你的脑海里出现了下列念头：

1. 人之初性本恶，世上没有一个好人，除了自己之外，谁都不能相信。

2. 我无法原谅别人对我不忠。

3. 面对别人的挑衅，我必须予以强烈的反击，一定要让对方为自己做过的事后悔。

4. 我不能温柔地对待别人，因为那样别人会认为我很软弱。

将以上念头里的偏激成分去掉，使其回归理性。

1. 人性中既有丑恶的阴暗面，也有美好的光明面，我应该相信人性的光辉。世上有坏人也有好人，好人总比坏人多，我应该尝试着相信别人。

2. 我不是高高在上的君王，别人也不是我的臣子，我没有理由要求所有人都忠心耿耿地对待我。假如别人偶尔对我不忠，已经认错了，真诚地恳求我原谅，我完全可以原谅他（她）。

3. 我认为受到了挑衅，不能盲目反击。在反击前，我必须弄清自己的怀疑是否是真实存在的。可能是我错怪了别人，或者是反应过激。

4. 我应该表露真实的情感，向别人释放善意，假如我没有那种勇气，恰恰说明我虚弱。温柔地对待别人，是自信的姿态，也是强者应有的姿态，我不能像刺猬那样总是攻击别人。

每当脑海里闪过偏激的念头时，在心里努力把矫正过的观念默念一遍，以防自己做出过激的举动。如果你因为情绪失控，已经出现了偏激行为，事后一定要把当时的心境和想法仔细分析一遍，然后将所有扭曲的观念加以改造，时时在心里默念几遍，时刻提醒自己下次不要再犯同样的错误。

敌意纠正法

假如你莫名对外界充满敌意，对周围的人充满不信任感，可通过以下方法纠正自己的扭曲心理。

1. 与人相处的时候，时刻提醒自己不要揣摩别人是否对你充满恶意，不要没来由地敌视任何人。平时多注意自己的言行，多多关注自己的情绪反应，努力跳出“敌对心理”的旋涡。

2. 要学会感恩。不要总以为别人帮助自己是因为有利可图。这个世界上虽然存在尔虞我诈的现象，城府深的人也有很多，但也有不少乐于助人的好人。如果别人真诚地帮助你，一定要心怀感激地道谢，不要把别人的善意理解成恶意，更不要让真心待你的人寒心。

3. 对人保持微笑，不要总是摆出一副冷若冰霜的架势。也许你不习惯以笑脸迎人，笑起来很做作，以至于羞于展露笑颜。遇到这种情况不要着急，你可以对着镜子慢慢练习，终有一天你会拥有一张灿烂明媚的真实笑脸。

4. 面对无关原则的摩擦冲突，要学会克制和忍让。人与人相处，难免会出现一些纠纷和摩擦。处理人际冲突时，头脑一定要冷静，尽可能地化干戈为玉帛，千万不能热血上涌，将事态扩大。

交友训练法

你越是封闭自己，对外界的隔阂和敌意就会越深。因为人们常常会不自觉地诋毁自己不了解的人或事物，甚至将其妖魔化。主动积极地结交朋友，是你学会信赖别人非常关键的一步，如果你收获了真挚的友谊，就能有效消除对外界的误解和敌意。但是在交友过程中，需要掌握以下要领：

1. 真诚地对待别人。千万不要随意怀疑朋友，要学会信赖别人，诚心诚意地与人交往。你要相信大多数人是值得信赖的，只要你付出真心，就能换来真心，只要你付出友谊，就能收获友谊。

2. 最好选择与自己志同道合的人交往。拥有共同爱好志趣、性情相投的人，比较容易培养出深厚的友谊。正所谓物以类聚，人与群分，与跟自己情投意合的人交往，阻力相对较小，有助于帮助你克服各种心理障碍。

3. 交往过程中，要热心地给予朋友必要的帮助。常言道患难见真情，肝胆相照、雪中送炭的朋友最为难得。你若能在朋友最需要你的时候，鼎力相助，必然能换来珍贵友谊。赢得了这样的友谊，你自然就愿意用友好平和的态度对待外界了。

与其固守执念，不如优雅转身

爱德华是一名大三的学生，他学习成绩优异，每门功课都很优秀，在全校师生眼里，他是学校里最有前途的学生之一。由于被所有人看好，爱德华踌躇满志，一心想要做出一番成绩。尚未走出校门，他就对自己的人生做好了全盘规划，他经常对同学说毕业以后会进入全球500强企业，两年之后会晋升到高管位置，最终的目标是成为集团企业的CEO。当他热情洋溢地跟大家分享理想的时候，别人的反应并没有他想象中的那么热烈。有的人只是附和了两句，有的人则不发表任何见解，还有一部分人用一种异样的眼光看着他。

爱德华认为大多数同学都嫉妒他，没有人真心祝福他，连学校里的教授也嫉妒他，因为他未来的成就很可能超越学校里所有的教授。有了这样的想法以后，爱德华不知不觉就和学校里的老师同学疏远了。在课堂上，他经常顶撞老师，因为他认为老师的观点是错误的，某些观念已经完全跟不上这个飞速发展的时代了，老师很不悦，明确地告诉他，如果他不喜欢这门功课，以后就不必来上课了。爱德华索性赌气摔门而去。

在相当长的一段时间里，爱德华都没有去上某位老师的课，直到考试时才出现，最终得了A－，爱德华非常不服气，觉得自己应该得A＋，最后居然闹到了校长那里。他对校长说，老师报复他，故意在他的成绩单上做手脚。校长不以为然地说："你的这种想法是完全没有根据的，据我所知，你的成绩是学校的最高分，没有人在你的成绩单上做手脚。"

爱德华灰溜溜地走出了校长办公室，但内心依旧愤愤不平。从此以后他不愿相信任何人，对任何一位同学、老师所说的话都持怀疑态度，连自己的父亲也不信了。他想每个人都会出于各种各样的目的说谎，所有人都不值得信赖。毕业以后，爱德华经常和同事吵架，他总认为别人妒忌他的才干，在背后搞鬼，总是愤愤不平。他多次给老板写信，声泪俱下地陈述自己所蒙受的耻辱。老板核实了一下情况，发现他所说的全都是子虚乌有，对他的印象越来越差，为了减少内耗，最后随便找了个借口就把他辞退了。

具有偏执心理的人，视野和思路都比较狭窄，他们总认为自己绝对正确，坚信自己所笃信的一定是放之四海而皆准的真理，任何与自己的意志相违背的事情都是反动的。正是因为怀有这种异常心理，他们才会不遗余力地为自己辩护，理直气壮地责怪别人，这种病态心理如果得不到矫正，日后必然贻害无穷。偏执型人格不是在朝夕内形成的，偏执心理也不可能在短期内得到纠正，这就需要患有此类疾病的人，时时进行心理调适，放下执念，学会优雅转身，逐渐矫正心理偏差，具体的心理调适步骤如下：

要充分意识到偏执想法的危害

在大多数人眼里，偏执型人格障碍的患者缺乏基本教养，喜欢无理取闹，而且善于诡辩，言谈举止令人厌恶，所以大家会不约而同地将其列为最不受欢迎的一类人。这类人在职场上容易受到打压和排挤，不仅与同事关系疏远，而且得不到上司和老板的支持，不知不觉就会陷入孤军奋战的境地，随时都有可能被扫地出门。所以一味地固持己见，没来由地怀疑别人，挑起是非，最终只会误人误己。

偏激性格的第二个危害是感受不到亲情的温暖。人们常说家是心灵的港湾，血脉亲情不可替代。可是患上偏执型人格障碍的人，通常与亲人的关系比较冷淡，家不但不能成为心灵休憩的场所，反而有可能演变成互相伤害的战场。

总之，一个人一旦被偏执思想所操控，每天都要和假想敌作战，活得非常辛苦，不仅得不到同情和支持，还有可能被众人厌弃，成为失道者寡助的典型。不要责怪世界太残酷，人情太冷漠，毕竟大多数人并不了解这种心理疾病，人们不能理解你的种种反常行为。你必须清醒地意识到此类疾病的危害，有意识地控制自己的言行，如此才能避免悲剧的发生。

不要迷信权威，不要迷恋自我

偏执型人格障碍的患者最大的问题是，太过推崇和相信权威，太过迷恋自我。他们没有办法理智地分析和看待问题，不能容忍不同的声音，也不肯接受别人好心的劝告。如果你也存在此类问题，那么首先要做到的是适度地培养自己的怀疑精神。无论对权威人物还是对自己，都不要再搞个人崇拜，要知道人人皆可能犯错，没有人能永远正确。

要尽量克服主观片面性

性格偏激的人倾向于管中窥豹、断章取义，看待问题非常片面，思维非常狭窄，世界观、人生观极为扭曲。要想克服这个弱点，必须学会多角度多层次地分析问题，尝试用发散思维思考。

要正确评估自己

偏执型人格障碍的患者，对自我的态度非常矛盾，一方面他们自视甚高，把自己的看法当成绝对权威，不允许他人忤逆；另一方面，他们又极度自卑，常觉得别人看不起自己，总认为所有人都有可能蓄意伤害自己。正是因为怀有这种矛盾的心态，他们不能与外界和平共处，跟自己也不能和谐共处，内心充满冲突。要想解决这种冲突，必须超越自卑，同时改变狂妄自大的姿态，重新为自己找到一个准确的定位，自尊自强地生活。

强调自我的时候，要多多关注社会和他人

如今，人们比以往任何时代都更重视自我，偏执型的人更是如此。作为独立的个体，我们应该尊重和重视自我价值，充分关注自我的感受。但不能只关注自己，对社会漠不关心。强调自我、展示自我的同时，我们应该努力培养自己的人文情怀以及同情心、爱心，多多与人为善，做一个善良美好的人。

让经典佳片触动你的心弦

伊恩是一个偏执狂，他猜忌心非常重，只要看到一点蛛丝马迹就草率得出结论，不经证实便向别人发难，不惜与自己关系最紧密的人鱼死网破。因为支配欲太强，无缘无故地猜疑指责别人，他失去了与自己相依为命的姐姐，与相处了八年的女友不欢而散。25岁那年，他的人生发生了重大转折。他怀疑女友对自己不忠，同时怀疑姐姐故意帮着女友欺瞒自己。女友和他的姐姐私交甚笃，两人既是挚友又是闺蜜，几乎无话不谈。

有一天女友加班到很晚，伊恩从窗户窥见，有个风度翩翩的男士开车相送，两人分别的时候，还闲聊了一会儿。伊恩认定两人关系暧昧，为此和女友大吵了一架。以后的日子，伊恩不断地提起那个夜晚，态度咄咄逼人。女友忍无可忍，一怒之下提出了分手。赶走了女友，伊恩又把矛头指向了姐姐，责备姐姐没有向自己吐露实情。他不分青红皂白地辱骂姐姐，还威胁说要断绝手足之情。姐姐既伤心又生气，冒着大雨跑到了大街上，由于精神恍惚，被一辆卡车撞倒了，最终她没能挺过来，撒手人寰。

女友的离开，姐姐的过世，给伊恩带来了沉重的打击，从此他终日自怨自艾，几乎陷入了绝望。在长达三个月的时间里，他不出门，不上班，不接任何人的电话，一个人待在家里默默地看影碟。有时大笑，有时流泪，随着剧情的悲喜哭哭笑笑。三个月后，他走出了家门，心情好了很多，他万万没想到的是，电影也能起到治愈作用，在最黑暗的日子里，是那些美好的影片温暖了他的心灵，给了他继续生活的勇气，为此他一直心存感激。

著名导演吕克·贝松曾经说过："电影不是济世良药，它只是一片阿司匹林。"是的，电影也许不能彻底根治某种心理疾病，但它确实具有良好的阵痛效果，能有效缓解心理疾病的症状。在美国加州，诞生了一种非常独特的心理疗法，心理医生给患者开出的处方就是观看好莱坞影片，这种新兴的疗法被称作电影疗法。患者可根据自身的情况，有针对性地选择观看某部经典影片，那么对于偏执型人格障碍的患者而言，哪些影片能起到良好的疗愈作用呢？

《风雨哈佛路》

这是一部催人泪下的励志电影，讲述的是在纽约贫民窟长大的女孩莉斯，饱尝人世艰辛，最终凭借着自己的不懈奋斗，成功迈进美国顶级学府——哈佛大学的故事。多数偏执型人格障碍的患者，在童年、少年时期，没有一个正常健康的成长环境，他们成人之后，之所以心灵极度扭曲，多半是由恶劣的成长环境造成的。《风雨哈佛路》这部电影有力地挑战了先天决定论和环境决定论，它以一种不动声色的方式告诉我们，即使你成长的环境已经恶劣到令人绝望的地步，只要你不言放弃，坚守理想，坚持不懈地奋斗下去，就能通过自身的努力改变命运、改写人生。

莉斯出生在混乱肮脏、到处充斥着堕落气息的贫民窟，父亲酗酒成性，麻木、冷酷、自私，不愿承担家庭的责任，母亲患有精神分裂症，无力照顾她和姐姐。很小的时候她便被迫浪迹街头。没有食物，她就到垃圾桶里找东西吃，没有遮风避雨的房间，她就以地铁为家。她没有机会接受完整的正规教育，却坚信知识能改变命运。她从垃圾堆里捡来图书，坚持顽强自修，考试居然得了满分。无论困境多么艰苦，她都不曾丧失信心。17 岁那年，她开始为考大学做准备，用了短短两年的时间学完了四年的课程。19 岁那年，她申请到了奖学金，成为了哈佛大学的高才生。

这部电影根据真人真事改编而成，影片取材于女主人公的亲身经历。其中有一句经典台词最为发人深省："没有人可以和生活讨价还价，所以只要活着就一定要努力。"它道出了莉斯的心声，也感染了无数人，是的，与其把时间浪费在对人生对命运的拷问和抱怨上，不如把它花在改变命运的切实行动上。

《心灵捕手》

故事的主人公威尔是一个典型的偏执型人格障碍患者。破碎的家庭、黑暗的童年，铸就了他敏感、自卑、偏激的性格。由于从小得不到关爱，身心备受摧残，他的防御心理很强，同时具有很强的攻击性，常常表现得非常叛逆。毫无疑问，威尔是一个愤世嫉俗的问题青年，他制造了很多麻烦，劣迹斑斑，但却和那些堕落糜烂的年轻人不一样。他有着惊人的数学天赋，能轻而易举地解开麻省理工学院教授所出的难题，是一个不可多得的天才。教授惜才爱才，不忍看着他自毁前程，于是推荐自己的好朋友肖恩给他做心理治疗。

起初，威尔对肖恩的到来十分抗拒，他不信任肖恩，也不想被控制和操纵，而且不愿接受对方的好意。有时他故意刺激肖恩，常用最恶毒的话来攻击对方的软肋和痛处，事后一点都不感到愧疚。有一天，威尔在墙壁上看到了一幅色彩晦暗、构图凌乱的风景画，画图中波浪滔天，一叶小小的扁舟在怒涛中挣扎着前行，仿佛随时都会被撕成碎片。

威尔认定，这幅画就是肖恩的心理写照，于是故意用戏谑的口吻对肖恩说："你一定是娶错了女人。"肖恩的妻子患病离世，妻子的死是他心中永远的痛，威尔的嘲弄让肖恩忍无可忍，肖恩最终失态了，揪住威尔的衣领，用最激烈的言辞狠狠地将其教训了一番。尽管威尔的态度让肖恩很受伤，但肖恩没有放弃给他治疗，最终凭借过硬的专业水准和一颗诚挚的心攻破了威尔的心理防线，使威尔消解了对外界的敌意，乐于尝试着相信别人。

观看这部影片，有助于你更全面更深入地了解什么是偏执型人格障碍，弄清它的发病原因是什么，都有哪些异常表现，该如何放下防御，消除内心的愤怒和敌意，过上正常人的生活。

《阿甘正传》

主人公阿甘是一个智商只有 75 的低能儿，从小备受欺侮，受了无数的委屈。更倒霉的是他不仅智力有问题，身体还有严重缺陷，必须戴着金属矫正器才能行走。有一天他被一群孩子追着打，在逃跑的过程中，他甩开了矫正器，跑出了全新的速度，奇迹般地恢复了行动能力。有了一双“飞毛腿”之后，他跑出了全新的人生。凭借着超人的天赋，他成了万众瞩目的橄榄球巨星和越战英雄，后来又见证了美国历史上诸多重大历史事件，参与了中美两国的乒乓外交，最后投身捕虾业，创下了亿万家业。

阿甘的故事非常传奇，人们很难相信这样一个智障，居然能创造出这么多奇迹，做成那么多不可思议的事情。有的人认为这是因为阿甘幸运，他拥有的一切都是拜命运所赐，他的一生就是“傻人有傻福”的最佳诠释；有的人认为美好的一切都是阿甘自己努力赢得的，他的成功绝非偶然。

其实阿甘之所以能突破生命的局限，主要在于他战胜并超越了自卑。面对智障和腿残两大缺陷，他没有抱怨命运，也没有自暴自弃，而是克服了自身的弱点，主动化劣势为优势，最终成功改写了命运。

偏执型人格障碍的患者大多倾向于用极度的自傲来掩饰内心深处的自卑，观看完《阿甘正传》之后，有助于克服自卑心理。此外片头出现的那片漂浮不定的羽毛也能给人带来有益的启发。羽毛象征着不可预知的命运，它时而漂浮在广袤的天空，时而坠落于空旷的街道，时而随风飞起，飘飘荡荡，不知归于何处。人生也是如此，很多事情不由我们掌控，我们不能选择自己的出生地，也不能选择自己的成长环境，可这并不意味着我们的人生就注定悲惨。阿甘生在一个闭塞的小镇，生来就有缺陷，但最终凭借自身的努力改变了命运，如果我们能像阿甘那样执着，也同样会搏出一个美好的明天。

第八章

病态的彼得·潘：成年世界里的伪儿童

我们都非常熟悉童话人物彼得·潘，无论别的孩子怎样成长，他永远都不会长大。在现实生活中，彼得·潘情节有着非常广泛的土壤，很多年轻人在面临残酷的竞争和成人世界的倾轧的时候，就会非常怀念无忧无虑的童年，渴望返璞归真，回归到孩提时代。于是纷纷开始扮嫩，不仅不愿承担责任，还抱起了儿时的玩具，拿起了婴儿的奶嘴，行为举止明显低幼化，实际年龄和心理年龄出现了偏差，这就是典型的彼得·潘综合征。

现在很多快要奔三的人，还自称“男孩”“女孩”，有的躲在父母的大伞下不肯出来，有的心安理得地啃老，在经济上还没有断奶，在思想情感上并没有成熟，这些伪儿童被称为新时期的“巨婴”。巨婴现象和彼得·潘综合征既是社会发展的产物，也是家庭教育失败的结果，应该引起我们的反思和警惕。作为一个成年人，依旧像襁褓中的婴儿那样懵懂无知，是非常可怕的事情，这种心理必须要矫正，否则后果不堪设想。

幼稚——成长链条的断裂

当代社会，出现了一种怪现象，儿童早慧早熟，而成年人却拒绝长大。我们常看到一脸稚气的小孩子用成年人的口吻说话，而成年人却在处心积虑地装嫩，不仅穿娃娃装、梳娃娃头，讲话嗲声嗲气，还用起了奶瓶，似乎倒退到了婴儿时代。这些问题表明，现代人的成长链条出现了断裂，孩子提前跨越到了成年人的世界，而成年人却迟迟进入不了成熟的阶段。

我们知道心理年龄和生理年龄是两个不同的概念，当两者严重不一致时，就会出现各种各样的心理问题。一般而言，拒绝长大的成年人在心智方面都很不成熟，他们在心理上依然保留儿童的很多特点，比如骄纵任性、爱玩爱闹、没有责任感、在物质和情感方面严重依赖他人、不能忍受挫折、稍有不顺就放弃等。也就是说很多成年人在精神层面还处在没有断奶的时期，无法自强自立，无法适应社会，不愿承担家庭责任和社会责任，只想像孩子那样整天吃喝玩乐，渴望无忧无虑、随心所欲地生活。

英国作家詹姆斯·巴里塑造过彼得·潘这个经典形象，他生活在“永无乡”的童话世界里，永远都不会长大，如今很多成年人都想成为彼得·潘，渴望永久性地扮演孩子的角色。人们为什么会产生这样奇怪的想法呢？也许《我不想长大》这首歌能给我们带来启发，歌中唱道：“我不想我不想不想长大，长大后世界就没有童话；我不想我不想不想长大，我宁愿永远都笨又傻。”可见，成年人的反智倾向源于对成年世界的拒绝。

成年人的世界当然没有童话世界那样纯真和美好。如果可以选择的话，多数人都宁愿停留在没有压力没有烦恼的童年时代，而不愿意奔向充满不确定性的未来。可是现实是不容选择的，成长是人生的必有阶段，逃避成长并不能让我们越过生命的艰辛，反而会让我们脚下的路变得更加艰难曲折。要知道行事幼稚，将不被成人世界所容，而过度索取，将给我们的亲人和社会带来负累，过于脆弱，则有可能成为扶不起的阿斗，让自己活得没有尊严。无论外面有多少风雨，我们都应该学会勇敢，不要总想躲在别人的伞下，要学会自己撑伞，学会依靠自己的力量战胜困难。

露丝今年23岁了，眼看就要大学毕业了，可是她的喜好以及为人处世的方式，依旧十分儿童化。她喜欢卡通片和毛绒玩具，随身携带着一只可爱的Kitty猫，玩自拍的时候总是一个造型，嘟着嘴唇，瞪着天真的大眼，怀里抱着Kitty猫，俨然把自己当成不谙世事的小女孩。

大学同学都在忙着写论文、找工作，唯有她还在优哉乐哉地打游戏、玩自拍，对未来的人生一点规划都没有。她从来没有想过有一天她需要赚钱养活自己，因为一直以来，父母愿意为她承担所有的费用。她也没有想过要独立生活，因此她不会洗衣、不会做饭、不会收拾房间，生活完全不能自理。她的朋友年满18岁就开始自己独立生活了，而她现在已经20多岁了，却还需要父母照顾。和同龄人相处时，她非常黏人，无论做什么事都要求别人陪着，并一厢情愿地认为，所有人都有义务照顾她，全都应该无条件地爱她，而她呢，什么都不用考虑，只需要美美地生活，无忧无虑地玩耍就好了。

同学觉得她幼稚，不太喜欢跟她交往，父母也为她的前途发愁。她其实心里也很有压力，不知道未来的路该怎么走。她想：人是不可能在一夜之间长大的。任何人都不应该揠苗助长。所以对别人苦口婆心的规劝很是反感。毕业后，同学们陆陆续续找到了工作，只有她在社会上游荡了好几年，还是找不到工作。她感到非常受挫，每天哭丧着脸，似乎全世界都亏欠了她。

由于压力太大，很多人产生了逃避心理，患上了成年幼稚病，不愿意正视自己的年龄，不希望承受蜕变成熟的痛苦。遇到问题，不想自己解决，总是幻想着别人会代劳，或是幻想着问题会自动解决，这种想法是不可取的。作为一个成年人，你必须摆脱依赖，依靠自己的双脚走路，否则永远找不到出路。人都是在打击中成长起来的，你若不勇敢，没有人会替你坚强。成长是一个破茧成蝶的过程，你只有亲自经历了，才能体会到自由翩跹的快乐。所以不要拒绝成长，经过奋斗和努力，长大之后，你必将收获更多。

活在溺爱和冷漠中的孩子，注定长不大

托马斯已经22岁了，依旧和父母住在一起，花销也全靠父母。同龄人大多都能自食其力了，只有托马斯照常过着衣来伸手饭来张口的生活。尽管屡次受到嘲笑，托马斯却一点也不介意，他认为自己家境殷实，即使坐吃山空一辈子也不成问题。所以他从不为未来发愁，每天只想着吃喝玩乐，几乎把所有的时间都花在了派对上，从没想过要找一份工作。

托马斯无忧无虑地挥霍着青春，天天在派对上狂欢，经常醉到不省人事。他本打算就这么醉生梦死地过下去，孰料一场家庭变故结束了他的美梦。28岁那年，托马斯的父亲患上了癌症，无力管理公司，只好将自己辛苦经营了数十年的企业交给弟弟打理。同年年底，托马斯的父亲病重去世。托马斯一下失去了经济来源。他多次向叔叔山姆讨要财产，均遭到了严厉的拒绝。叔叔将遗嘱拿了出来，上面白纸黑字地写着家族遗产由山姆代管，直到托马斯真正成熟起来以后，才能交还给他。

看到遗嘱后，托马斯呆住了，他悲观地想也许自己这辈子都得不到遗产了，他习惯了依赖父母，习惯了随心所欲地玩乐，成熟、成长这样的字眼对他来说太遥远了。他不可能在一夜之间长大，也不可能在短时间内完成蜕变，看来父亲早就看出了他具有败家子的潜质，所以既不想让他继承公司，也不想让他继承遗产，那么未来该怎么办呢？托马斯不知道，也没有人给他答案。

彼得·潘综合征患者被誉为长不大的成年人，他们当中既有年富力强的青年人，也有40岁以上的中年人。最大的特点是像小孩子一样爱玩，非常贪图享受，经济上难以独立，一味逃避家庭责任和社会责任，既不愿步入婚姻，又不想辛苦工作，为人处世十分幼稚，一切以自我为中心，无限度地向别人索取，却丝毫不懂得关心他人。那么人们为什么会患上这类疾病呢？

除了压力因素以外，大多数心理学家认为，人们患上彼得·潘综合征与错误的家庭教育方式有关。萨林·帕斯夸尔医生指出，长期以来，家长都在奉行着错误的教育理念，很多家长认为童年是人生中最轻松最惬意最美好的时光，

所以不能让孩子承担任何责任，一定要尽可能地满足孩子的所有需求，最好对孩子有求必应。由于家长过度溺爱孩子，经常无条件地包办所有的事情，往往会给成长中的儿童造成一种错觉，使他们误以为人生就是由美食和娱乐组成的，他们应该永远无忧无虑地玩耍。

在单亲家庭里，母亲往往会把全部的情感和注意力投放到孩子身上，一心想要尽最大的努力来弥补孩子生命里的缺失。由于两代人关系过于亲密，很有可能成为密不可分的生命共同体。在这种家庭长大的孩子，对含辛茹苦的母亲心存感激，在情感上高度依赖母亲，几乎对母亲言听计从，自己丧失了决策的能力。

过度呵护、过度保护是导致彼得·潘综合征患者心理晚熟的重要原因之一，在溺爱中长大的孩子，缺乏必要的锻炼，心智不成熟，长大后依然高度依赖父母，本能地恐惧成长。多数患者家境殷实，从小衣食无忧，所以他们才会把享乐当成一种与生俱来的权利，拒绝承受压力，比较排斥责任。

彼得·潘综合征和溺爱有着千丝万缕的联系，但溺爱并不是这种疾病的唯一成因。病态的家庭环境也是诱发这类疾病的主因。许多家长愿意在孩子身上花费大量的金钱，却不愿意抽出时间陪伴孩子。孩子的情感需求得不到满足，在成长阶段得不到父爱和母爱，心智极有可能停滞成长，永远活在童年时代。生活优越的孩子未必拥有优越的成长环境，假如父母只知道在物质上满足孩子，却不愿给孩子任何情感投资，那么孩子长大成人以后，就无法成为一个人格健全的人。

很多家庭表面上看起来很和谐，实际上却潜藏着许多问题。乍一看去，有的家庭夫妻关系和睦，儿女乖巧伶俐，全家其乐融融，十分令人羡慕。可深入了解你会发现，一切都是表象。撕开幸福的面纱，所有人都各怀心事。父亲可能只关心事业，没有时间和精力陪伴儿女成长，或者性格专制暴躁，与子女关系非常疏远。

母亲可能极为爱慕虚荣，把更多的时间花费在了购物、打扮和聚会上，对子女的关心也比较少。有的母亲把孩子交给保姆抚养，几乎没有时间理会孩子，致使孩子在年龄很小的时候就感受不到半点亲情，长大之后，他们仍然把自己当成渴求母爱的孩童，由此患上彼得·潘综合征。有的母亲不能全身心地付出爱，却拥有极强的掌控欲，无论任何事情，都要求子女必须按照自己的意志行事，子女被剥夺了自主选择的权利和独立思考的能力，长大成人以后往往事事听从母命，没有能力自主抉择，因此没有办法进入成年人的世界。

溺爱和冷漠是造就彼得·潘综合征的主要成因。溺爱过度，就会转化成危害；不懂得与孩子进行亲情交流，让孩子感受不到一丝一毫的爱，将贻误孩子终生。很多父母面对长不大的子女非常头痛，颇有恨铁不成钢的愤慨，在责怪子女的同时，一定要反思自己的教育方式和抚养方式，不要把所有的责任都推到子女身上。必要的时候，可以考虑放下家长的权威和架子，与子女进行一次真诚平等的交流，帮助子女打开心结，关键时刻要给予他们必要的情感支持，帮助他们渡过难关。

回溯童年，安抚内在的儿童

罗宾已经33岁了，仍然没有成家立业。他换过无数位女朋友，每当女友提出结婚，他就会毫不犹豫地要求分手。他认为，结婚生子对他来说是一件非常遥远的事情，他自己尚且是个不定性的孩子，根本没有能力照顾他人。成为一家之主，养活妻子，抚养孩子，对他来说简直像噩梦一样可怕。他曾经遇到过真爱，因为给予不了对方承诺，眼看着自己的至爱成为了别人的新娘。

罗宾非常痛苦，在遇到下一任女友时，曾经想过要结婚。婚礼都已经准备就绪了，即将举行婚礼时他却仓皇逃跑了。事后他无论怎么解释都无法挽回女友的心了，两人最终和平分手。罗宾说婚礼前夕他做了一个梦，梦见自己步入了婚姻殿堂，一年后有了女儿，女儿慢慢长大了。他不知道该怎么抚养和教育女儿，不清楚该怎样做爸爸，和女儿相处得很不融洽。女儿批评他不称职，一度乱发脾气，最后离家出走了。他找遍了整座城市，都没有看见女儿的踪影，只好到警局报警……

梦醒以后，罗宾不由得流下了眼泪，他想他还没有准备好，不该那么仓促结婚。女友表现得十分通情达理，没有责怪他，两人心平气和地分手了，最后成为了朋友。

很多彼得·潘综合征的患者都有恐婚情结，他们在心理上尚未完全成熟，无力承担起照顾配偶、抚育子女、奉养父母的家庭责任，所以不想步入婚姻。有的患者自诩为热爱自由的单身贵族，声称自己不愿意为婚姻家庭所羁绊，一心想着逃避责任。摆脱单身，步入婚姻的患者其实仍然承担不起家庭重任，男性依然是“妈宝男”，凡事依赖母亲，无法成为妻儿的依靠，而女性则常犯“公主病”，动辄撒娇发脾气，与贤妻良母的形象相距甚远，他们没有办法扮演好自己应当扮演的家庭角色，既伤害了对方，又贻误了下一代。

很多80后、90后都是独生子女，在家里集万千宠爱于一身，如掌上明珠一样被捧大，习惯了被父母呵护，也习惯了被安排。人生路线全由家长设计，不用奋斗就能过上比较不错的生活，长大之后他们仍然有条件像童年时代那样无忧无虑、悠闲自在地生活，所以对成年人的责任比较抗拒。在离异家庭和病态家庭成长起来的孩子，相对来讲比较不幸，他们对于婚姻和成年人的世界充满困惑，宁愿活在虚拟的“永无乡”，也不愿面对真实的世界，进入婚姻以后，很有可能成为父母的翻版，要面对冷战、离婚等不幸的事情。

彼得·潘综合征患者以年轻人居多，主体是20～30岁的青年人，由于此类疾病而导致家庭破裂的案例并不罕见。那么究竟有什么方法能治疗这种心理疾病呢？因为这种病与童年的成长经历有关，所以解开童年的封印才是关键。比较有效的方法是“回溯法”。“回溯法”需要在自我催眠的状态下进行，通过自我催眠，你的潜意识将被唤醒，它将突破时间、空间的限制，把你引领到童年时代，你可以凭借意念来重构当时的场景，表达自己的主见，重新做出选择，操作步骤如下：

以舒服的姿势躺在床上或坐在沙发上，做几个深呼吸，渐渐放松身体，引导自己说：“气流在我的体内流动，我慢慢地把新鲜的氧气吸进来，把浑浊的空气呼出去，每呼吸一次，都会让我进入更深沉更舒适的状态……”“我的内心变得非常祥和平静，我仿佛进入了另一个世界，一个无比奇妙的世界，我感觉越来越舒服，越来越平静，杂念越来越少……”

“从现在开始，我将倒退到童年时代，我将一年一年退回到过去。回到童年时，我能把发生在各年龄阶段的事全都想起来。”“我将回忆起童年时代发生的很多事，愉快的事、悲伤的事、被父母指挥包办的事、重要的事、不重要的事，我统统都能想起来。我将重温那时的事件，想起当时的感觉。”

“等一下，我会从 1 数到 5，数到 1 时，我会回忆起影响我最深、让我感到最困惑的童年时刻，我会告诉过去的自己：‘你长大了，你有能力处理好自己的事情，不要害怕，也不要责怪自己，你在学习，而且还在继续成长。’然后我会紧紧拥抱童年时的自己，告诉他（她）我将永远无条件地爱他（她）支持他（她），我将与他（她）融为一体，感受合二为一的喜悦，共同面对难题，随后做出正确的选择……”

“数到 2 时，我将年轻 1 岁，回忆起另外一件令我感到无助的事情，我将与过去的自己展开类似的对话，数到 5 的时候，我将记起最后一件童年往事，与自己拥抱后，我将看到一辆大巴，我会找个座位坐下来。车子开动后，窗外的风景将向后倒去……大巴把我带到了回家的路上，我朝窗外看去，路上的风景越来越熟悉……车子很快停了下来，停在了家门口，我走下大巴，回到了家里，推门进屋，舒服地躺在了床上（坐在了沙发上）。我将醒来，恢复完全意识，醒来之后，感到精力充沛、身心愉悦，感觉非常棒。”

慢慢把自己导入恍惚状态，通过数数的方式把自己代入另外一个时空。想象你看到了一个既熟悉又陌生的场景，场景中出现的那个孩子就是你，观察一下那时你多大，跟谁在一起，正在做什么，专心体会你当时的感受。与自己对话之后，回到下一个年龄阶段，继续保持想象，最后乘坐大巴回到现实家里，把自己唤醒。

发表独立宣言，从依赖走向自主

贝拉是一个非常晚熟的女孩，同龄的女孩 18 岁以后，心态就已经非常成熟了，几乎已经褪去了少年时代的青涩，而贝拉却依旧很幼稚，她不明白为什么一夜之间大家全都长大了，而自己却一点变化都没有。到了 20 多岁，她还停留在以前的状态，每晚要抱着毛绒玩具入睡，行为举止完全像个小孩子。她要求所有人都必须像呵护小孩那样呵护自己，事事都依赖他人，既没有自立能力，也没有生活自理能力。

29 岁那年，她依旧在啃老，需要父母支付全部生活花销，她还要求男友将工资上交给自己保管，逼迫男友发下重誓，要永远宠爱她、疼惜她，不能背叛她，也不能抛弃她，心甘情愿地让她依靠一辈子。

彼得·潘综合征的患者最大的问题是心理和行为与真实的年龄严重不匹配。在本该独立的年龄，不能自立，事事依赖别人，总是指望别人为自己做事，凡事不愿亲力亲为，只想坐享其成，有的人甚至认为所有人都有义务照顾自己，这种病态的心理不仅影响正常的人际关系，还会在给别人增添负担时，让自己在错误的道路上越走越远。想要治疗彼得·潘综合征，首先要做到的就是摆脱对外界的依赖，逐渐矫正自己的行为，那么具体该怎么做呢？

从日常生活矫正自己的行为习惯，坚持自己的事情自己做

认真回顾一下哪些事情习惯依赖别人去做，将其列出清单，碰到同样的事情，坚持自己完成，拒绝任何人代劳，遇到困难，要自己想办法克服，不要急于搬救兵，更不能把棘手的事情推卸给别人。用写日记的方式记录每天发生的事情，重点记录自己独立处理事情的过程，每个星期做一次总结，然后给自己的表现打分，事后可适当买点礼物奖励自己。

向外界发表独立宣言，斩断依赖的路径

把独立的呼声传到外界，向父母、朋友、伴侣、同事表达你渴望独立的愿望。告诉他们从此以后你将独立行事，将按照自己的意志安排生活，不会再给任何人增添麻烦和负担，同时感谢他们这么多年来对自己的关怀和支持。

拒绝受人支配，凡事自己拿主意

你已经长大成人，作为一个独立的个体，应该自主决策，不能事事让别人拿主意，更不能任由他人支配。初始阶段，你可能感到底气不足，不知道该怎么做出抉择，担心自己会把事情搞砸，总想让别人帮自己出谋划策。信心不足时，你可以让亲朋好友充当自己的智囊团，决策权绝不能交给任何人，别人的意见可以作为重要参考，但绝不能作为必须无条件执行的指令。你要慢慢地培养自己独立决策的能力，把自己培养成一个有主见的人。

实现经济独立

马克思说经济基础决定上层建筑。经济上不独立，你很难实现人格和思想的独立。一定要找一份收入稳定的工作，不能再让家里接济，也不能再向朋友借钱生活。刚刚步入社会时，也许你感到很茫然，觉得就业压力很大，有一种想逃离的冲动，不愿意承受那种在夹缝中生存的痛苦。只要咬紧牙关挺过来，你就能闯出一条路来，前方的道路必然一片光明。绝大多数的人都有自食其力的能力，你不比任何人差，别人能做到的事情你一定也能做到，所以无论遇到多少挫折都不要轻易放弃，未来的某一天，你一定能走上独立自主的发展道路。

学会说“不”

患上彼得·潘综合征的你，可能习惯了听从父母的安排，无论做什么事情都谨遵父命、母命，或者事事都要依从比自己成熟的年长朋友，你必须改变这种状况。不能继续让别人来规划你的人生。如果别人的命令与你的真实意愿相违背，不妨坚定地说出那个“不”字，要让父母感觉到你已经完全长大了，可以自己处理自己的事情了，要让朋友知道你不再是那个事事依赖别人的孩子了，有能力规划自己的人生了。

享受一段独处时光

由于在心理上过分依赖别人，你可能无法忍受没人陪伴的日子，恨不能分分秒秒都黏着别人。想要获得精神上的独立，你必须学会独处，在聚会上，不要强求别人时刻陪着自己，也不要总当别人的跟班。人与人交往，彼此都需要一个自由呼吸的空间，真正亲密无间的友谊是不存在的，在某个时刻，某个场合，你应该好好享受一段独处的时光，学会跟自己相处，如此才能体会到心灵独立的感觉。

第九章

懦弱型人格：缺乏胆量和魄力，冲不出自我设置的牢笼

对于懦弱胆小的人，我们一贯的态度就是哀其不幸，怒其不争，其实他们对自己也是同样的看法。懦弱无能的人，普遍非常憎恨自己。被人欺侮的时候，他们觉得错在自己而不在他人，因为可怜之人必有可恨之处，假如自己不是那么懦弱可欺，自然不会成为被欺凌的对象；屏声敛气、唯唯诺诺的时候，他们也瞧不起自己，羡慕那些敢于公然发表意见的人。畏畏缩缩、逆来顺受的时候，他们也会自感汗颜。被困难压得抬不起头来的时候，他们更加怀疑自己，恨自己意志软弱，没有骨气。

谁都不愿意成为懦弱的人，因为谁都不想自我憎恨、自我折磨，谁都希望成为一个有胆识有魄力、雷厉风行的勇者，能够冲出自我设限的牢笼，可是人格的养成与很多因素有关，它并不由我们自己做主。如果我们不幸成为了懦弱型的人，只能坦然接受这个现实，然后努力去矫正自己的不良性格，不断超越自我、完善自我。

懦弱——立不起来的糊汤面

克拉克是一个性格懦弱的男人，他虽长得高大魁梧，却没有一点男子气概，说话婆婆妈妈，做事拖拖拉拉，工作多年没有干出一点成绩。因为怕得罪人，他对谁都唯唯诺诺，从来不敢提出反对意见，总是一副谦卑恭顺的样子，经常被人瞧不起。其实从骨子里他也看不起自己，觉得自己缺乏男人味，没有人格魅力，显得畏畏缩缩，永远干不成大事。可是董事长的千金霍莉喜欢他，在霍莉眼里，克拉克是个标准的好男人，他温柔体贴，温文尔雅，一点也不大男子主义，比那些自以为是的男人强上千百倍。

当霍莉表露爱意时，克拉克受宠若惊，他简直不敢相信自己的耳朵。两个人很快陷入了热恋。在霍莉的帮助下，克拉克募集到了一大笔资金，正式走上了创业的道路。自从跟霍莉结为了情侣，克拉克便拥有了许多得天独厚的条件，他只要稍加努力，就能获得巨大的成功。霍莉一心一意辅佐他，背后还有董事长的支持，克拉克只需搭乘顺风车，就能跑出很远的距离。可惜他的逆商太低，遇到一点困难就退缩，事业刚起步没多久，就心甘情愿地退居幕后，把老板的位置让给了霍莉。

两人结婚以后，克拉克一直靠霍莉供养，他觉得自己很窝囊，每次心情低落的时候，都会朝霍莉大喊大叫，他不止一次地对霍莉说："你现在看清我的本来面目了吧，我就是一个没用的废物，你一定后悔嫁给我了吧。"霍莉对克拉克很失望，她不知道他们的婚姻还能维持多久。

俗话说：性格决定命运。在竞争激烈的社会环境中，一个人如果具有坚韧的个性、强悍干练的特性往往更具竞争优势，反之，若是性格太过绵软懦弱，不仅难于在社会上立足，还有可能沦为众人欺负嘲笑的对象。每种性格都对应着鲜明的心理特点，那些畏首畏尾、逆来顺受、胆小怕事的人，往往内心世界也比较脆弱，他们害怕挫折和失败，害怕被打击被羞辱，意志力薄弱，不相信自己的能力，也不敢跟外界对抗，只想用委曲求全的方式换来暂时的和平。由于逆商和情商都比较低，这类人大都生活得很不如意，随时都有可能陷入困境，随时都有可能心理崩溃。

一个具有懦弱型人格的人，就像立不起来的糊汤面，永远挺不起脊梁，有时他们也会自我唾弃，有的人甚至把自己看成糊不上墙的烂泥，觉得非常羞耻。其实他们也想让自己拥有坚硬的骨骼和不屈的灵魂，但是无论怎么努力都无法使自己刚强起来，所以内心深处始终对自己怀有深深的恨意。

看过电视剧《烈火雄心》的人，一定会对司徒拔这个角色记忆犹新，他就是懦弱型人格的代表。他的父亲希望他长大之后能成为出类拔萃的人，于是给他取名为司徒萃，因为不会写萃字，只好把名字改成司徒拔。司徒拔从小就想成为人中之龙，但性格非常软弱，各方面表现都十分平庸，他没有漂亮的成绩单，也没有男子汉的强硬性格，遇到事情只知道往后缩，事事都靠好朋友好兄弟善后。长大之后，他加入了消防队，依旧靠身边的兄弟扶持，才能克服种种困难，之后爱上了一个爱慕虚荣的女人，被带入歧途。最后众叛亲离，绝望地从高楼上跃下，结束了他那混乱而又屈辱的人生。

司徒拔的悲剧正是千千万万懦弱者的缩影。他们没有勇气迎接生活的挑战，心理承受能力差，做事十分被动，习惯依赖别人，但对这种顺从关系又非常反感，常觉得自己不被欣赏不被重视，心里充满了愤怒和不满。他们渴望能借助自己的力量站起来，渴望证明自己，但由于受到种种制约，始终做不到，常常在渴望自强与习惯性懦弱之间游走挣扎，内心充满了矛盾和痛苦。

毫无疑问，懦弱型人格属于一种人格障碍，具有这种人格的人通常有两种表现，一种是唯唯诺诺、胆怯懦弱，另外一种是色厉内荏、嚣张跋扈。这两种现象在生活中都比较常见。有的人既胆小又懦弱，不敢公开表达自己的观点，也不敢尝试任何出格的事情，看到责备的目光就吓得面如土色，听到训斥就惊慌失措。平时总是低声下气、忍气吞声，身上没有半点反抗精神，一辈子都在扮演唯唯诺诺的小人物角色，无论对外界还是对自己，都怀有极深的恨意和敌意。

长期以来，人们都有这样一种误解，认为懦弱型人格专属于内向腼腆的人，其实不是这样。生活中我们常看到这样一种人，讲话咄咄逼人、锋芒毕露，经常得理不饶人，假如不把对方驳倒绝不善罢甘休，表面上看他们非常强势，气焰无比嚣张，但实际上他们是不折不扣的弱者，在口舌之争中之所以要处处占上风，主要是为了掩盖骨子里的懦弱。还有一种人，平时讲话很大声，个性冲动，具有斗鸡的气质，不时吐露污言秽语，自以为很威风，这类人通常也是怯懦的，他们那些虚张声势的表现，都是为了掩饰内心的不安。

懦弱型人格属于一种病态人格，如果你有这类性格特征，一定要鼓起勇气正视自己，千万别自欺欺人，以免延误了矫正自我、完善自我的最佳时机。

当懦弱的种子落在幼小的心里

艾玛从小就十分爱哭，性格非常柔弱。在幼儿园有一次她和小朋友做游戏，不小心违反了游戏规则，老师提醒了她一声，她马上就受不了了，哭着跑回座位，抽抽搭搭地度过了一整天，老师不管怎么哄都不行。步入中学后，她在课堂上从来就没有举过手，不敢回答老师提出的任何问题。可是不知为什么，有的老师偏偏喜欢问她问题，只要回答不上来，她就会崩溃，脸涨得通红，眼睛里泪光闪烁，似乎随时都要痛哭一场。

参加工作以后，艾玛的脾气一点也没改，有时工作出现了纰漏，会受到并不算严厉的警告，换作别人根本不会放在心上，可艾玛却承受不住这样的打击，每次都会趴在办公桌上哭个不停。她平时低眉顺眼，安静得像一只不发声的猫，哭起来却惊天动地，仿佛受了莫大的委屈。

妈妈多次跟艾玛谈心，鼓励她要勇敢起来，艾玛说："我的性格你是知道的，我像个柔软的软体动物，受不起刺激，经不起伤害，我恐惧很多事情，害怕被否定被驱逐，我控制不住自己，也许我天生就是个懦弱的人。我也不想这样，可是我确实改变不了。"妈妈拿她没办法，只好默默地守护着她，在她需要的时候，给她关怀和力量。

海明威曾经说过："生活总是让我们遍体鳞伤，但到后来，那些受伤的地方一定会变成我们最强壮的地方。"可事实是，很多年轻人经受不住一点挫折，只要受到一丁点伤害，就会做出剧烈的反应，甚至可能一蹶不振。在困难面前，表现得非常懦弱，连微不足道的小小沙粒都能把脚磨出血泡，阻挡其前行的步伐。在世人面前，表现得十分懦弱，听到一点否定的声音，就战战兢兢，受一点委屈，就痛不欲生，似乎随时都有可能垮掉。这些人曾被称作垮掉的一代，因为懦弱的种子早早在他们幼小的心田里扎根，赋予了他们懦弱型人格基因，那么这个性格究竟是如何形成的呢？它又跟哪些因素有关呢？

幼时的恫吓和训斥

小孩子顽皮胡闹的时候，家长为了让孩子安静下来，往往会采用恫吓的方式对付他们，比如常对他们说："你再调皮捣蛋，就让魔鬼把你抓走。""你再不乖乖听话，就把你送到大老虎面前，让它把你吃掉。"这样做虽然能暂时控制住孩子，但是却极有可能给孩子留下心理阴影。小孩子对大人的话没有分辨能力，受到恫吓之后，会经常没来由地害怕，成人以后很有可能养成懦弱的性格。

有些家长望子成龙望女成凤，对孩子要求特别高，只要孩子表现得不够出色，就会大声斥责孩子，辱骂孩子无能，有时还会伴随变相体罚。孩子在高压环境下成长，自尊心受到极大挫伤，长大之后就会变得非常胆小自卑，懦弱的性格由此形成。

过度的娇惯和袒护

现在很多家长喜欢娇惯孩子，什么事情都不让孩子插手，一切由自己代劳。孩子口渴，马上倒水，把水慢慢吹凉后再交给孩子，生怕孩子烫着。孩子想吃水果，立刻熟练地把水果皮削好，随后将现成的水果塞到孩子嘴里。这种无微不至的照顾，实际上是在暗示孩子，你什么都不用做，什么都不能做，千万别冒险尝试，把一切统统交给大人就好。久而久之，孩子的脑海里会形成一种根深蒂固的观念，认为自己能力不足，最好永远也不要出头，长大之后真的会变得懦弱。

卑微意识的形成

有的家长总是絮絮叨叨地向年幼的孩子灌输成年人的卑微意识，经常对孩子说："我们家经济条件不好，我们不能和别人比，也比不起。你的父母没有本事，没有能力把你培养成才，也不能让你过上好日子，你长大后可能会跟我们一样，所以你千万别逞强，遇事能忍就忍，吃点亏不要紧，只要别惹上麻烦事就行。”这种负面的诱导，会促使孩子产生强烈的自卑感，他真的会以为自己处处赶不上别人，唯有忍气吞声才能在这个世界上生存。

家庭破碎造成的伤害

随着离婚率的增加，越来越多的孩子被迫在单亲家庭中长大。他们只能跟一方相依为命，获得单方面的父爱或母爱，很容易产生丧失感和被遗弃感。由于家庭结构不完整，他们总觉得低人一等，在同龄人面前感觉抬不起头来，幼小的心灵里滋生出很多的负面情绪，内心无比彷徨，负面情绪得不到宣泄，长期郁结于心，性格就会渐渐扭曲，病态人格就这样形成了。

缺少挫折体验

一向顺风顺水的年轻人，遇到小小的打击，往往会一蹶不振，因为他无法镇定地面对人生的失败。相反，那些命途多舛、诸事不顺的人，由于练就了一定的抗挫折能力，通常能以积极的态度应对失败。再次尝试时，不至于缩手缩脚。所以从某种意义上说，缺少挫折经历，也是一个人个性懦弱的重要原因。

天生的胆小鬼也能磨砺成英雄

索菲从小就很胆小，她不敢和陌生人讲话，说话细声细语的，不仔细听几乎听不清她在说什么。看人的时候，她的目光总是怯怯的，仿佛是做了什么亏心事一般。由于生性胆小，她什么活动都不敢报名参加，在班级里毫不起眼。同学经常嘲笑她，有时管她叫蚊子，有时管她叫胆小鬼。她因此非常难过，整天想着什么时候可以离开学校，她真想找一个没有人认识的地方躲起来，开始崭新的生活。可是转念一想，陌生人也会变成熟人，时间久了，人们自然会发现她懦弱的本性，到时她仍然要面临同样的苦恼。

思来想去，索菲决定突破自己，努力克服胆小的个性，她主动报名参加了演讲比赛。同学觉得她很可笑："声音小得像蚊子一样，还妄想着站在台上演讲。"索菲不理会，积极为比赛做着准备。演讲比赛那天，她的父母就坐在台下。索菲发挥得好极了，她声音清晰洪亮，目光坦然，语言生动活泼，和以前胆小害羞的形象大相径庭，话音刚落，就赢得了如潮的掌声，现场气氛十分热烈。她的表现令全校师生感到惊讶，她的父母也非常吃惊。索菲走下台后，父母热情拥抱了她，她们激动地说："宝贝，我为你感到骄傲，你战胜了你自己。"

美国有个叫弗兰克的人，曾经说过这样一句格言："如果你是懦夫，你就是你自己最大的敌人；但如果你是勇者，你就是你自己最大的朋友。"每个人都想成为勇者，都想与自己为友，可是有时候，一不小心，我们就成了连自己都憎恶的懦夫。

懦弱是人性的弱点之一，它所展露的是人性最真实的一面，毕竟不是所有的人都能一往无前，不是所有的人都敢在关键时刻挺身而出，你可能认为自己没有宽厚的臂膀，没有钢铁般坚硬的心，没有坚强的意志力，甚至没有对外发声的勇气，在欺侮面前，你选择了沉默，在困难面前，你选择了低头，在挫败面前，你选择了投降。你不甘心充当被忽略被轻视的小草，也想活出桂树的风姿，可是却突破不了自身的局限，不知道该怎么由懦夫蜕变成勇士，遇到这种情况该怎么办才好呢？

其实你无须过早气馁。在这个世界上，没有人是天生的勇士，所谓的勇敢精神都是后天磨砺出来的，天生的胆小鬼也能磨砺成勇士，人的性格也不是永远一成不变的，你不可能永远懦弱卑微下去，也不可能永远匍匐在地，无论如何，你还是有希望克服自己的性格弱点和心理弱点的。那么都有哪些方法可以纠正懦弱型人格呢？

矛盾意向法

当你非常害怕做某事的时候，不要急于消除恐慌的症状，因为抑制紧张的情绪，并不能让你获得勇气，变得更勇敢。你不妨尝试着反其道而行之，努力加剧一些症状，看看结果到底有多糟糕，这样反而能放松平静下来。假如你非常胆小，平时很少出门，生怕遇到熟人，因为见到熟人，你会紧张得出汗，这时你不妨告诉自己："下次我紧张的时候，最好多流一点汗，争取让汗水把里面的衬衫浸湿。"当你抱着这样的想法，站在熟人面前时，即使会紧张得出汗，场面也不至于太尴尬，因为你发现，无论自己多么紧张，汗水都不可能多到足以把衬衫浸透，一切都没有你想象得那么糟糕，这样一来，你反而不那么紧张了，以后也不怕出门碰到熟人了，渐渐地，在不知不觉中，你就会克服掉自身性格上的弱点了。

勇于采取行动

在做事之前，你可能思来想去，极为担忧，还没开始尝试就已经打起了退堂鼓，或者将计划一再延迟，始终不能鼓起勇气行动。想要改变这种状况，就不能任由自己畏首畏尾、拖拖拉拉，关键时刻，必须咬紧牙关，逼迫自己破釜沉舟。心理学研究表明，拖延的时间越长，人往往越害怕越焦虑，放弃行动的概率也越高。

以跳伞为例，如果一个伞兵不能在恰当的时刻，鼓足勇气纵身跳下，那么以后可能永远都没有机会翱翔于蓝天了，因为拖延的时间越长，恐惧越会加倍增长。趁早行动是克服胆怯的关键。挑战自己的时候，不要考虑太多，不要继续纵容自己拖拉，果断地逼迫自己一次，你会发现克服心理障碍其实并没有那么难。

目标替代法

如果你天性软弱胆小，又经常把事情搞砸，以后自然会变得更加谨小慎微，很有可能会丧失突破自我的勇气。为了让自己恢复信心，最好树立一个新目标，目标的难度不要太大，要具有一定的可行性，在完成目标的过程中，你将获得一种前所未有的成就感和满足感，目标达成以后，你就有信心挑战更多的困难了。

想象脱敏法

它指的是在想象中预演令自己紧张的情境，以此来达到舒缓压力、放松精神的目的。想象的情境必须逼真生动，既要有图像、色彩，又要有气味、声音，一定要让自己产生身临其境的感觉，这样才能真正起到疗愈作用。

假如你是一个懦弱的推销员，没有勇气敲顾客的门，业绩也一直不理想，可以考虑在上门推销前采用想象脱敏法克服心理障碍。试想一下敲门最坏的结果是什么？无非是吃闭门羹，被拦在门外或被赶出门，你现在本来就在门外，最坏的结果不过是回到原点而已，有什么好怕的呢？你可以在头脑中想象自己被拒之门外的情景，想想顾客会对你说什么，你会有什么反应，当时的感受如何，细节越丰富越好，画面越逼真越好，经过想象练习后，你再上门推销时就不会那么紧张了。

运用潜意识塑造强大的自我

在美国的堪萨斯州，有个叫马克的人，自幼患有严重的小儿麻痹症，腿部肌肉虚弱无力，几乎丧失了行走能力，出行必须借助轮椅。医生断言，马克永远都不可能站起来走路了，他会一辈子被困在轮椅上。马克的父母绝望了，不再东奔西走求医问药，放弃了所有的治疗。马克渐渐地习惯了坐轮椅，也接受了自己身体残疾这个事实，不再对恢复健康抱有任何希望。

有一天傍晚，马克摇着轮椅到公园散步，回来的路上经过一栋小屋，他看到不断有呛人的黑烟从屋子里窜出来，猜测里面可能是失火了。他想得没错，里面确实有个小女孩在哭喊着求救。马克见状，立刻摇着轮椅奋不顾身地往屋里冲。当他进入屋子时，发现屋里的木制家具都烧着了，好几块木头横倒在了门口，小女孩被困在火堆里，一动不敢动，满脸泪痕。

马克不知从哪得来的勇气，不顾热浪的袭击，不顾火舌的舔舐，迅速冲到了小女孩面前，一把把她抱在身上，摇着轮椅拼命往外逃。这时候，房顶上的一块火木掉了下来，眼看就要砸向他们。在这千钧一发的时刻，奇迹发生了，他果断地舍弃了轮椅，抱着小女孩跑向了屋外。当他平安到达安全地带，远离即将倒塌的火屋时，他这才意识到，坐了 20 多年轮椅以后，现在他居然稳妥地站在地上，怀里还抱着一个女孩。

事后有人问马克，究竟是怎么站起来的。马克说：“我当时不断告诉自己：你一定能做到。我一心想着要把小女孩平安救出，结果我真的做到了。我下意识地从轮椅上站了起来，抱着女孩冲出了着火的屋子。这真是太不可思议了，就像做了一场梦一样。”

从这个案例中我们可以看出潜意识的能量究竟有多大。从理论上说，人在极限状态下，爆发出来的能量将是原来的无数倍。这种现象在生活中可谓比比皆是。比如一个身体柔弱的母亲，看到儿子被压在车下，居然能徒手举起一吨重的轿车；一个行动缓慢的普通人，在被猎狗追赶时，能跑出世界冠军才能达到的速度，甚至有可能创造出新的纪录。而这些奇迹都是在无意识状态中产生的，也就是说一切都是潜意识的功劳。那么什么是潜意识呢？

潜意识是相对意识而言的一种概念。如果把人的精神世界和思维活动比喻成一个波澜不惊的海面，那么水面上显而易见的事物就是意识，水面以下无法察觉到的事物就是潜意识。意识好比浮出水面的冰山一角，我们可以轻而易举地感知到它的存在，所有易于捕获的念头、感受、冲动、欲望等，都属于意识的范畴。那些难以窥见的下意识就是潜意识。

心理学研究表明，人的言行举止和情绪是由潜意识主宰的，意识只是处于从属地位。莫名其妙的焦虑、违反理智支配的强烈欲望、没来由的恐惧、无法抑制的冲动，全都与潜意识的活动有关。这些心理活动在意识层面的活动是十分微弱的，但是在潜意识层面却像超级飓风一样具有横扫一切的力量。

心理学上有一种非常普遍的现象，人会选择性地遗忘某些创伤性经历，但其实这些记忆并没有完全消失，而是被封存在了记忆深处，进入了潜意识层面，成为心理疾病的病因。潜意识好比放映过的经典老电影一样，它所承载的光影记忆被完好地保存在了大脑中的某个角落，你唯有解除封印，纠正一些错误的认知，才能获得治愈。事实上，每个人的身体里都存储着巨大的能量，人的恢复能力和适应能力是无比惊人的，只要你找到了和潜意识沟通的管道，就能在疗愈身心的同时，把自己的身体机能和精神状态调整到最佳状态，战胜所有的恐惧，克服懦弱的人格特质，创造出超乎想象的奇迹。

在电影《超体》中，女主角露西被植入了一种新型病毒，大脑得到了百分百的开发，阴差阳错地成为了无所不能的女超人，她不仅能利用意念移动任何物品，还能洞悉未来，感知重力的存在。侵害她的犯罪分子，无论如何也不会想到，那个手无缚鸡之力的弱女子会有一天扬眉吐气。这个结果其实也完全超出了露西的预料。这部科幻片提出了这样一个假设：如果人的潜能得到百分百的开发，那么未来究竟会怎样？这种假设是不成立的，不过一个人若是能成功地与自己的潜意识沟通，全面激发自身的潜能，确实会成就更加强大和更加优秀的自我。

每个人都有弱小无助的时候，遇到难题时，常常觉得自己格外渺小和无力，一旦罹患了身心疾病，就更加无所适从了，想要恢复到健康状态，尚且希望渺茫，怎么还敢奢望成就更出色更强大的自己呢？其实你也可以像露西一样实现质的蜕变，只要掌握潜意识的奥秘就可以了。

一个人想要通过改变主观意识重塑自我，是一件非常困难的事情，因为人格的养成是一个漫长的过程，任何人都不可能在短期内完成这种蜕变。运用潜意识的力量，潜移默化地纠正自己的错误认知，将大大缩短心理治疗的时间，这种治疗方法对于懦弱、自卑、低自尊的人尤其适用。

潜意识沟通与心理暗示密不可分，运用心理暗示，把积极的信息植入大脑，不仅可以帮助你解决各种心理问题，还可以帮助你实现潜能的开发。那么怎样自我暗示才更有效呢？答案是学会运用肯定的、积极的、强有力的词汇，反复暗示，使之成为自己意念的一部分。

积极词汇可以给人带来积极的正能量，而消极词汇无论如何包装都不可能给你带来舒适的感受和积极的作用。比如“轻松”这个词，会让你感到分外放松和舒服，而“释放压力”让你首先联想到的是压力，而不是压力被释放之后获得的轻松感。“胜利”这个词，会让你联想到旗开得胜、胜利归来的喜悦，而“永不言败”让你联想到的则是一次又一次的失败以及屡战屡败的无奈。在进行自我暗示的时候，一定要注意词语的感情色彩，此外还要考虑到它的力度，比如“我行”就比“我试试”更有力，暗示的效果也更为明显。

奇妙的自我暗示："心想"真能"事成"

马修25岁那年，离开家乡，只身前往洛杉矶发展，那是他第一次出远门。初次来到陌生的城市，他每天都感到害怕和担忧。从小他就性格懦弱，从来就不敢一个人单独行动，无论做什么，都需要哥哥陪伴，现在哥哥已经结婚了，不能继续陪伴他了，他必须习惯一个人解决任何问题。

在异地他乡生活，马修起初很不适应，他觉得自己并不属于这里，最明智的选择莫过于马上打道回府。每次遇到困难，他都想退缩，脑海里总有个声音对他说："别去做那些没有把握的事，与其承受失败的屈辱，还不如什么也不做，等着家人寄来路费，早点回去算了，别再苦熬下去了。"马修觉得自己一辈子都不会有什么出息，离开哥哥，他什么都不是，他就是一个蜷缩在别人身后的胆小鬼，不能见光，也走不到台前。

收到家人寄来的路费以后，马修买了回去的机票，在候机时，他开始思考自己的未来，他忽然觉得不能再这样逃避下去了，自己必须勇敢一次，否则永无翻身之日。最后他没有登机，毅然留在了洛杉矶。此后每当遇到困难的时候，他都会暗示自己："所有的不顺都会成为过去，一切都会好起来的，一定要坚持下去。"他咬紧牙关坚持了下来，若干年后拥有了自己的公司，成为了当地小有名气的企业家。

在某些人身上我们可以清楚地看到懦弱的影子，其实懦弱并非某类人所独有，每个人身体里都有懦弱的成分，最勇敢的人也有犹豫不决、徘徊不前的时候。打败懦弱绝非易事，它就像你的影子，每天寸步不离地跟着你，你越是想甩掉它，它越是对你紧追不舍。一个人若是想跟自己的影子开战，那么一定会输得很惨，那么究竟该怎么办才好呢?

你是否认真观察过自己的影子？当你背向阳光向前走的时候，影子总是挡在前面，你不可能超越它或甩开它；当你面向阳光昂首前进的时候，影子就被你甩在了身后。也就是说想要消除阴影，你必须让自己面向阳光。

同理，想要消除懦弱的影子，你必须让自己接受足够多的阳光，而且要心向阳光。那么怎么能让内心洒满阳光呢？你需要做的是运用自己的潜意识，将勇敢、坚强等正能量的种子播撒到心间，然后把腐蚀你优良品质的不良种子全部吞噬掉。这个过程是通过自我激励、自我暗示的方法完成的，常用的方法有以下四种。

方法一：站在镜子面前，凝视镜像中自己的眼睛，对自己说若干遍积极的暗示语。每天早晚练习两遍。人们常说眼睛是心灵的窗户，在正常情况下，两个人交谈时要看着对方的眼睛说话，因为眼神之间的互动，可以促成情感的交流和心意的沟通。你在跟自己对话时，看着自己的眼睛，不知不觉就会被自己打动，激励的效果往往更佳。

方法二：轻轻地闭上眼睛，摒弃一切杂念，想象你现在正置身于自己最喜欢的环境中，比如阳光沙滩或是一大片绿色的草坪上，阳光洒下来，你感觉非常舒服，非常放松，大脑处在一种近乎空白的状态，你什么都不要去想。可适当播放一点轻音乐，音量要适中，旋律要足够轻柔，隐约可辨即可，最好若有若无。待自己的思绪进入恍惚迷离的状态，缓缓念诵出暗示的内容。

方法三：想象你钦佩或信赖的人，在用鼓励的口吻向你说出暗示的话。很多时候，你很需要听到鼓励和肯定的声音，但出于各种各样的原因，外界不能给予你这样的情感支持。在这种情况下，你可以通过想象的方式达成自己的心愿，把自我肯定的声音转化成别人对你的期许和鼓励，并从中获得勇气和力量。

方法四：把自我肯定的话语写在纸上，贴在自己触目可及的地方，每次看见就在心里默念几遍或是干脆大声念诵出来。频繁的练习，将逐渐改变你的思维习惯，不知不觉中，你头脑中那些消极的看法就会被积极的观念所取代，终有一天，你会变成一个勇敢自信的人。

当你陷入逆境，情绪跌入低谷，没有勇气面对现实，想要马上逃跑时，不妨暗示自己说："既然已经到了低谷，无论朝哪个方向努力，都是向上的方向，不久就会否极泰来了。"当你遇到棘手的问题，产生了畏难情绪，不敢迎接挑战时，千万不能给自己贴上“胆小鬼”“失败者”“无能之辈”的标签，而要反复暗示自己，别人能做好的事情，你也能做得更好。紧张的时候，反复叮嘱自己要沉着镇定，遇到挫折灰心丧气的时候，要告诉自己：道路是曲折的，前途是光明的，明天会更好。经常积极地进行自我暗示，使暗示语成为自己信念中的一部分，终有一天你心中所想的能变成现实。

第十章

自卑情结：卑微的灵魂，畸形的自尊

自卑是人类与生俱来的一种普遍情感，人人都有自卑感，只不过程度不同而已。心理学家阿德勒认为，自卑贯穿于我们成长的各个阶段，小时候在大人面前，我们能感觉到自己的渺小，非常自卑；长大成人之后，发现别人比我们长得更漂亮，能力更强，经济上更富裕，又陷入了深深的自卑之中；当我们拥有财力和资历以后，看到年富力强的青年人，心底又升起了自卑感。由此可见，想要甩掉自卑真的很难。

适度自卑有助于我们奋起直追，转化成自我完善的动力，可严重的自卑就是一种病态，对我们的身心健康非常有害。它会让我们顾影自怜，把自己看得一文不值，我们必须想方设法与之抗争，客观地评价自我，如此才不至于被自卑的泥沼吞没。

自卑——在比较中自惭形秽

杰西卡在一场party上看到了一位美女，那位美女天生丽质，气质迷人，穿着打扮都非常有风格，颈上腕上闪闪发光的精美饰品和她那双顾盼生辉的大眼睛相得益彰。她一出场即艳惊四座，成为了众人关注的焦点。从她脸上恬淡自然的表情来看，她已经习惯了那种备受瞩目的感觉，并不会因为被盯着看而感到不快。

在杰西卡眼里，她就像一个冷艳高贵的女王，一举一动都分外高雅，简直就是完美女人的典范。在这样的美人面前，杰西卡不禁有些自惭形秽，她觉得自己就是一个不起眼的灰姑娘，相貌、气质、衣着、谈吐，样样都不能和眼前的这位美女比，她不由得感到自卑，心里无端地感到难过，party尚未散场，她就提前离开了。

自卑是在比较中产生的，鲁滨孙漂流到荒岛时，无论多么狼狈，多么凄惨，都没有自卑过，因为他没有比较的对象。也就是说自卑源于比较。当你感觉自己处处不如别人的时候，自卑感就产生了。比如你看到别人学历比你高，长得比你漂亮、薪水比你丰厚、住所比你豪华，你就会感到格外自卑。

你自卑是因为自己在某些方面逊色于别人，但是并不意味着你就比别人低贱。通常情况下，人们都自以为对自己足够了解，事实却并非如此。一个自卑的人，很难对自己的能力、品质做出客观的评价，他会不自觉地夸大自己的缺点，同时无限度地放大别人的优点，所以总感到自己比不上别人。其实他嫉妒和崇拜的那个人只是一个神秘的存在，他并不了解对方，却在无形中给对方添加了无数的光环，因此从某种意义上说，这种比较本身就是显失公平的。

不知你是否有过这样的体验：偶尔见到一位风度翩翩、衣冠楚楚的男士或一位风姿绰约、娇俏美丽的女子，忽然觉得自己黯然失色，心里莫名生出一种深深的失落感。在电光石火的一瞬间，你的自尊心受到了极大的伤害，对自己的评价顿时一落千丈。其实这是一种非常正常的感受。魏晋时期有个叫王济的美男子，相貌堂堂，英勇过人，但是在自己外甥卫玠面前却始终抬不起头来，因为卫玠像珠玉一样完美无瑕，相较之下，他就觉得自己粗糙了很多。

其实每个人或多或少都有自卑感，因为你不可能在任何方面都表现得出类拔萃，总有人在某个方面能超越你，让你感到望尘莫及。问题在于，你某个方面不如别人不代表处处不如人，假如你认为自己一无是处，觉得任何一个人都比你出色比你优秀，就必须要小心了，你极有可能已经患上了严重的心理疾病。适度的自卑并不是疾病，大多数人都有过自卑的经历，连名人、伟人都不例外。但是过度自卑，将会导致自尊破产和自信瓦解，后果不堪设想。那么该如何判断自己是否已经到了这个地步呢？先了解一下极度自卑的表现，你心里就有答案了。极度自卑者的共同特征如下：

1. 总是羡慕成功者，对企业家、名人顶礼膜拜，觉得自己就是一个一文不值的小人物，丝毫看不到自己的长处，非常不自信，经常贬低自己。

2. 自尊心极强，受不了批评和指责，连温和的批评也不能接受。怕在别人面前出丑，举止极为拘谨扭捏。

3. 在比较中，经常长他人志气灭自己威风，习惯性地做消极的自我暗示。比如，别人在事业上取得了成功就认为别人能力强，自己获得了同样的成功，则认为一切都靠运气。别人失败了，认为那是对方运气不好，自己失败了，则认为主要是因为自身能力不足。

4. 经不起挫折和打击，心理承受能力差，认为自己很无能，没有勇气应对挑战。

5. 认为别人各方面都比自己强，常被羡慕嫉妒的复杂心理所缠绕。

6. 很怕被别人瞧不起，平时非常敏感，在与人交往的过程中，表现得极为胆怯害羞。

7. 总认为自己没有能力做好任何事情，无论做什么都无精打采，注意力难以集中。

8. 遇事临阵脱逃或者时常逃避一些害怕的事情，惯于回避问题，危机来临时，像鸵鸟一样把头埋在沙子里，极力逃避现实。

9. 好面子，爱攀比，处处都想压过别人的风头，喜欢用外物包装自己，觉得自己只是一个空置的容器，本身没有价值，必须把名利、金钱、头衔等璀璨诱人的东西装进去，才能活得有尊严。

10. 极度傲慢自大，脸上总是一副高傲冷漠的表情，潜台词是：“谁也别想轻视我，必须让他们知道我究竟是个什么人物。”

11. 讲话喜欢做夸张的手势，觉得不用肢体语言刻意强调一下，自己的话就显得毫无分量。

心理学家阿德勒曾经说过：“我们很难假定一个带有强烈自卑感的个体，会是个看起来柔顺、平静、自制并且和善的人。”也就是说个性温和友善的人，才是真正自尊自信的人。高度自负、狂妄自大的人骨子里其实是自卑的，如果一个人总想凌驾于他人之上，那么他必然是极度自卑的。自卑者可能低声下气，也可能颐指气使，可能看起来底气不足，也可能看起来斗志昂扬、意气风发，无论表象如何，你都无法欺骗自己的内心，你必须正视自己的问题，才能摆脱自卑，活出全新的自我。

你为什么瞧不起自己

萨拉身高只有 1 米 62，体重却超过了 180 斤，看起来非常臃肿笨拙。同学们给她取了无数个难听的外号，有时管她叫“胖姑娘”，有时叫她“肥婆”，有时称她是“一座移动的大山”。由于经常被恶意取笑，萨拉十分自卑，她讨厌自己的身材，讨厌自己的长相，做梦都想把满身的肥肉甩掉。经过多年的努力，她终于把体重控制在了 145 斤左右，好不容易把自己肥胖的身躯塞进了裙子里。

萨拉本以为瘦下来之后，自己就会变得很好看，没想到在同龄人眼里，她仍然是一只丑小鸭。因为家里经济条件不好，她买不起漂亮时髦的裙子，只能把妈妈改小的长裙套在身上。同学取笑她土气，还说她像是从上个世纪穿越过来的。萨拉很难过，默默地收起了长裙，又换回了学生套装，从此再也没有刻意打扮过。

自卑是一种性格上和心理上的缺陷，它代表的是一种自我否定，具有自卑心理的人。习惯性低估自己的能力，无论做什么事情都没有信心，他们时常自惭形秽、顾影自怜，看不到自己的价值，并伴有羞愧、自责、抑郁、失望等复杂情绪，长期郁郁寡欢，长此以往，很有可能产生悲观厌世的消极念头，彻底迷失在歧途中。这种病态心理若不能得到及时矫正，极有可能贻害终身。想要战胜自卑，必须从根源上解决，首先我们要了解它形成的原因。有关自卑的成因，我们可以从以下几个方面来分析：

生理缺陷

长相丑陋、身材矮小、肥胖或者天生口吃、身有残疾的人，普遍比较自卑。与生俱来的缺陷，会让他们觉得自己和别人不同，这种明显的差异，使得他们从小就看不起自己。再加上总有人因为他们的缺陷恶意取笑他们，他们就更加自卑了。大文豪托尔斯泰著作等身，才华横溢，但却因为自己长得丑而感到自卑；风流倜傥的英国诗人拜伦天生有一副俊美的面孔，又有卓越的文采，但却因为腿有残疾而自卑；乔治六世出身英国王室家庭，身份尊贵，但却因为从小口吃而自卑……名人即使取得了光辉耀目的成就或者生而优越，也同样会因为自己的生理缺陷而自卑，普通人当然更是如此。

智力和能力因素

资质驽钝，在智力方面明显落后者，比较容易产生自卑心理。很小的时候，他们就意识到自己没有别人聪明，无论怎么努力，都不如别人优秀，长期被这种挫败感所折磨，他们会越来越不自信。综合素质和综合能力明显低于别人的人，在竞争中始终处于劣势，看不到自己的潜力，看不清未来，自然十分自卑。

性格因素

一般而言，个性内向的人更容易自卑，因为这类人普遍敏感脆弱。无法与外界正常交流，信息面和视野都比较狭窄，看待问题的方式比较极端，只要遇到一点挫折，就觉得自己能力不济，从而丧失信心，自卑到无法自拔的地步。

经济因素

出身寒微，家庭经济条件较差的孩子，长大后容易养成自卑性格。他们在物质方面极度匮乏，吃穿用度与同龄人相比相距甚远，觉得自己处处矮人一头，由此感到自卑。再加上他们有可能受到周围人的歧视和嘲笑，自卑感就更强烈了。

教育因素

学校教育对人格的养成起着至关重要的作用。教育方法失当，将给学生的心理带来很大的负面的影响。假如老师不善于发掘学生的闪光点，只看到学生的缺点，经常严厉批评学生，或者在学生学习吃力时，不但不提供帮助，反而公开取笑学生，这些做法都会严重伤害学生的自尊心，极有可能使学生产生自卑心理。

女作家三毛小时候数学成绩非常差，每次考试分数都非常低，有一次意外得了满分。老师怀疑她抄袭，公开体罚羞辱她，用墨水弄花了她的脸，这种极端的举动深深地伤害了三毛幼小的心灵，使她养成了敏感、自卑、抑郁的性格。这种复杂矛盾的性格伴随她一生，可见学校教育对于人的一生影响有多大。

家庭因素

家庭环境的好坏，对个体的发展影响非常深远。人常说父母是第一任老师，家庭教育比学校教育更为重要。假如父母作风不正、缺乏素养，子女会深以为耻，极有可能把对父母的不满转移到自己身上，把自己视为耻辱的产物；父母教育子女采用的方式过于简单粗暴，可能会给孩子留下巨大的心理阴影，使孩子形成敏感自卑的性格；很多家长热衷于拿别人的孩子和自家的孩子做比较，总是热情洋溢地夸赞邻家的孩子，对自己的孩子要么极力打压，要么冷嘲热讽，甚至使用“饭桶”“笨蛋”等侮辱性的词汇评价孩子，这种态度很容易让孩子产生强烈的自卑感。

面对自卑，千万不能讳疾忌医

亨利有一天到商场里买高档西装，他对售货员说：“你一定要给我挑一款最贵最特别的衣服，保证我穿上它走在街上有百分之百的回头率。我要让所有人都关注我、羡慕我、嫉妒我。”“你是说你想要一套惊爆眼球的衣服?”售货员问。“是的，我想穿上它，就有那种鹤立鸡群之感，不，光鹤立鸡群是不够的，我要变得光芒万丈，就像大明星一样，无论走到哪里都能成为亮点。”亨利越说越激动，似乎自己真的摇身一变成了大明星。

“我想我们这里没有你想要的衣服。”售货员耸耸肩，有些抱歉地说。亨利不相信：“这怎么可能呢？你也许担心我付不起账吧。这种担心完全是多余的，无论多贵的衣服我都买得起。”亨利边说边晃了晃手腕上的劳力士表，以此来彰显自己的财力。“请恕我直言，我觉得衣服是一种包装，一种附属物，主体是人，人才是一切的核心，是人赋予了衣服生命力，而衣服永远不可能赋予人生命力。”售货员说出了自己的看法。

“胡说。你没听说过人靠衣装马靠鞍吗？我不想跟你辩论了，快把你们店最好最贵的衣服拿出来让我试试。”亨利不耐烦地说。售货员把最贵的西服拿了出来，亨利迫不及待地换上了，随后高高兴兴地付了账，临走前还得意地吹起了口哨。售货员说：“我从来没见过像你这么自卑的人。”听到这种评价，亨利气得脸都白了，他怒气冲冲地问道：“你是什么意思？”售货员解释道：“你只能看到衣服的价值，手表的价值，却看不到自己的价值。”

亨利被说中了心事，恼羞成怒，于是反唇相讥道：“依我看你才是世界上最自卑的人，你卖一辈子西服，也买不起我身上的这套衣服，在我面前你自惭形秽，所以才口出恶言讽刺我。”售货员也被说中了心事，颇为不悦地说：“我不像你那么肤浅，也不像你那么热衷于自我粉饰。”两个人越吵越激烈，谁也不服谁。最后他们拉住了一个顾客，非让那人评理。简单地交代了一下事情的经过之后，他们几乎异口同声地问：“我们两个究竟谁自卑？”那名顾客口气平静地说：“依我看，你们两个都挺自卑。”两人不约而同地怒视着他，同时回敬道：“你才自卑呢！”

多数人都以自卑为耻，谁也不愿承认自己自卑，正是因为这个原因，人们无法正视自己的心理问题，总是想方设法来掩饰自卑，如此一来，超越自卑、战胜自卑也就无从谈起了。道理很简单，如果你想治愈某类疾病，前提是先承认自己有病，讳疾忌医乃是治疗的大忌。蔡桓公不承认自己身体有恙，即使遇上扁鹊这样的神医，也照样无力回天。可见，承认有疾才是治疗的关键。

面对自卑，很多人不假思索地走上了错误的道路，要么极力否认逃避，要么假装自卑感不存在，靠自我欺骗来获得一种廉价的优越感，这种自欺欺人的态度会让自己长期陷入自卑的泥淖无法自拔。那么我们为什么没有勇气承认自卑呢？从社会心理学角度来看，是因为人类无法面对羞耻感。美国社会学家托马斯·谢夫曾经说过：“羞耻感是最不易承认、最难发泄的情感。”自卑情结反映的是我们内在的羞耻感，我们刻意忽略和否认自卑，本质上是在逃避羞耻感。

其实我们不该以自卑为耻，自卑不完全是一件坏事，它能让自我看清自身的不足，假如我们能用一种更积极的态度来看待自卑，把它当成完善自我的动力，就能化痛苦为力量，成就更好的自己。当然，战胜自卑、超越自卑的前提是承认自卑，那么怎样有勇气承认自己自卑呢？是否有兴趣了解自己的自卑程度呢？以下10道选择题，可以帮助你解除疑惑。

1. 遇到自己处理不了的难题，很想获得帮助，但又不愿主动求人帮忙，害怕被人嘲笑能力不济或受到欺侮。

是，不是

2. 别人麻烦缠身时，你经常幸灾乐祸。

是，不是

3. 你喜欢对外炫耀，常向别人讲述自己的“光荣历史”。

是，不是

4. 你把学习成绩、工作业绩看得很重。

是，不是

5. 你的适应能力比较差，觉得自己很难做到入乡随俗。

是，不是

6. 你觉得面子比什么都重要，即使做错了事也不会承认，因为承认错误会有失颜面。

是，不是

7. 你比较认生，惧怕见陌生人，也害怕到陌生的地方去。

是，不是

8. 你经常问自己：“我能行吗?”“我能办到吗?”之类的问题。

是，不是

9. 你时常自怜自伤，认为自己是不利环境下的牺牲品。

是，不是

10. 你非常爱慕虚荣。

是，不是

选择“是”得1分，选择“否”得0分。

总分0～2分：你非常自信，与人相处融洽。

总分3～6分：你有些缺乏信心，略感自卑，平时比较安于现状，做事有点保守，能力在一定程度上受到了限制。

总分 7～10 分：你有严重的自卑情结，表面看来高傲自负，总是一副志得意满的样子，实际上你一直在自恋和自卑之间游走，内心充满矛盾和冲突。

不自信的你，只能用努力补偿自己

碧翠丝因为自己个头矮小而自卑，她尝试过穿内增高的鞋，也尝试过 10 厘米以上的高跟鞋，可是这些补救措施并不能帮她掩饰个小腿短的事实。她知道有些遗憾注定是无法弥补的，她没有办法挽回外貌上的劣势，只好把全部精力都放在内在的修养上。她阅读了很多名家之作，积累了深厚的文化底蕴，还学会了弹琴、跳舞、插花等多种才艺，成为了一个气质出众的才女。

如今无论出席何种场合，碧翠丝都不会感到自惭形秽了，她仍然是那个个头矮小、其貌不扬的女子，但是再也不羞怯了，脸上洋溢着自信明媚的笑容，人们盛赞她的才艺和气质，把她看成了本世纪最为优雅的女性之一。后来她一手创办了时尚杂志，成为了时尚的风向标，变成了万千女人竞相模仿的对象。

研究表明，因某种缺陷深度自卑的人会有意识地发展其他方面的长处，以缓解自卑给自己带来的强烈不适感，这种心理现象被称为“补偿心理”。在“补偿心理”机制的影响下，自卑不仅能变成催人奋进的动力，还有可能成为成就自我的催化剂，很多名人就是因为想要寻求心理补偿才做出一番惊天动地的伟业的。

比如美国总统林肯出身寒微、长相丑陋、动作举止笨拙，他从小就对自己身上的缺陷耿耿于怀。为了弥补与生俱来的缺陷，他努力丰富自己的内在，在极为艰苦的条件下坚持读书自修，终于成为了一个博学多才的人，最后凭借着广博的学识和无与伦比的人格魅力战胜了强大的对手，登上了总统的宝座。

可见，人类天生就有一种平衡机制，会自动发展自己，平衡自己的优缺点，进而努力超越自卑。补偿心理是一种非常常见的心理适应机制，它是超越自卑最有效的一种手段。仔细观察你会发现，运用补偿心理克服自卑情结的人在现实生活中比比皆是。在学校，相貌平庸的学生往往成绩出类拔萃，学习成绩较差的学生在体育竞技方面拥有专长，学习和体育都不占优势的学生，很有可能能歌善舞。

在社会上同样也是如此，出身贫寒、貌不惊人的企业家数不胜数，新东方的创始人俞敏洪就是最典型的例子。年轻时他没有帅气的外表，没有殷实的家境，在人才济济的北大校园里毫不出众。他曾一度感到自卑，连和女生谈恋爱的自信都没有，幸运的是他没有被自卑吞噬，在经历了无数痛苦的挣扎之后，他毅然走上了自强不息的奋斗之路，最终他成功战胜了自卑，成长为一位杰出的企业家。

心理学研究表明，自卑感越强烈的人，寻求心理补偿的愿望越迫切，这些人因为过分在意自己的缺陷，弥补不足的动力往往愈强，这就是很多自卑者能成就丰功伟业的根本原因。许多名人都曾毫不隐讳地承认自己有过一段自卑的岁月，坦然地讲述过自己战胜自卑的心路历程。仔细分析你会发现，成就他们的既不是坚韧的意志力，也不是什么优秀的品格，而是自卑。正是因为他们对自身某一方面的缺陷深感不满，才会那么强烈地渴望在其他方面超越别人，成为某个领域的佼佼者，这才是他们成就自我的奥秘。那么人们为什么会那么热切地渴望弥补自身的不足呢？原因很简单，人人皆有自尊心，每个人都渴望维护自己的人格尊严，自卑感损害人的自尊心，为了修复破损的自尊，人们会倾尽全力发展自己的优势，然后用赢来的优越感来平衡低自尊。可见，在补偿心理的作用下，自卑也能转化成一种助力。那么在努力克服自卑的过程中，我们该如何运用补偿心理呢？

第一步，为自己树立明确的人生目标。

有句格言说得好："一艘没有航行目标的船，任何方向的风都是逆风。"你只有设立了明确而清晰的目标，才能成功到达目的地。如果你感到极为自卑，你必须清楚自己朝哪个方向发展才能获得自信。只有找准正确的发力点，你才有希望从自卑的泥潭中解脱。

举个简单的例子，假如一名男生因为自己长得瘦弱矮小而自卑，他可能把增强体质，拥有健硕的身材当成追求的目标，也有可能把成就一番了不起的事业当成人生的最大目标，究竟哪一种目标更靠谱呢？这主要取决于他对自己的定位和评价，即他主观上认为自己达成哪个目标才能自我感觉良好，他就会朝着相应的方向去努力。

第二步，发掘自己的闪光点或是潜在的长处。

每个人身上都有优缺点，自信的人既能看到自身的优点，又能看清自身的不足。自卑的人往往只能看到自己的缺点，看不到自己身上的可取之处，所以他们总认为自己满身缺点、一无是处。在这种情形下该如何发现自己的闪光点呢？你可以通过别人的评价来重新审视自己，你因为某个特点时常被夸赞被推崇，那这个特点就是你的优点。如果你经常受到非议和贬低或是不被重视，听不到正面的评价，那么不妨回顾一下过往的经历，你都出色地完成过什么事，哪件事曾经让你骄傲？也许那段记忆能帮助你找到自己潜在的长处。

找到自己的长处以后，你需要认真思考一下，该怎样发挥和运用自身的长处，怎样让它为自己的人生目标服务。

第三步，把自身的长处转化成优势。

长处若不能转化成优势，就不能成为资源，无法起到心理补偿的作用。比如某人个性内敛，因为不敢大声讲话而自卑，内心世界却无比丰富，擅长写文章，但写东西只是一种业余爱好而已，他没有能力把自己所擅长的事情转化成优势，如此一来，他就没有办法摆脱自卑的阴影。假如他成为了一名了不起的记者或者是畅销书作家，便能扬眉吐气，告别自卑了。所以，把长处转化成优势，是发挥心理补偿作用，超越自卑的关键。

走出“习得性无助”的死循环

雅各布在上大学的时候，数学成绩很差，几乎每次考试都不及格，他因此认定自己没有数学细胞。他不但数学不好，逻辑思维能力差，而且表达能力也有所欠缺。他并不是那种少言寡语的人，平时很爱说笑，可是在关键时刻总是词不达意，为此给自己惹来了不少麻烦。每次和别人有了误会，他都会急着解释，由于讲话颠三倒四，缺乏条理性，常搞得别人一脸困惑，有时越解释误会越深。有一次他跟女朋友吵了一架，他想主动和解，可是费尽唇舌也没能平息女朋友的怒气，女朋友还当着他的面说了一句十分伤人的话：“我就讨厌你拙嘴笨舌的样子。”

一次又一次的负面经历，使雅各布意识到他实在不擅长讲话。他感到非常沮丧，变得越来越不爱说话了。一转眼就到了毕业季，找工作的时候，他由于不擅辞令，没办法从众多的竞争者中脱颖而出，错过了很多重要的机会。因为接连承受失败的打击，雅各布变得越来越不自信了，他时常觉得前途渺茫，未来无望，越来越消极。

古希腊哲学家赫拉克利特说过：“人不能两次踏进同一条河流。”意思是万事万物时刻处在运动变化之中，此时的河流已非彼时的河流。这是哲人的思维。我们的直观感受通常不是这样的。我们常以为自己可以无数次踏入同一条河流，也可以无数次被同一条河流阻挡。多次渡河成功，我们就以为自己能够无往而不利，要是多次被同一条河流阻拦，反复遭遇失败，我们就会以为自己这辈子都渡不了河，从而陷入习得性无助的旋涡。

什么是习得性无助？它指的是反复遭遇失败后，彻底丧失信心，进而陷入听天由命的麻木状态。自卑的形成其实跟习得性无助有着千丝万缕的联系。我们知道，敏感自卑的人，大多倾向于发展其他方面的长处，实现自我弥补，从某种意义上说，大多数自卑的人是积极上进的，而不是麻木不仁的，那么从什么时候开始，自卑者不想竭尽全力弥补自身的劣势了呢？就是从陷入习得性无助状态的那一刻起。一次又一次地重蹈覆辙，接二连三的失败，使他们彻底丧失了改变自身的勇气和信心，在现实面前，他们感到极度无望，一度悲观地认为，所有的努力都是无意义的，一切都是徒劳的，与其苦苦挣扎，还不如无所作为，因此甘愿坐以待毙。

习得性无助这一概念是由美国心理学家赛利格曼提出的，他认为人或动物从以往失败的经历中，意识到自己的行为无力改变结果时，就会放弃一切努力，任由命运摆布。一只狗反复遭到电击，得知自己无论怎么做，都要承受同样的痛苦，久而久之，就丧失了逃跑的欲望。人也一样，反复在某件事情上失败，就会对自己的能力产生质疑，觉得自己无论怎么努力，都不可能改变结果，一切都是徒劳无功，就不可能对未来抱有任何美好的期待。

不知你是否有过这样的体验：倾尽全力做一件事情，最终失败了，没有达到预期效果，因为是初次失败，你并未放在心上，认为下次再努力一点，还是有希望成功的。然后你全力以赴地又尝试了一次，结果再次失败了，你的信心顿时减少了一半。当你失败了三次，四次，甚至更多次的时候，你还相信未来的某一天自己能取得成功吗？不会了。当你意识到失败不可避免时，就会相信命运，认为失败是一种必然结局，或是认定自己天生是一个无能的失败者，从此陷入自卑的深渊无法自拔。可见要想摆脱自卑，必须跳出习得性无助的心理模式，那么具体该怎么做呢？

矫正错误的归因模式

赛利格曼认为一个人若是把失败归咎于内在的恒定的因素上，诸如自身能力不足，缺乏天赋等，就会感到自卑、沮丧，丧失进取心；若是把失败的原因归于一些可变更的因素上，比如运气不佳、临场发挥失常、潜能尚未得到全面发挥等，他很快就能从失败的打击中恢复过来，然后信心满满地进入下一轮的挑战。

也就是说当你多次遭受失败时，千万不能将其归因于自身的智力和能力因素，因为这两种因素都是恒定的，且影响你对自我的评价，很容易把你引入无望的死胡同。一个成年人，大脑发育完全后，无论后天多么努力学习，智力提高的幅度都十分有限，能力也是如此，你如果把失败归咎于这两方面因素，就等于给自己判了无期徒刑，此后再也看不到希望了。所以失败后，不要对自己说：“我是一个没有能力的人。”“我是个笨蛋。”“我天生技不如人。”之类的丧气话，而要这样安慰自己：“我采取的方法不适当，也许换种方法结局会有所不同。”“我的状态不太好。”“我的潜力没有发挥出来。”

改变认知方式，客观评价自我

每当你的脑海里闪现出“我无能”“我很差劲”等负面念头时，都要找出若干个理由加以驳斥，不能任由这样的想法占据自己的内心。你可以对自己说：“我只是运气太差，没把事情做好而已，并不能说明我就是一个无能的人。”或者“我只是暂时没能找到科学的方法把事情做好，并不代表我很差劲。”抑或是“我没能发挥出自己的最高水平，下次再接再厉，一定会比这次表现好。”要经常给予自己积极的鼓励，努力消除消极的念头，保护好自己的自尊心。

再给自己一次尝试的机会

俗话说得好，从哪里跌倒就从哪里爬起来。如果你能从失败的废墟中站起来，势必会信心大增。所以无论失败多少次都不要轻易放弃，要努力总结经验教训，把失败转化为宝贵的经验和财富，直到走向成功。

树立一些小目标，慢慢提升自信

如果你对自己失望到极点，没有信心实现任何宏大的目标，可以从小目标入手。完成一个小目标，取得一点小小的进步，对自卑到极点的你来说，是一个微小的胜利，它对于你意义重大。恢复信心之后，你可以制定阶段性的目标，循序渐进地提高目标的难度，逐渐完成更具挑战性的任务，慢慢提升自信。

以欣赏之心，领略自身之美

威尔逊是一个非常自卑的人，他觉得自己又蠢笨又肥胖，样子既滑稽又可笑。妻子给他买了好几件高档西装，他都没有试穿过，因为他认为自己配不上那么好的衣服。有时他会自言自语地说："这样的西装，如果穿在阳光帅气的小伙子身上该有多好啊。"不巧这话被妻子听到了，她马上说："穿在你身上也不错啊。我就是按照你的身材挑选的，它看起来就像专门为你量身定做的一样。"

"是吗?"威尔逊似乎并不相信。他的妻子不由分说地逼他换上了那套西装。她说的没错，衣服穿在威尔逊身上正合适，服饰的大小和剪裁与他的身材和气质都非常搭配。妻子高兴地说："瞧，它就像长在你身上一样，真不明白以前你为什么不喜欢穿，你不喜欢这套衣服吗?"

"当然不是。"威尔逊吞吞吐吐地说，"就是因为它太好了，我才觉得有点配不上它，因为我一直不那么自信。""你为什么不自信呢? 在我心目中，你是最优秀的男人，你风趣幽默，有一副好心肠，还有一双会说话的眼睛，这样就够了，你还要求什么呢?"妻子深情地看着他说。威尔逊照了照镜子，发现自己果真有一双深邃多情的眼睛，他对自己的印象好多了，从此不再那么自卑了。

任何一个自卑的人都会在无形中贬低自己的形象，即使外表出众的人也不例外。长相俊美的男性可能认为自己徒有其表，相貌甜美的女性可能把自己看成花瓶。也就是说不少人会把美貌当成负担，因为自己长得美而自卑。还有一类人，尽管有着美好的容颜，依然认为自己长得丑。有的女孩面容姣好，气质出众，却总认为自己丑得不能见人；有的男生高大英俊，潇洒倜傥，却偏偏自惭形秽。这些表现都是自卑情结在作怪。大多数认为自己丑的人，是因为对自己身体局部不满意，进而演化成对自身整体的厌恶。

一个人对自己外表的评价，表面上看反映的是对自身外貌的满意程度，其实它反映的更多的是对自身的好恶。如果一个人极度自卑，从内心深处厌恶自己，那么即便拥有天使脸蛋、模特身材，也不会认为自己很美。反之，假如一个人自我感觉十分良好，从内心深处欣赏自己，那么即使自己长相一般或是略微有些瑕疵，也会认为自己长得不错。从这个角度分析，要克服自卑心理，我们可以从改变对自己外貌的评价开始。

无论你真实的外貌是丑是美，尽量给予自己正面的评价，通过认知练习，学会积极地肯定自己。在镜子面前观察自己的时候，要学会欣赏和夸赞自己的局部特征，比如看着自己的眼睛时，你可以这样说："我喜欢那双眼睛，它虽然很小，但是很明亮，很有神，我从中看到了诚实，看到了热情，看到了美好的品质，它尽管不够完美，不够漂亮，但我依然喜欢它。"看着自己的鼻梁时，你可以这样说："我喜欢我的鼻子，它虽然不够高挺，不够秀气，但长在我脸上正合适。它很灵敏，能嗅到各种气味，比如花草的香味，饭菜的香味，水分子湿润的味道。我总能让它闻到各种味道，因为我是个有情趣的人，既喜欢外出散步，又能烧一手好菜。"看着自己的嘴巴时，你可以这样说："我喜欢我的嘴巴，虽然它不丰满也不性感，但微笑起来的时候很好看，它能说出暖人肺腑的话，朱唇轻启时，还能露出一排整齐洁白的牙齿。"

客观而言，人的外貌都不是十全十美的，只有电脑合成的人像才符合完美的定义。可是当我们仔细观察电脑生成的漂亮脸蛋时会发现，它们是那么呆板，缺少灵气，远没有真实的人脸那么惹人怜爱。这足以说明有缺陷的外表才是美的。人的其他品质也是如此。我们没有必要要求自己十全十美，坦然地接受自己的优缺点，在评价自我时，尽可能地采用辩证法，将外表美和内在美合二为一，坦然地指出自己的缺点，这样做对于你全面提升自信有很大的帮助。

总之，在评价自我时，不要一味扮演批评家的角色，不能把自己看成绣花枕头，也不能过分挑剔自己的外表，不要把对自身能力、品质的不满发泄到对自己外在的攻击上。尽量用温和的方式与自己开展对话，学会好好地呵护自己，杜绝一切带有自毁性质的粗暴话语。揽镜自顾时，可尝试着打开心扉，与自己进行深层次的交流，尝试着接纳自己、安慰自己、鼓励自己，每天多练习几次，天长日久，你定能有所收获。

第十一章 贪婪心理：人性堕落的根源

贪婪是万恶之源，人世间绝大多数的悲剧都与贪婪有关。人人都知道贪婪有可能把自己引入万劫不复的深渊，可是为何到最后还是选择了屈从欲望呢？是因为这个世界诱惑太多，还是因为人的名字就叫作欲望？看到别人住洋房别墅，你是否甘心屈居陋室？看到别人驾香车御宝马，意气风发招摇过市，你是否甘心骑单车挤地铁？如果你不甘心，渴望得到超出自身购物力的东西，想要把所有的好东西统统归为己有，那么就会被贪婪蒙蔽，被欲望蛊惑着走向歧路。

贪并不是一种正常的心理，它是野心和欲望受到刺激，意念扭曲之后的产物，如果你不能战胜这种邪念，任由自己被金钱物欲吞噬，就有可能做出违背法律、道德的不义之事，成为社会的害群之马，做出令自己不齿的丑事。所以一定要把持住自己，守住道德底线，戒骄戒躁，克服一切与贪婪有关的罪恶心理。

贪婪——它填不满你，你填不满它

牛顿曾经说过："我可以算出天体运行的规律，却算不出人性的贪婪。"的确，人的欲望是无止境的，一个被贪心蒙蔽的人，即使名下有几十处房产，日日享受美酒佳肴，名车名表一样不少，也照样不会满足，因为他可能在幻想着将全世界的财富装进自己的口袋。这样不切实际的愿望是永远不会实现的，所以他注定不会快乐。

有的人认为欲望得到满足，快乐便会如影随形。只要自己所期望的都能拥有，人生就没有烦恼了，到时生活一定会变得无比美妙。然而事实并非如此。贪婪是人的本性，一个欲望得到满足，并不意味着欲望的终结，而是意味着下一个欲望的开始。有一个成语叫作欲壑难平，说的是欲望是一个无底洞，你永远都不可能填满它，它也永远填不满你那颗贪婪的心。把幸福和快乐寄托在欲望的满足上，你将永远与快乐无缘。

曾几何时，你漂泊无依，认为有一个躲风避雨的陋室就很满足了，当你有了陋室之后，就开始幻想漂亮的小屋，有了小屋之后就想要宽敞明亮的大房子，有了大房子之后就想要装修豪华的别墅；曾几何时，你徒步行走，认为有一辆单车代步就很幸福了，有了单车之后，你想要私家轿车，有了私家轿车之后，你想要豪车，有了豪车之后，你想要私人飞机和豪华游艇……

你想要的东西比天上的星辰更多，就算耗尽毕生的精力，也不可能实现所有的愿望，所以你注定会为欲望所苦。以有限的生命去追逐无穷的欲望是危险的，因为那样做，会令你绝望。其实很多现代病都跟贪婪有关，适度地克制和减少欲望，不再那么热衷于追逐财富和名利，大部分心病都能不治而愈。

贪婪是要付出沉重代价的。殚精竭虑地算计，算来算去终成空。费尽心机地专营，不择手段，最终可能枉费心机，为他人作嫁衣。你可能会得到想要的东西，可是你失去的要比你得到的更多。你可能会一时春风得意，风光无限，成为众人羡慕嫉妒的对象，但失去外物时，则很有可能变得一文不值。所以超出生命需要的东西，是不值得追求的，放下贪欲，努力充实自己的内心，你才能让自己的生命更有质量。

有一个国王贪婪成性，梦想着把所有触手可及的东西全都变成价值连城的黄金。他每天向上帝祷告，祈求上帝帮他实现这个愿望。上帝答应了他的请求。他非常高兴，把皇室里的所有东西都摸了一遍，所有的物品都变成了金光闪闪的黄金。然而他还是不满足，想要得到更多的黄金，于是走出宫廷，在王国里四处游荡，无论看到什么，都会伸手触摸，摸过的东西全都变成了黄金。他要求士兵把这些黄金全部运进宫里。

有一天，国王的手不小心触碰了侍卫一下，侍卫瞬间变成了金人。国王先是愣了一下，之后竟哈哈大笑起来。从此他经常出其不意地触摸士兵和臣民，把无数有血有肉的鲜活生命变成了失去活力的金人。他甚至连动物都不放过，把马、狗、牛、羊等动物都变成了金像。人们认为国王疯了，陆陆续续地逃到了邻国。国王失去了士兵，失去了臣民，只剩下遍地的金像和空荡荡的城堡。然而他仍然感到不满意，回到宫廷后，谋划着把王后和公主也变成金像。

王后对他没有防范，他的阴谋很快便得逞了，宫廷了又多了一尊金像。小公主找不到母后，非常着急。国王便假惺惺地说："乖女儿，妈妈出宫办事去了，快到父王这来，有什么需要尽管向父王开口。"小公主蹦蹦跳跳地跑了过来，国王一把将她抱起，公主马上变成了一尊漂亮的金娃娃。

整个王国只剩下国王一个人了，这里不再有笑声，不再有活人的气息，除了金子以外，什么都没有。国王本以为拥有这么多财富，他一定会欢喜得发狂的。没想到他竟一天天抑郁起来。他开始怀念以前的生活。以前他有那么多臣民，统治着一个欣欣向荣的国家。以前他还有一个美满幸福的家庭，王后温柔贤良，女儿活泼可爱，现在他只有金子。想到这里，他忍不住大哭起来，跪在地上苦苦哀求上帝："我不想要金子了，请让一切恢复原状吧。"上帝拒绝了他的要求："每个人都要为自己的选择付出代价，你选择了金子，而不是更宝贵的东西，就必须自己承担后果。"国王绝望了，用手触摸了一下自己的前胸，他也变成了一尊金像，从此这个国家一片死寂，永久性地失去了生机。

人一旦成了欲望的奴隶，就会蒙了心智，为了达到目的，可能做出各种匪夷所思的事情来。被欲望牵引的人是可怕的，因为贪婪已经占据了他的整个内心，善念就失去了一席之地。对于一个永远都不懂得满足的人来说，就算得到了整个天下，也不会罢休的，想要重拾人性的光辉几乎是不可能了。贪婪不但会让人丧失人性中最宝贵的东西，还会扰乱人的心境，唯有戒掉贪欲，我们才能找回遗失的美好，回归生命的本真，过上平静祥和的幸福生活。

贪欲为何总是一发而不可收

在一个村子里，有一对贫苦的夫妇，穷得家徒四壁，经常三餐不继，长期靠家里的一只鸡下蛋生活。他们常常是吃鸡蛋吃到吐，受够了苦日子，于是恳求上帝把鸡蛋变成金蛋，赐予自己富裕幸福的生活。他们虔诚的祷告打动了上帝，上帝真的把鸡蛋变成了金蛋，这对夫妇从此阔绰了起来，不但盖上了宽敞明亮的大房子，还雇佣了一大群佣人照顾自己，过上了作威作福的生活。

然而妇人仍然感到不满足，有一天她对丈夫说："我们每天只能得到一个金蛋，实在太少了，不如把鸡肚子剖开，看看里面到底有多少财宝。"丈夫觉得妻子说得在理，于是就把那只下金蛋的鸡解剖开了，结果发现鸡肚子里什么也没有，夫妇俩非常后悔，可是事情无法挽回了，从此他们再也没有得到过一枚金蛋。

过了一段时间，他们所有的钱都挥霍一空，为了生计，只好到一户富人家里做仆人。两人见主人家里那么有钱，立时起了贪心，于是趁夜将主人家里的钱财席卷一空，然后潜逃到了陌生的城市住了下来。

他们购置了一栋奢华的大别墅，雇佣了很多仆人，又过上了奢侈无度的生活。有一天有个中年男人偶然路过了这对夫妇的别墅，觉得非常可疑，经过调查，发现正是这对夫妇偷走了自己的全部财产，这别墅是用偷来的钱买的。他气冲冲地报了案，那对夫妇因犯下盗窃罪被关入了大牢。失去自由之后，他们天天以泪洗面，开始怀念起以前住着茅草屋、天天吃鸡蛋的日子。

这个故事告诉我们：贪得无厌必会给自己招来祸患。贪心是一种病态心理，人的内心若是被一个"贪"字占据，心性就会被无限度扭曲，很有可能做出违背法律、道德的不义之事来，进而在罪恶的泥潭中越陷越深。有位学者曾经说过："一个人的心脏只有拳头大小，可是，就这么个拳头大小的地方，如果你把整个地球全部装进去，它也装不满，还会有空隙。”说明贪心不足的人，就像饕餮一样，永远处于饥饿的状态，就算吞下整个宇宙，也不会满足的。可见贪念有多么可怕。

古往今来，“贪”字历来毁人不倦。人人皆知贪婪是可怕的，那么为什么鲜有人能管住自己的贪心呢？贪欲为何总是一发而不可收，它究竟是怎么产生的呢？它受哪些方面因素的影响？

它诞生于人性，是人性中根深蒂固的一部分

人在天性上就是趋乐避苦的，大多数人都追求享乐。有的人迷恋物质方面的享受，有的人沉迷于感官的刺激，有的人渴望拥有呼风唤雨支配他人的权力，有的人禁不住美色的诱惑。大千世界，充满了各种诱人的东西，人们很容易被导入歧途。虽然有时候，一部分人可能保留了清醒的意识，想要克制住自己的贪念，但很快就会屈从于内心的渴望，成为贪欲的奴隶，对此心理学家杰里米·泰勒指出：“当一个人第一次犯罪时，他会感到惊恐，接着就会觉得无所谓，甚至感到高兴，然后便是屡次犯罪，最后成了习惯，根深蒂固。”可见在贪欲面前，多数人都是软弱无力的。

病态社会文化的影响

人类社会自古就有“人为财死，鸟为食亡”“马无夜草不肥，人无横财不富”的消极思想。这些赤裸裸的功利想法，所宣扬的不是勤劳致富的正能量，而是为达目的不择手段的卑劣思想，对于人的灵魂有巨大的腐蚀作用，使部分渴望不劳而获的人产生了投机心理。此外浮躁的时代气息，灯红酒绿的社会环境，拜物文化的流行，进一步刺激了贪心的人的神经，助长了人们的贪念。

错误扭曲的价值观念

有的人占有欲极强，认为天地万物都是为自己而存在，自己必须尽可能地占有更多的资源才不枉在人世间走一遭。他们把极端的个人主义当成至高的信仰，为了满足个人的欲望，不惜践踏别人的权益，牺牲公众的利益，做事毫无道德底线。还有的人把人与人之间的关系解读成零和游戏，认为实现个人利益最大化的途径，就是巧取豪夺或是压榨他人，因此毕生致力于通过各种手段疯狂地占有社会的优良资源，无休止地挤压他人的生存空间。由于自身过于功利，过于冷酷无情，感受不到人世间的温情，内心往往空虚荒寂，找不到幸福的感觉。

虚荣心理

虚荣是人性的弱点之一。事实上，大部分人都是虚荣的，人在天性上就是喜欢攀比的。由于人的内在品质无法通过肉眼衡量，身外之物就成了人们竞相攀比炫耀的对象。比完了房子、车子、票子等象征着财富地位的东西，人们开始追逐限量版的奢侈品，之后又随着潮流的变动，有了更多的追求，炫耀性消费成为一种常态，在消费竞赛中，贪欲无限被扩大。

补偿心理

出身贫寒的社会群体，饱尝世事艰辛，觉得命运对自己不公，一旦地位获得提升，就会加倍补偿自己，不知不觉便成为了贪婪的代表。倘若上升渠道受阻，部分人很有可能突破道德底线索取不义之财，在错误的道路上越走越远。

禁得住诱惑，你就赢了

有个年轻的小伙子看到别人衣着光鲜，有车有房，非常羡慕嫉妒。为了早点过上富裕的生活，动起了歪脑筋。有一天，他戴着墨镜光顾了一家古玩店，趁老板忙着招待别的顾客，顺手牵羊偷走了一块价值连城的绿松石。当天老板就报了警，并让警察查看了当日的监控录像。虽然小伙子用墨镜遮住了眼睛，老板还是一眼认出了他。因为平时很少有年轻人光顾古玩店，来这里购买或把玩古物的顾客都是一些有资历有品位的中年人。老板说，那个小伙子出现时，他感到格外诧异，不过转念一想，现在的年轻人爱好多种多样，偶尔逛逛古玩市场也没有什么稀奇的，所以没有对这个年轻的生面孔多加留意。

警察根据老板的陈述和监控录像提供的信息，很快锁定了偷到绿松石的小伙子，在短短几天的时间内，就将他绳之以法了。小伙子因犯下偷盗罪，被判了刑。他非常后悔，恨自己当时被贪欲蒙住了眼睛，没能禁得住诱惑，以致犯下大错，触犯了法律，不仅失去了宝贵的自由，而且名誉尽毁，大好的人生毁于一旦。

在这个浮华的世界上，充满了诱惑，有人为财富、权力疯狂，有人为追求利益铤而走险，结果下场跟案例中那个误入歧途的年轻人一样可悲。可见，唯有禁得住诱惑，才能成为最后的赢家。诱惑和贪欲才是人世间最大的陷阱，可惜深陷其中的人总是浑然不觉，反而把华丽的水牢当成了气派的宫殿。不可否认的是，人有七情六欲，而贪婪又是人性中根深蒂固的一部分，想要克制贪欲并没有那么容易，那么该怎么做才能保证自己不被贪欲侵害呢？都有哪些方法有助于抑制日益膨胀的贪欲呢？

自我反问法

把自己喜欢和想要的东西逐一写下来，然后对纸上的内容进行评估，分清哪些东西属于生活必需品，符合正常合理的欲望，哪些东西属于奢侈品，已经超出了你的购买能力，哪些欲望应该得到满足，哪些欲望纯属非分之想。通过一系列的自我反问，克制自己的贪念，慢慢纠正贪心不足的毛病。

需要注意的是，你渴望拥有的东西必须跟你自身的财力相匹配。假如你只是普通的工薪族，却总想着拥有豪车和别墅，这样的欲望就是不合理的，因为你没有那么强大的购买力。如果不及时控制住自己的欲望，你很有可能会误入歧途，走上违法犯罪的道路。作为一名普通的公民，你渴望在人口拥挤的大都市里拥有自己的住宅，过上安居乐业的生活，这种欲望是合情合理的，虽然你目前的收入不高，这个目标实现起来颇有些难度，但只要你肯努力工作，愿意以按揭的方式购置房屋，购房的愿望还是有希望达成的。

自控法

尽量不要购买超出自己支付能力的东西。如果你已经办了信用卡，并且已经习惯了提前消费、透支消费的生活模式，务必要有计划地还款，千万不能大额透支。任何时候都不要拿自己的信誉做赌注，假如你对自己的偿还能力产生了质疑，那么就要马上停止刷卡消费，要想方设法将所欠的款项还上。购买大额物件，最好不要刷卡消费，要尽可能地用现金结算。心理学研究表明，采用现金支付，你更容易切身感受到真金白银的流出，有助于控制购买欲。所以花钱如流水的购物狂多半倾向于刷卡消费，若是换作用现金消费，消费的额度就会大大降低。

除了要控制自己平时的消费以外，你最好为自己制订一个合理的理财计划，每月统计收入和支出的款项，尽可能地削减不必要的支出，杜绝铺张浪费，把钱花在实处。

努力摆脱童年阴影

幼年困苦的生活经历，可能会给人的一生带来影响。贫寒人家的孩子物质短缺，在成长的过程中历经艰难困苦，从小就对外面光鲜亮丽的生活心驰神往。有的人通过自身的奋斗改变了命运，过上了梦寐以求的生活。但大多数人并没有那么幸运，毕竟能够鲤鱼跳龙门的人只是少数人，很多人找不到上升的阶梯，失望之余很有可能走上歧路。所以从某种意义上说，唯有摆脱童年阴影，才能克制住那些不切实际的欲求。人人都想过好日子，追求富足的生活本身没有错，可是古人说得好："君子爱财，取之有道，用之有度。"任何时候都不能贪图不义之财，不能以童年困苦为借口拼命攫取不属于自己的财富。

警戒法

有意识地阅读被贪欲蛊惑而受到命运惩戒的文章。你可以从报纸、杂志、书籍、网络等各种途径获取相关信息，时时以此告诫自己。

勿以恶小而为之

贪婪心理的形成其实是一个循序渐进的过程，人的胃口也是一点点被撑大的，所以我们一定要学会防微杜渐。在现实生活中，为了蝇头小利而钩心斗角或是欺骗他人的事情比比皆是，人们普遍不把这种事情放在心上，认为这种行为够不上大奸大恶，不值得小题大做，殊不知"千里之堤毁于蚁穴"，量变的积累会促成质的改变，小恶不除终有一日会酿成大恶。所以我们一定要谨记"勿以恶小而为之"的古训，绝不能任由自己的贪念无限扩大。

知足常乐法

做人要学会知足常乐，一定要把自己的需求和欲望控制在自身能力范围内，不要逼迫自己追求达不到的目标。如果你能用"比上不足比下有余"的达观心态看待目前的生活，不去奢望难以企及的东西，就能抵制住大千世界的各种诱惑，过上简单、纯粹、快乐的生活。

第十二章

自私心理：个人利益至上的价值取向

有人说人的本性是自私的，这种说法有一定的道理，但并不完全正确。自私是人性的劣根性之一，我们不能掩盖事实，要求每一个人都无私，但自私自利、追求个人利益至上的价值观念是不值得提倡的，如果人人都只关心自己，做事都以私利为出发点，对他人没有一点爱心和同情心，那么这个世界将变得异常冷酷和可怕。

维护自身的正当利益，是一种正常心理，只关注一己私利，笃信“各人自扫门前雪莫管他人瓦上霜”的实用主义哲学，则是一种扭曲的病态心理，这种人只知索取，不知奉献，没有一点责任心和道德感，必然会被群体所弃。俗话说得好：“送人玫瑰，手留余香。”当你学会关心别人，学会分享的时候，自己也会得到更多。正所谓“我为人人，人人为我”。唯有克服自私自利的狭隘心理，你才能收获更多友谊，得到更多快乐。

自私——在没有共享的世界里

在市场经济时代，很多人都把追求个人利益最大化当成终极目标。企业主做决策时，只考虑利润，把国家、社会和公众的利益放在了公司利益的后面，劳动者为了薪水而工作，一心想着赚更多钱，过更好的生活，从未想过自己生产和制造的产品是否符合广大消费者的需求。人们只想着攫取、占有和消耗更多的资源，只考虑个人的需要，为达目的不择手段，甚至不惜践踏公共秩序、违背社会公德，由此引发了各种社会问题，与此同时，由于信任危机的广泛存在，现代人的心灵越来越闭锁，想法越来越现实，变得越来越自私，各种心理问题层出不穷。

西方国家曾经就信任度的课题展开过调查，20 世纪 60 年代的时候，至少有 58%的英国人和美国人认为，大部分人是可信的，社会并不存在严重的诚信问题。但到了 1998 年，英美国家，只有 30%的人认为可以毫无顾忌地相信大部分人，却有 70%的人认为大多数人都是靠不住的，可信赖的人少之又少。

不可否认的是，现代人更加冷漠、自私，也更热衷于争斗，无休止的攀比和竞争，在一定程度上导致了人性的异化和扭曲。很多人认为只有占有了更多的财富，成为人上人，才能获得幸福。为了实现这个目标，人们开始热衷于钩心斗角，伴随着道德的滑坡，人与人之间失去了原有的信任感和亲密感。随着社会财富在增长，人们的收入也在增长，与此同时，离婚率也在翻倍增长，犯罪率在增加，罹患各种心理疾病的人数呈现出几何增长的趋势。

遏制自私的毒瘤，是保持心理健康最有效的方式。为什么热衷于慈善的企业家要比自私自利的财阀更幸福呢？原因在于，慈善家乐于与人分享资源，乐于与人为善，相信人性的美好，能从施与中得到快乐。而大财阀眼里心里只有自己，对同类缺少爱心和同情心，内心无比丑陋和冷酷，很难从外界得到温情。普通人由于受到外界不良风气的影响，很有可能把当财阀当成了一生奋斗的目标，这在一定程度上决定了，自私在当今时代将成为一种常态。

杰克是一家电气公司的老板，为了降低企业成本，提高利润，他违规使用了六价铬，导致附近居民的地下水受到严重污染。丑行被揭发后，杰克丝毫没有感到愧疚，他认为世上没有金钱摆平不了的事，只要给居民少量赔偿，所有的问题都能得到妥善解决，所以对外交涉时态度十分傲慢。

由于长期饮用对人体健康有害的水源，居民患上了各种各样的怪病，有的甚至患了癌症。一些有识之士得知此事后，对杰克极其所属的电气公司进行了口诛笔伐，杰克成了处在风口浪尖上的焦点人物，在媒体面前，他强词夺理，极力狡辩，尽力维护公司的良好形象，在受害者面前，他摆出一副谈生意的架势，希望将赔偿的金额压到最低。

后来，杰克输掉了官司，结果是赔偿给受害者一大笔钱，但那笔钱对他来说不过是九牛一毛，半年时间他就能赚回来，所以他完全没把这件事放在心上。保罗在杰克的公司工作了八年了，一直都是杰克的左膀右臂。在杰克受到质疑时，他坚定地站在了杰克的一边。保罗的未婚妻玛丽感到十分失望。她不解地问："我不明白你为什么要为那种心里只有钱的人效力？"保罗淡淡地说："答案很简单，他给我的薪水足够高，雇得起我，这个理由还不够充分吗？"

玛丽愤慨地说："难道你就没有是非观念吗？你有没有替那些受害者考虑过？"保罗说："那群受害者跟我有什么关系呢？给我发薪水的是杰克，而不是他们。""你怎么能这么自私？"玛丽真不敢相信自己的未婚夫居然是这么卑劣的人。保罗用平静的口吻说："在现在这个时代，每个人都很自私，我只是其中的一员而已，不要站在道德的制高点上批判我，如果我不为杰克工作，怎么能攒钱买上新房，怎么能拥有私家轿车，怎么能给你一个梦幻般的盛大婚礼？""你的看法我实在无法苟同。"玛丽感到心灰意懒，她在考虑要不要取消婚礼。

心理学家格林菲尔德教授指出，随着城市化进程的加快，人们变得愈发自私。他发现在过去的两个世纪里，英美书籍中"选择""获得"等词的用量大幅度增加，而诸如"责任""给予"之类的词使用率却在不断减少。由于人们在措辞时更加以自我为中心，更加关注个人感受和个人价值，对他人表现得漠不关心，诸如"独一无二""自我"等词的用量在不断加大。

很多人都想自己独占好东西，活得比别人优越，不但不愿与他人分享，而且不希望看到别人拥有同类的东西，所以越是限量版的商品越是畅销。比如在一个社交圈里，如果只有你拥有高档轿车，别人都是低档轿车，那么你就会很有成就感，希望维持现状，这是因为假如人人都买得起高档轿车，你便无法凸显自己，幸福感会随之下降。这种现象说明，人在天性上是自私的，只想自己独占好处，只想自己开心快乐，从来就不在乎别人的处境，有些人甚至认为别人的贫困潦倒和狼狈，恰恰能反衬出自己的富足，所以根本就不可能产生济世思想。

我们知道物质上的富足和心灵上的富足往往是不同步的，生活富足且自私自利的人，内心往往比较空虚。假如他的财富是靠不正当手段取得的，即使没有受到正义的审判，也会感到非常不安。所以想要获得快乐，解决精神层面的问题，就必须放下自私，学会关心和关爱别人。

独占与分享的游戏

本杰明是一个白手起家的企业家，他虽然事业有成，但口碑一直很差，因为在人们眼里，他是个出了名的自私鬼。他不仅克扣员工工资，对朋友、家人也极为吝啬。朋友需要帮助时，他向来袖手旁观，表现得极为冷酷。女儿生了重病，无钱医治，他居然还是一毛不拔。

本杰明的眼里只有自己，他不曾为任何人考虑过，并且坚定地认为他没有义务对任何人好。在他看来，自私是人的本性，所有人都很自私，他和别人最大的不同之处在于，别人的自私是隐蔽的，而他的自私是显而易见的。他不以自私为耻，反倒认为自己活出了真性情。他对所有的嘲讽谩骂置若罔闻，只想独占所有资源，挥霍无度地享受人生，他觉得这是他与生俱来的权利，任何人都休想干预。

如今我们常听人感慨地说：现在的人越来越自私了。在物质匮乏的年代，人们尚且愿意互相帮助，懂得和别人分享成果，为什么随着生活水平的提高，人们反而变得自私自利了呢？自私为何能成为一种普遍的心理现象，它是文化的产物，社会的产物，还是人性的天然弱点，它又是怎样形成的呢？我们可以从以下几个方面来分析：

自私是社会环境的产物

在原始社会时期，人们不知道自私为何物，那时大家共同劳动和生产，共同分配财产，谁也没有想过要占有更多的资源，人们乐于与他人分享劳动成果，自觉地帮助老弱病残。可是到了阶级社会，出现了贫富分化，强势群体希望用最少的投入获得最大的产出，开始谋求个人利益最大化，自私便产生了。那么这能说明人类的文明出现了倒退吗？不能。

在原始社会，生产力极为低下，人们必须依靠集体的力量才能生存，彼此之间高度依赖，任何一个自私的人都会被无情地逐出群体，慢慢走向消亡，所以自私的基因没有传承下来。进入阶级社会以后，随着生产力水平的提高和物质财富的增长，人类的生产生活方式发生了翻天覆地的改变。家庭成了社会的基本单位，许多人开始致力于为家族利益奋斗，对家族以外的人关心程度大为降低。随着社会的变迁，大家族逐渐解体，家庭的规模越来越小，人们关注的人群越来越小，普遍倾向于与至亲共享资源，几乎失去了与众人分割利益的意愿，所以人变得越来越自私了。可见，独占和分享的游戏，与社会的发展息息相关。

自私是竞争的衍生品

我国人口众多，人均资源占有量偏少，人与人之间的竞争较为激烈。为了谋求更大的发展，过上更为优越的生活，人们都想尽可能地独占更多的资源，不愿让渡任何利益，久而久之，自私自利便成了风气。由于社会制约机制尚不完善，某些极端自私的人采用投机手段得到了不少好处，破坏了公平竞争的原则，败坏了社会风气，使得人们对不良竞争产生了扭曲的看法，自私之风愈发难以遏制。

个人主义抬头是自私的催化剂

现代人更加崇尚自我，个人主义价值观念大行其道。很多人都以自我为中心，做事从不考虑别人的感受，只想索取，不想付出，表现得非常世故、圆滑和现实，更有甚者将个人利益凌驾于他人利益和公众利益之上，做了不少损人利己的事。

特殊的家庭结构是滋生自私的温床

很多 80 后、90 后都是独生子女，他们没有兄弟姐妹，作为家庭的核心，不仅可以独享家中的一切资源，而且受尽宠溺，养成了唯我独尊的性格。在这种环境中长大的孩子，通常自我意识比较强，脑海里没有分享的观念，不太懂得为他人设身处地地着想。

自私符合人类本能的欲望

在社会生产力低下的时期，人们只求温饱，内心没有更多的欲求，自私的本能没被激发出来。随着生活水平的提高，人们对于生活质量和个人发展提出了更高的要求，于是就出现了利益的争夺，如果不注意道德品质方面的修养，自私心理就会得到进一步强化。仔细观察你会发现，欲望越强烈的人，往往越自私，因为他必须独占更大的蛋糕才能满足自己的欲求，即使有了足够大的蛋糕，他仍然不会放弃抢夺别人餐盘中的蛋糕，这种利欲熏心的人若是成为了主流，对整个社会将产生极为消极的影响。

重私德轻公德的观念，使自私更加明朗化

我国古代的士大夫以“修身齐家治国平天下”为己任，拥有“先天下之忧而忧，后天下之乐而乐”的豁达襟怀，但普通的劳动人民在思想上很难达到这样的高度。作为弱势群体，他们更加关心自身以及近亲的利益和福祉，更加关注自己生活的小圈子，抱着这种心态，人们不约而同地把儒家的孝悌之道和家庭伦理观念当成了至高的道德标准，所以私德普遍比较好，但公德心比较差。在当今时代，我们普遍看到这样一种现象：父母对子女比较无私，把子女抚养长大成人以后，仍然在心甘情愿地默默奉献，但对于亲属以外的人则表现得十分漠然。人们对于涉及公共利益的事情普遍不够热心，很多人不爱遵守公共秩序，不懂得爱护公共环境和公共设施，更有甚者企图侵占公共资源谋取私利。

利己但不自私，利他但不伪善

心理学家曾为了测试人性做过一系列经典的心理实验。有位心理学家事先召集了三类年龄阶段不同的人到露天游泳池游泳，并安排他们先后溺水，然后躲在背后默默观察有多少人出手相救。这个实验持续了一年的时间，结果显示：在岸上的人员相同的情况下，老人溺水时，下水营救的人累计只有 20 人；儿童溺水时，营救人员累计人数不过区区 32 人；但当妙龄少女溺水时，出手相救的人一下攀升到了 50 人。

无独有偶，有人曾经做过类似的实验。心理学家安排了一位妙龄少女在一天内分饰三角，要求她举着求助的牌子站在马路旁，恳求路人施以援手，然后认真统计有多少车辆选择了停下。起初，女子装扮成步履蹒跚的老人，颤颤巍巍地举着牌子，可怜巴巴地乞求路人的帮助，她等待了很长时间，只有零星几辆车停了下来，多数车辆只是从她的眼前呼啸而过。随后她装扮成了身怀六甲的孕妇，大汗淋漓地举着牌子求援，表情十分焦急，为她停留的车辆略微多了一些，但数量仍然十分有限。最后她装扮成了一名时髦女郎，穿着性感的超短裙站在马路边上求助，千娇百媚顾盼生姿，根本就不像落难的样子。然而没过多久，无数辆轿车为她停了下来，人们对她的关心程度远多于急需帮助的老人和孕妇。

在人们的固有观念中，最需要帮助和关心的应该是老弱病残孕等特殊群体，而不是年轻漂亮的妙龄女郎，可是为什么那么多人只对妙龄女郎热心，对特殊群体却视而不见呢？这两个心理学实验充分说明，人性中本身就有自私的倾向，多数人在做出抉择和采取行动时，都是以自身的利益为导向的，他们在下水救人或是停车帮助妙龄女郎的那一刻，心里所想的无非是跟漂亮的异性接触。

自私是人的属性，我们不可能完全消灭自私，绝对的无私是不存在的，任何一种“存天理灭人欲”的想法都是背离人性的。推崇绝对的纯粹的无私，不仅起不到净化社会风气的作用，反而会导致人性的变异和扭曲，催生出大量道貌岸然的伪君子。那么我们就应该任由自私大行其道吗？当然不是，我们应该把自私控制在合理的范围内，学会适度地为他人着想，尽量做到利己而不自私，利他而不伪善，努力促成社会的和谐，那么具体该怎么做呢？

在为自己考虑的时候，尽可能地照顾到别人的感受和利益

国学大师季羡林曾经说过：“能够百分之六十为他人着想，百分之四十为自己着想，他就是一个及格的好人。”这个标准对于普通人来讲或许过高了，毕竟在现实生活中，像季羡林老先生那样高风亮节的人并不多。其实一个人能够百分之六十为自己着想，百分之四十为他人着想，已经算是一个比较不错的人了。自私的人惯于百分之百地为自己着想，眼里心里根本就没有别人。克服自私的弱点，第一步就是先学会为他人着想，考虑问题时，要兼顾到他人的感受和利益，尽可能地让自己做一个及格的好人。

要以平和的心态面对与他人的利益冲突

自私的人只想占便宜不想吃亏，在处理利益冲突时，态度往往比较强横激进，常常闹得大家很不愉快。这是非常不可取的。为了蝇头小利剑拔弩张的人往往做不成大事，一个人唯有乐于让渡私利，拥有大胸襟大气魄才能成就大业。

华人首富李嘉诚在从事塑料花生意时，有一次已经将货物装上了船，中间商忽然打来电话要求退货，理由是美国买家生意倒闭，损失由他们承担。李嘉诚没有接受赔偿，他认为塑料花在中国境内同样拥有庞大的市场，不愁没有销路，于是果断地将出口转为内销。若干年后，李嘉诚的事业遇到了瓶颈，这时有一位美国富商找到了他，给他旗下的公司投入了大量资金，后来他才知道，那位富商之所以乐于跟他合作，是因为中间商的力荐。

李嘉诚让渡了一部分利益，却获得了更大的收益，这说明敢于吃亏不仅不会亏到自己，反而有可能收获更多的惊喜。老子说："夫唯不争，故天下莫能与之争。"克服自私自利的观念，学会不争的智慧，你必然能收获更多。

采用内省法观测自己的内心，时刻纠正自私的念头

内省法是由美国心理学家乔治·凯利提出的，它是一种非常有效的自我检测方法，为我们充分了解自己的内心世界提供了有利的途径。内省法包括两种：一种是自我观察法，是指有意识地观察自己的心理状态和心理活动；另外一种是实验内省法，是指受试者将自己的心理活动写成报告，心理学家以报告为研究资料，做出结论。克服自私心理，比较适合自我观察法。你需要时刻留意脑海中的自私念头，一旦有了自私的想法和行为，必须反思自己的过错，对自己的所思所想、所作所为予以纠正，逐渐矫正自己的自私心理。

多多参加

利用闲暇时间，多做些义工，主动帮助弱势群体，认真体验施与的快乐。平时热心为他人排忧解难，在助人为乐的过程中净化自己的心灵，慢慢地削弱自私心理对自己的影响。

第十三章

情感冷漠症：冷酷到底，麻木到底

基于各种各样的原因，人们习惯活在自我的小天地里，心灵渐渐闭锁，不愿与人交流，也不关心别人，孤高冷漠，情感淡泊，麻木不仁，如同没有知觉没有温度的冷血动物。这不是道德品质的问题，而是心理疾病在作祟。人是感情动物，没有人天生冷若冰霜；人又是群居动物，需要从外界获得关爱和支持，没有人天生喜欢形单影只、离群索居。冷漠只是一种保护色，孤独只是一种防御姿态。

其实情感冷漠的人在内心深处是渴望与外界建立联系的，他们拒绝这个世界，拒绝所有人，其实是因为内心太过脆弱，害怕受到伤害，不敢敞开心扉，拥抱阳光、空气和一切美好的东西。对所有光明温暖的事物持怀疑态度，宁可抱残守缺、冷酷到底，也不愿突破自我、超越狭隘，迈出崭新的一步。勇敢战胜自己，相信人性的美好，相信世间的善意，情感冷漠症便可自我疗愈。

冷漠：情感荒漠化的罪魁祸首

在繁华的大街上有一家大型快餐店，客流量非常大，生意十分红火。有一天，有位年轻的母亲抱着几个月大的婴儿走进了店里，想要给孩子买点水喝。店里虽然摆满了各式各样的冷饮，可全都不适合婴儿饮用。那位母亲很着急，左顾右盼地查看了一下，终于在一个角落里发现了一台饮水机，她赶忙走过去，想要接点纯净水给孩子喝。在接水之前，她礼貌地问服务员："你好，我的孩子渴了，能给我一杯水吗?"服务员不耐烦地打量了她一番，冷冰冰地说道："拿杯子来。"她不由得一愣，为难地说："真不好意思，我没带杯子。""那我就爱莫能助了。"服务员不想再理会她了。

"能把店里的杯子卖给我吗?"她诚恳地问道。"我们店杯子是不能单买的，你还是买杯饮料吧。"服务员不悦地说。"可是孩子太小，不能喝饮料啊，请你给我一杯水好吗?"她用恳求的语气问道。服务员索性不再睬她，冷漠地转过身去，忙着接待别的顾客了。

事后，那位母亲和邻居提起了自己的遭遇，邻居非常生气："这家店实在太没有人情味了，以后我再也不会光顾那里了。"这位邻居是一位教师，她任职的学校恰好挨着那家快餐店。第二天上班，她就把事情的经过分享给了学校的同事，同事们都很愤慨，又把这个故事讲给了学生听，学生知道后个个义愤填膺，表示以后再也不到那家快餐店就餐了。

后来快餐店的客人越来越少，它不仅失去了学生和教师两大群体，还失去了年轻的顾客群，年轻人对店里的服务态度极为不满，去过一次很少再去第二次。快餐店为了聚拢人气，推出了很多优惠活动，但顾客依然不买账，店里越来越冷清。随着越来越多的餐厅在附近开张，这家店经营状况越来越差，没过多久就关门大吉了。那个冷漠的店员失业了，她怎么也不会想到，她丢了饭碗，快餐店倒闭，这些都只是源于一杯水的冷漠。

法国有句经典谚语说："把爱拿走，世界将变成一座坟墓。"这是因为没有爱的世界，到处充斥着冷漠，地球将变成死气沉沉的荒漠。冷漠是社会的毒瘤，是情感荒漠化的罪魁祸首，也是一种扭曲的病态心理，不幸的是在当今的社会中，我们到处都能看到它的影子。无论走到哪里，你都能看到冷若冰霜的脸和不屑一顾的眼神，人与人之间的温情和关爱不知不觉消失殆尽，人们无心理会与自己毫不相干的人，不愿意在他人身上浪费时间，连举手之劳的帮助都不愿施与。

在这个冷漠而又缺少人情味的时代，人们偏偏又那么迫切地渴望得到爱，这真是一件矛盾的事情。我们对别人冷漠到了极点，却渴望别人对我们热情；我们对别人漠不关心，却希望别人对我们百般呵护；我们不在乎别人的喜怒哀乐，却希望别人把我们的一颦一笑放在心上。我们用冷漠冻结世界，世界还给我们同样的冷漠，最终受伤的不是别人，而是我们自己。我们在现实世界里找不到人性的温暖，只好把情感寄托在虚拟的故事中，总是情不自禁地为电视剧中男女主人公缠绵悱恻的爱情打动，为有情人不能终成眷属而哭得悲悲切切。可是回归现实以后，我们又戴上了冷漠的面具，对于他人的苦难并不同情，甚至连最后一点恻隐之心都丧失了。

曾几何时，我们把周围的人当成了熟悉的陌生人，尽管天天见面，互相之间却依然形同路人。我们不希望别人走进自己的生活，也不愿走进别人的生命，只想与他人成为无线延展又永不相交的平行线，彼此互不打扰，如果不是出于礼貌，平时连招呼都不愿打。曾几何时，我们开始警惕和抗拒陌生人，既不关心他们的处境，也不想为他们提供任何便利，对于他们的要求显得极为不耐烦。

如今我们所关心的除了无聊的八卦，就是微博朋友圈。我们开始热衷于自拍，连日常饭食都要发到网络上博取关注。在无声的虚拟世界里，我们似乎听到有人七嘴八舌地议论，可是那番热闹似乎是属于别人的，我们并不能从中得到任何安慰。我们常听人慨叹："人情冷暖，世态炎凉。"可是抱怨世界冷漠的人，是否认真想过，自己是不是同样冷漠。两个冷漠的人靠在一起是不能取暖的，群体性冷漠就更加可怕了，因为生活在那样的环境中，即使到了春暖花开时节，我们仍只能感受到严冬的寒冷。

想要改变这个冷漠的世界，我们应该从自己做起，先学会用一颗慈悲善良的心温暖别人，将正能量传递给每一个遇到的人，如此才能让这个冰冷的世界变温暖，让人间处处充满爱的影踪。

冷酷麻木意味着情感能力的丧失

在售票大厅，有位穿着迷彩服的中年男子向旁边的人打听上站台的路线，旁边的人不屑地说：“你以为这是哪里？你能爬上站台吗？你怎么能不买票呢？”中年男子面露难色，急得快要哭出来了：“我身上没有钱，徒步走了很久，脚都磨起泡了。”有个女孩听到了他们的对话，她仔细打量了一下那名中年男子，觉得对方看起来淳朴憨厚，应该不是骗子，于是主动问对方要去哪里。

中年男子说要去姐姐家。“路费需要多少？”女孩又问。“我不知道。”中年男子实话实说，他的样子就像是一个既无知又无辜的孩子。女孩又问他姐姐家在哪儿，弄清了地址后。中年男子想去的地方离此地不远，路费不过十多块。女孩从包里取出了三十元钱，递给了那名中年男子：“拿去买票吧。”中年男子说什么也不肯要：“我不能要你的钱。”女孩硬是把钱塞到了他的手里。中年男子再三谢过，感动得热泪盈眶。他拿着钱，哭着走到了售票点前，买到票之后，回转过身，再次向女孩表达谢意，连声说：“谢谢你，谢谢你。”

望着中年男子远去的背影，女孩心潮起伏，她想起了学生时代经历的一件事：当时她正要买票回家，面前忽然出现了一个老人，伸手向她要两块钱，声称自己没钱吃饭。看着眼前这位老态龙钟、一副苦相的老人，她动了恻隐之心，给了对方两块钱。谁知几分钟之后，老人又回来了，重复了一遍刚才的说辞，再次伸手要钱，女孩说：“刚才我已经给过你钱了。”老人被拆穿后恼羞成怒，粗鲁地往地上吐了一口唾沫，然后扬长而去。

女孩的善良遭到了亵渎，从此她变得越发冷漠，不再理会擦肩而过的老弱病残，直到遇到那个中年人，她的心忽然柔软起来，那一刻她拒绝了冷漠，做了自己想做的事，帮助别人解了燃眉之急，同时实现了自我救赎。

美国心理学家罗洛梅曾经说过：“恨并不是爱的对立面，冷漠才是爱的对立面。”的确，冷漠虽不像仇恨那样深刻浓烈，但却拥有同样的破坏力，它意味着情感能力的丧失，人一旦患上了情感冷漠症，就会变得麻木不仁、冷酷无情。无论是对亲友还是对陌生人，态度都十分冷淡，表现为没有同情心，没有责任感，总是用怀疑地眼光看待问题，拒绝被感动，奉行“事不关己高高挂起”的处世哲学，对所有不涉及自身利益的事情无动于衷。

在通常情况下，我们总是站在道德的制高点上批判人性的冷漠，却不知道很多人并非天生性冷漠，而是患上了情感冷漠症。情感冷漠症是一种心理疾病，患有这种疾病的人，内心非常痛苦，他们时常感到孤寂空虚，活得无比压抑，无法感受到世间的暖意。很多年轻人都像案例中的女孩那样，因为受过骗、上过当或是遭受过挫折，自以为看透了众生万象、世态炎凉，从此心灰意懒，对人对事漠然处之。女孩能成功自愈，是因为她用善良打败了冷漠。可惜大部分情感冷漠症的患者都不能攻克自己内心的冰冷，所以才会出现那么多集体冷漠现象，那么这种心理疾病究竟是怎么形成的呢？它又跟哪些因素有关呢？

早年的不幸经历

人在婴幼儿时期和整个童年时代，不能独立生活，需要父母的呵护。在成长过程中，孩子如果能从父母身上得到爱，并受到美好品质的熏陶，就能形成健全的人格；反之，孩子在家里感受不到温馨的氛围，平时没有人关心，还总是受到批评和责骂，会觉得这个世界上没有人真心爱他（她），久而久之，就会形成病态人格，与父母感情疏离，将进一步加剧他（她）对整个世界的对抗和敌对情绪。

遭受挫折打击

经历丧亲之痛、事业不顺或是身染重病，往往会陷入沮丧颓唐的负面情绪中无法自拔，痛苦到一定程度，就会变得麻木冷漠，从而患上情感冷漠症。一个人一旦失去了至亲、事业、健康，所有美好的希冀化为乌有，将不可避免地陷入绝望。到了自身难保的境地，已是心如死灰，自然没有多余的心力去关注其他的人或事了。

受过欺骗或伤害

有些人在患上情感冷漠症之前，不仅富有同情心，而且喜欢帮助别人。但是自己的善意不但没能换来别人的感激和回报，反而受到了无情的嘲讽，被人当成了没有心机的傻瓜。久而久之，就会觉得人善被人欺，以后再也不想主动帮助别人了。此外，近些年来社会上不断出现好人做好事反被讹诈的事件，人们愈发觉得热心助人会让自己受到伤害，出于明哲保身的需要，人们纷纷竖起了冷漠的高墙，拒绝向有需要的人伸出援手。

文化环境因素

西方少年离家前，母亲会叮嘱他说：“出门要抬头挺胸，直截了当地回答别人的问题。”中国母亲在与儿子分别的时候，却反复告诫孩子：“别人的闲事最好少管，多一事不如少一事。”由于受到不同观念的熏陶，后人的处事风格自然差异很大。中国人普遍不太喜欢插手和干涉他人的事情，注意力集中在自己的家庭上，对自家的老人、子女、兄弟姐妹愿意不计回报地付出，对于陌生人却并没有那么热情，也不太热衷于参与公共事业，这种社会文化在一定程度上助长了冷漠的风气。如今人们越来越重视个人利益，价值观念严重扭曲，传统的家庭伦理观念也受到了不小的挑战，代际之间、手足之间的关系日渐疏离，这些因素都为情感冷漠症的蔓延埋下了隐患。

火热的温情可以融化世间的冰雪

迪恩是一个极度冷漠的人，他对任何人都没有感情，从不相信亲情、友情、爱情的力量，认为情感是没有价值的，与其婆婆妈妈地跟别人谈论爱的重要性，还不如多多关注一下股市，多赚一桶金。

迪恩从小就具有商业头脑和投资意识，他利用暑假期间向人兜售过自制的饼干，发了一笔小财，还利用业余时间集邮，之后将每一枚邮票都卖出了大价钱。长大以后，他在商业领域取得了巨大的成功，成为了股市中的一名大鳄。平时他也只关心商业上的利益，与之无关的人或事全都漠不关心，公开露面的时候，总是一副冷冰冰的样子。到了晚年，他已经没有那么多精力打理公司了，做事越来越力不从心，在万般无奈的情况下他不得不退居二线，将企业移交给儿子管理。

迪恩忽然有了大把的闲暇时间，他突然感到无比孤寂和无聊，百无聊赖之际，开始反思人生。不知为什么，在总结自己一生的时候，他丝毫不感到荣耀，却觉得自己活得太悲哀，他这辈子都在拼搏奋斗，积累了无数的财富，然而却没有开心地活过一天。他从来没有笑过，从未体会过愉悦的感觉，这样活着跟行尸走肉又有什么区别呢？

教育学家苏霍姆林斯基曾经说过：“没有情感，道德就会变成枯燥无味的空话，只能培养成伪君子。”很多人认为，冷漠的出现是道德滑坡造成的，想要扫除冷漠，必须施行道德体系的重建。其实不是这样。冷漠主要与人内心的情感世界有关，冷漠化现象是情感闭锁的结果。由于各种错综复杂的原因，人们选择了封闭自己，拒绝感动和流泪，只想一脸漠然地行走在熙熙攘攘的街头，但内心深处依旧渴望得到温情与爱，依旧渴望受伤的心灵得到治愈，希望摆脱情感冷漠症。那么究竟该怎么做才能逐渐消除情感冷漠症呢？

从关爱身边的人开始，学会关爱他人

想要改变冷漠的状态，不妨从改变对家人、朋友的态度做起。疲于奔命、忙忙碌碌的你，可能抽不出太多的时间跟父母相处，但是打电话问候父母的时间总是有的。平时要多多跟父母沟通，经常嘘寒问暖，这样有助于重拾失落的亲情，慢慢融化你内心的冰块。下了班之后，尽量不要再为工作上的事烦心，陪孩子做做游戏，享受一段甜蜜的亲子时光，陪伴侣饭后散散步，让自己的内心重新变得温柔柔软起来。隔三岔五与朋友小聚一番，杜绝客套话和虚伪的排场，尽可能地多说一些真心话，认真体会友谊给自己带来的幸福感。

当你恢复了对亲情、友情、爱情的感知能力，对待自己亲近的人不再那么冷漠时，可以尝试着多给同事、陌生人一个微笑，多多关心需要帮助的人，逐渐攻克自己的情感壁垒。

加强与外界的交流，走出封闭状态

情感冷漠的人往往沉迷于自己的世界，缺少与外界的沟通和交流，因此对外界的人和事越来越不感兴趣，以至于变得越发麻木。想要改变这种状态，就必须改变自己的生活方式。尽可能地多参加社交活动，迫使自己从封闭走向开放，唯有如此，你才能从消沉麻木的状态中走出来，变成一个积极、热情、阳光、有爱心的人。

增强社会责任感

不可否认的是，人类社会是不完美的，因为它是由不完美的人构成的，不少人很难信任陌生人，本能地想要拒人于千里之外，更有甚者觉得社会亏欠自己，只想索取，不想付出，一味埋怨社会冷漠，这些做法都是不可取的。作为一个有责任感的公民，我们应该努力推动社会的进步与发展，而不是站在冷漠旁观的队伍里发牢骚。在痛斥冷漠现象的同时，我们应当反思自己，从抑制自身的冷漠做起，然后用自己的热情去感染身边的每一个人，用火热的温情融化世间的冰雪。

从日常小事做起，把自己塑造成一个热心肠的人

作为普通人来说，我们很难做出惊天动地的壮举，因为我们的能力非常有限，但我们可以从不起眼的小事做起，为这个世界贡献一份光和热。有些人认为只有腰缠万贯的企业家才有资格和能力做善事，普通的平民百姓只要过好自己的生活就可以了，不必关心他人的疾苦。这种观点是极其错误的，消除社会冷漠需要的是每个人的努力，作为平凡的人，我们仍然可以向人间撒播爱心和正能量。从给老年人让座、为陌生人指路等小事做起，用实际行动消解人与人之间的冷漠，在帮助他人的同时，净化自己的心灵。

第十四章

荒谬的妄想症：虚妄世界里的白日梦

妄想症有点类似于我们常说的痴人说梦。身无分文的人，妄想着自己成了腰缠万贯的大老板；长相平平的人把自己想象成了魅力无敌的公主或王子，以为全天下的异性都暗恋自己；平平凡凡的小人物，把自己想象成了世界公敌，觉得所有人都有可能设计陷害自己，连家人朋友都不例外。

患者分不清想象和现实的边界，坚信头脑中的幻想就是不可辩驳的事实，终日活在自编自导自演的荒诞戏剧里，天天都在做白日梦。可是他们又逃不开现实世界，所以注定会屡屡受挫，或者受到惊吓，这种心理疾病必须得到及时的改变和治疗，否则很有可能发展成精神分裂症。

妄想——狂乱不羁的痴想

崔西忧心忡忡地来到了医院，伸出胳膊对医生说："你看，我的身上长了那么多小虫子，它们每天都在我皮肤上爬，痒得我受不了，求你快帮我把这些虫子消灭干净吧，我都快被折磨得崩溃了。"医生仔细看了看她的手臂，一条虫子都没看见，倒是看到不少抓痕，感到非常奇怪。

崔西声称一个多月前，她发现胳膊奇痒难耐，上面爬满了小虫子，为了消灭小虫子，她想尽了办法，用药水清洗完，又用手捉，可是不知为什么小虫子不但没有被消灭，反而越来越多。从此她日夜抓挠皮肤，把手臂抓得伤痕累累。由于皮肤奇痒难忍，她认定自己患上了某种怪病，所以一直拖着不敢检查，今天好不容易才鼓起勇气到医院治病。

"医生，我是不是得了癌症?"崔西近乎绝望地问。医生初步判断她的身体没有毛病，很有可能是患上了妄想症。经过检查，他的推断果然没错，崔西身体各项指标都很健康，她根本就没有病。

研究显示，一万人当中，至少有三人患有妄想症。提起这种心理疾病，我们并不陌生，由于现在压力太大，现代人的心理越来越脆弱，时常疑神疑鬼，恐慌情绪蔓延，妄想症由此得以乘虚而入。患者大部分时间分不清现实与虚幻的界限，惯于将毫无根据的假设当成事实依据进行推理，得出的结论严重脱离实际，甚至有些荒诞不经。病情有轻有重，妄想有时短暂，有时持久，内容大部分与患者的生活经历有关。男女患病率均等，各个年龄阶段都有可能发病，未婚人士发病的人数远远高于已婚人士，性格孤僻的人群患病率更高。生活中常见的妄想症主要包括以下几种：

疑病妄想症

患者坚信自己罹患重病或是得了不治之症，惶惶不可终日，经医疗手段检查，并没有患上什么重症，看到诊断结果以后，他仍然十分焦虑，固执地认为自己已经病入膏肓了。这种现象在现实生活中比较普遍，比如某些人嗓子不舒服，怀疑自己得了喉癌，偶尔感到头昏头痛，就怀疑自己患上了脑癌，由于天气闷热流了一点鼻血，怀疑自己得了白血病……有的人怀疑体内长出了寄生虫或是有无数小虫附着在皮肤上，还有人幻想自己的五脏六腑已经腐烂，现在只剩下了一具空壳。这些幻想都非常骇人可怕，不仅给患者增添了很大的心理负担，也给家人带来无穷无尽的麻烦。

据说张爱玲晚年的时候，饱受“虫患”之苦，花了大量的时间和精力灭虫，频繁地辗转搬家，但仍然觉得有无数小虫在自己皮肤上爬，为此焦虑不已，有人提出她极有可能是患上了疑病症。她曾经写下过这样的句子：“生命是一袭华美的袍，上面爬满了虱子。”足见其对虱虫的厌恶和恐惧，晚年看到的虱虫很可能是一种幻象。

情爱妄想症

患者喜欢幻想自己正在和一个理想的恋人谈恋爱，但是他（她）幻想的对象可能根本就不存在，仅仅是一个美丽的魅影，也可能是某个遥不可及的大人物，比如光芒万丈的名人、炙手可热的偶像派演员，在现实生活中，两人并无交集，很少接触或者都不曾见过面。患者陶醉在自己想象的世界里，对幻想中的事情深信不疑，有时可能做出一些异常的举动，骚扰和跟踪别人，扰乱别人的正常生活。

在追星风潮兴盛的今天，狂热的追星族很容易患上情爱妄想症，病情较轻的把演员写入杜撰的小说，自己化身为女主角或男主角，与演员演绎一段缠绵悱恻的爱情故事，以此满足对演员的喜爱。重者则把演员误当成自己的情人或伴侣，并深陷其中无法自拔。

钟情妄想症

患者自认为魅力无敌，坚信自己被异性暗恋，被严词拒绝后，依然纠缠不休，误以为对方故意设置障碍，旨在试探自己对爱情的忠诚度，于是继续死缠烂打。这种疾病多见于青春期的少年少女，情窦初开时，年轻人开始对异性想入非非，心中暗生情愫，以为对方同样痴情地爱着自己，由此相思成病。《唐伯虎点秋香》中的石榴所患的正是此类妄想症，她暗恋风流倜傥的唐伯虎，便想当然地认为唐伯虎也钟情于自己，被拒绝后仍然不死心，反而变本加厉地纠缠对方。

自大妄想症

患者喜欢幻想自己是一个能力超凡、学识渊博，身份尊贵的大人物，无论走到哪都受人吹捧和尊重，因此变得妄自尊大，日益傲慢起来。有的人坚信自己是名门之后，有着不凡的身世，或是拥有某种他人所不及的特异功能。

塞万提斯笔下的堂吉诃德所患的正是这种妄想症，他只是一个落魄的乡绅，并没有什么过人之处，终日沉迷于骑士小说。读书入了迷，把自己幻想成了中世纪的骑士，于是毅然披上了破旧的铠甲，找了一匹瘦马，拉上邻居桑丘，到处行侠仗义，做出了一系列令人啼笑皆非的荒唐事。

被迫害妄想症

患者坚信某个人或某个团伙企图蓄意谋害自己，常觉得自己卷入了巨大的阴谋中，极有可能被跟踪被下毒，时刻处在危险之中，因此处处小心防备，心理压力非常大。有的人幻想居室里被安装了窃听器，自己经常出入的场所被布下了高科技杀戮武器，精神高度恐慌。

嫉妒妄想症

患者怀疑伴侣对自己不忠，常采取一些极端的手法来收集罪证，比如派私家侦探监视伴侣的行踪，在家里偷偷安装摄像头或是频繁检查对方的手机、邮箱。患者之所以这样做，很可能是因为自身有疑心病，而且想象力丰富，总是把虚构的故事当成现实，也有可能是因为伴侣曾经有过不忠的行为，对此依然耿耿于怀。

关系妄想症

患者坚信周围发生的事情全都与自己相关，认为电视里的剧情、广播中的新闻、报纸上的文章，全都在含沙射影地反映自己的家事，因此而感到恐惧和气愤。看到别人窃窃私语就怀疑是在讲自己坏话。听到咳嗽声或是看到别人眨眼，便认为对方蔑视自己。

严重的妄想症患者，被幻觉幻听所包围，经常胡言乱语，显得狂躁不安，症状与精神分裂症无异，这种情况，必须及时到医院接受专业的治疗，不可掉以轻心。没有出现精神分裂的征兆，但日常工作生活已经受到很大影响，可考虑以药物治疗为主，适度配合心理疏导。轻度妄想只是患上了一般的心理疾病，只需进行适当的心理调适即可，无须太过恐慌。

步入虚幻，只是为了逃离现实

丹妮是一名普通的小职员，收入一般，工作也表现平平，自知加薪无望，不知不觉就迷上了股票和彩票。前几年炒股的时候，她被朋友骗过，损失了一笔钱，从此不敢再轻易相信别人。近期由于工作状态不佳，屡次出现失误，被扣了好几个月的奖金。她非常沮丧，怀疑同事在工作环节的衔接中做了手脚，故意陷害她。她越想越气，从此把所有的同事视为势不两立的敌人。

丹妮每天疑神疑鬼，不是怀疑别人说她坏话，就是怀疑有人在暗中搞鬼，觉得全世界都在跟自己作对，为此烦心不已。后来她很幸运的中了5000美元，无论走到哪里都怀疑有人盯着自己看，并多次幻想自己被打劫。直到把奖金全部花掉，才感到心安。

妄想本质上是一种逃避现实的手段，在现实世界里遭受挫败的人，为了克服那种软弱无力的感觉，往往会在精神世界里重塑一种秩序，虚构一些匪夷所思的故事，用以满足自己无法实现的隐秘愿望，或是用来缓解内心深处的焦虑。妄想症其实是潜意识的产物，它所反映的是你真实的内心世界以及某种特殊的情感需求，那么这种心理疾病具体是怎么产生的呢？它又与哪些因素有关呢？

压力因素

心理压力过大是妄想症产生的根本原因。当压力达到心理无法承受时，你就可能采用妄想的方式来缓解心头的焦虑。比如你担心自己被伤害，终日恐惧焦虑，在妄想中体验被迫害被袭击的感觉，在一定程度上能释放焦虑感。再比如你面临着巨大的工作压力和生活压力，担心自己的身体吃不消，在妄想中体验罹患重病的感觉，能在一定程度上缓解和释放紧张感。

人际因素

与周围环境格格不入，家庭关系不和谐，与同事相处不快，缺少朋友，经常和别人发生争执，人际关系一团糟，会不自觉地把自己幻想成受害者的角色。认为所有人都可能迫害自己，别人的言论处处针对自己，从此变得疑神疑鬼、神经过敏，可能患上被迫害妄想症、关系妄想症、嫉妒妄想症等多种妄想症。

心理因素

力量感和掌控感缺失，现实和理想存在巨大差距，只能通过想象来弥合两者之间的鸿沟。比如默默无闻的小人物经常把自己想象成万众瞩目的英雄、不可一世的商业巨子、高不可攀的权威人物，在虚幻的世界里，他们得到了极大的满足，误以为自己真的脱胎换骨，变成了自己渴望成为的人，因此言行举止变得格外傲慢。

有的人幻想成为大人物，有的人则幻想与白马王子或梦中女神谈恋爱，他们之所以有这样的幻想，是因为觉得自己很平凡很卑微，配不上神圣的爱情，与恋爱对象存在着不可逾越的障碍，只能在幻想中成全自己。

性格因素

敏感多疑、个性孤僻、好猜忌的人比较容易得妄想症。这类人惯于用怀疑的眼光打量世界，对人缺乏最基本的信任感，平时感受不到友谊和温情，看到一点蛛丝马迹，就免不了要以恶意揣测别人。此外多愁善感、沉郁多情的人也比较容易患上妄想症。过于感性的人，往往缺乏理性的判断，遇事过于依赖直觉，容易沉湎于想象的世界里走不出来。

生活因素

生活节奏太快，整日忙忙碌碌，没有时间照顾自己的感受，久而久之就会罹患各种心理疾病，很有可能患上妄想症，白领一族比较符合此类情况。生活太过闲散，感到百无聊赖，觉得时间犹如停滞般缓慢，也有可能患上妄想症，家庭主妇、待业青年及空巢老人属于此类情况。

许多待业青年为了逃避就业的压力，长期沉迷于网络游戏，时间久了，就会把自己幻想成游戏中的某个角色，仿佛自己真的成了铁血悍将或是了不起的大英雄，莫名骄纵起来。家庭主妇在社会上找不到自己的位置，付出的劳动不为外界所认可，经常感到失落，在消磨时间的过程中，她们极有可能把自己幻想成自己渴望成为的人物，用以填补内心的空虚。空巢老人长期被忽视，心理比较容易出问题，加上闲暇时间太多，难免感到无聊，有时会自怜自伤，所以也比较容易患上妄想症。

其他因素

某些人心中藏着难以启齿或是不可告人的秘密，害怕被人发现，整日惶惑不安，承受着巨大的心理压力，很容易患上各种各样的妄想症。其实他们也很想与别人分享秘密，渴望坦然地活着，但由于各种各样的原因，他们不得不保守秘密，由于无法向人倾诉，又总是害怕被人拆穿，久而久之就会患上妄想症，误以为别人已经洞悉了自己的内心。

总疑心有病其实是得了心病

史密斯近期常感到下腹部疼痛，有时有腹泻症状，他怀疑自己得了严重的胃肠道疾病，整日焦虑不安，到医院检查了好几遍，都没有查出什么毛病，医生认为可能是吃错了东西。史密斯不信，他怀疑自己得了肠癌，坚决要求住院治疗，医生拿来肠胃镜检查的结果给他看，告诉他他的肠胃没有任何问题，他仍然疑虑重重，坚持认为自己患上了癌症。

史密斯回到家之后，整日坐卧不宁，整天想着死亡的事情。他想自己可能已经病入膏肓了，医生也无力回天，所以不愿意在他身上浪费时间，索性说他没病。他整日精神紧绷，已经没有精力继续工作了，索性请了个长假，这是他参加工作十多年以来，第一次休长假。以前他总是加班加点地熬夜工作，晚上饿了就吃干面包充饥，现在身体出了问题才知道健康有多么宝贵。

为了消除心头的疑虑，史密斯又去了好几家大医院求医，医生没有发现任何异常。史密斯非常失望，垂头丧气地回到了家里，此后便经常失眠，心情无比低落，他甚至拟好了遗嘱，开始默默地为自己安排后事。

早在遥远的古代，我国就有关于疑病症的记载。有个叫杜宣的人赴宴饮酒，误以为杯子里有蛇，忧心如焚，觉得自己命不久矣，遂忧思成疾，得知蛇影纯属虚幻，酒杯中浮现的其实是弓的倒影，大病便不治而愈。这就是成语“杯弓蛇影”的由来。现实中的疑病症就是杯弓蛇影的翻版，患者坚信自己患上了并不存在的疾病，不相信医院的诊断报告和检测结果，无论医生怎么解释，都不足以打消其疑虑。

如今，疑病症的群体已经由体弱老迈的中老年人扩大到了血气方刚的年轻人身上，这是因为年轻人工作压力过大，身心俱疲，平时疏于照顾自己的身体。

并且没有定期体检的习惯，只要稍感不适，就怀疑自己生了重病，假如医生解释不清，言语表情让患者产生了误解，会进一步加重患者的焦虑情绪。此外婚姻破裂，与朋友往来减少，长期孤独生活，缺乏安全感，也有可能诱发疑病症。

要想知道自己是否得了疑病症，可参照以下标准：

1. 过分担心自己的身体健康，所忧虑的疾病与实际情况明显不符；

2. 对正常的生理现象做出病理性解释，略感异常便怀疑自己身染恶疾；

3. 疑病的念头根深蒂固，在没有任何根据的情况下，坚定地认为自己罹患了重病；

4. 反复到医院检查，未检测出疾病，不相信检查结果和医生的解释，始终心存疑虑。

如果你目前的表现与上述情况相符，即可判断自己患上了疑病症。重度疑病症需要在专家的指导下进行专业治疗，病情较轻的可通过自我调节缓解心理不适，逐渐摆脱疑病症，那么具体该怎么做呢？

调整认知

从本质上来讲，疑病症属于心理疾病，它是由错误的认知引起的，所以只有矫正认知，改变错误的观念，才能从根本上消除精神上的痛苦。假如你怀疑自己的身体器官发生了器质性病变，甚至怀疑自己患上了不治之症，先不要考虑自己染上恶疾以后，情况会变得多么糟糕，终止那些令人恐慌的想象。冷静下来之后，不妨想一想你的怀疑是否有证据支持，既然医院的检测结果显示你完全正常，没有染上任何疾病，那么你的结论为什么不能被推翻呢？

倘若你已经丧失了理性判断的能力，不再相信医院、医生以及任何科学的医疗手段，坚决认为自己患上了某种难以被检测出来的恶疾，那么不妨问一问自己，疾病会随着你的警惕性提高而减轻或消失吗？过于警惕和紧张是不是会加重你的病情呢？既然如此，为什么不试着放松下来呢？

患上疑病症之后，你也许会常常想到死亡，对死亡的恐惧已然让你失去了理智，想要摆脱这种恐惧，只有一个办法，那就是树立正确的生死观。生与死对任何人来讲都是一件大事，生命对每个人来说只有一次，它不是永恒的，因此才显得弥足珍贵。在这个世界上，鲜有人能坦然地面对死亡，但谁都不可能摆脱死亡。人生本来就是一个向死而生的过程，这是亘古不变的自然规律，不受人的意志所左右。你唯一能做的就是，珍爱生命，珍惜每一天，充实而快乐地活着，不要留下太多的悔恨和遗憾，安然地走向生命的终点。虽然你不知道生命什么时候会戛然而止，但至少能够把握今天，过好每一个今天，把握好眼下的分分秒秒，就是对生命最大的尊重。

多给予自己积极的暗示

患上疑病症，最容易接受不良暗示，哪怕只是感冒发烧，也能被解读成恶疾的征兆。更糟糕的是，你会没完没了地给予自己消极暗示，促使疑病的念头越来越牢固。在这种情况下，你必须每天坚持给予自己正面的积极的暗示，以消除不良暗示带来的消极影响。早晨起床时，不妨暗示自己："今天我感觉非常好，觉得神清气爽，全身充满力量。"需要注意的是，暗示语中不能出现任何消极的词汇，千万不能暗示自己说："我没病。""我的胃不痛了。""我相信我没得癌症。"而要将其改为"我很健康。""我的胃很舒服。""一切正常。"

加强体育锻炼，增强体质

疑病症的患者，身体很有可能于亚健康的状态，平时多参加体育锻炼，注意劳逸结合，让自己有一个健康的体魄。这样做既能消除潜在的隐患，又能起到增强体质的作用，可以有效防止病魔入侵。当你切实感受到自己身体越来越强健，越来越有活力的时候，就不会莫名其妙的为健康担忧了，疑病症这种心病也就不治而愈了。

自作多情，小心相思成疾

凯特是个非常怪异的女孩，她总是喜欢自作多情，只要有人主动和她说话，她就以为别人在暗恋她，经常搞得别人一头雾水。有一天有位高高瘦瘦的男同事请她帮忙打印一份文件，她频频地向对方暗送秋波，搞得对方毛骨悚然。事后她到处宣扬说那位男同事暗恋她，在办公室里主动向她示好。男同事得知后非常生气，否认了这段莫须有的恋情。

凯特依旧不清醒，不依不饶地说："你主动搭讪我了。我知道你是喜欢我的，只是不好意思讲出口。现在我已经向全体同事公布了我们的恋情。你不要感到不自在，以后我们可以公开交往了。”男同事说了声“莫名其妙”便转身离开了，从此故意躲着她。凯特认为，那位男同事是在故意考验她，是想通过这种方式看看她对这份感情是否执着，所以无论被拒绝多少次，她都不肯放弃，对方不胜其烦，只好申请调到其他部门，并且仓皇地搬了家。

凯特身材矮小，五官平平，长着一双灰色的小眼睛和两只粗壮的胳膊，外表一点也不迷人。事实上她不曾被异性追求过，也没有人暗恋她，男同事对她并无好感，一切都是她幻想出来的。在逼走这个男同事之前，她先后纠缠了五六个异性，几乎快被当成了神经病。

心理学家认为，当你深深地喜欢一个人，整日朝思暮想，会倾向认为对方也同样喜欢自己。也就是说，人陷入单相思时，很有可能把同样的感受强加在对方身上，把一段幻想中的感情误当作两情相悦的事实，进而患上钟情妄想症。

在患者眼里，自己所中意的对象，也在疯狂地爱着自己，对方的一举一动全都是示爱的表现，丝毫不含感情色彩的一句话会被解读成柔情蜜意的表达，随口的一句问候会被当作感人肺腑的绵绵情话。患者对自己被暗恋一事深信不疑，仿佛真的坠入了爱河，整天幻想着与对方朝夕相守，无休止地纠缠别人，时而偷偷跟踪对方，时而胡思乱想，行动诡异，举止轻浮，如同花痴一般。

一般而言，性格孤僻压抑，思想偏执，极度自卑的人，比较容易患上钟情妄想症。这是因为他们在现实世界里得不到爱情，欲望得不到满足，身体内积压的能量无法释放出去，所以当有异性靠近时，他们会情不自禁地浮想联篇，认定对方钟情于自己，沉浸在幻想的世界里，没有办法走出来。患上钟情妄想症，应马上到心理医生或精神科医生那里求助，进行专业的治疗，以免延误病情，病情较轻者可自行进行心理调适，具体方法如下：

有意识地为自己减压，暂时不要为婚恋忧心

钟情妄想症的患者，大多情场失意，要么不被异性喜欢，要么受过沉重打击，在婚恋方面非常不自信，心理压力比较大，所以才会产生不切实际的幻想。要想摆脱妄想，首先要学会给自己心理减压，不要急于逼迫自己走入婚姻殿堂，也不要着急和别人修成正果，把心态放平和，一切顺其自然。人生漫漫，来日方长，总能找到适合你的人。感情的事不能急于求成，它是一个水到渠成的过程，对于姻缘不要太过苛求。

妥善地处理单相思

爱情是建立在两情相悦、互相倾慕的基础上的。你喜欢的人未必会喜欢你，你不能把自己的情感强加在别人身上。如果你表现得太过激就很可能连朋友都做不成了。单相思是一件很痛苦的事情，因为你和最爱的人可能只隔着一面玻璃墙，那个人却不知道你爱他（她），即使知道了，他（她）可能已经心有所属，钟情的那个人并不是你。在这种情况下，苦苦痴缠是没有意义的，不妨把这种美好的情愫藏在心底，默默地守候和祝福自己所爱的那个人，或者索性放开，寻找另一段感情，把时间花费在爱自己的人身上，在真实的世界里而非幻想中感受爱情的甜蜜。

找寻为什么

钟情妄想症的患者，会不遗余力地求证别人对自己的爱，即使被对方再三拒绝，仍然不能从迷梦中清醒过来。在这种情况下，不妨反其道而行之，如果对方已经明确表示对你没有好感，你不妨假定对方所言为真，然后搜集证据证明这一观点，当你意识到对方确实对你没有感情时，就会幡然醒悟，结束一切痴缠。

妄自尊大只不过是自卑的假面而已

琼斯是普通高校毕业的学生，没有任何工作经验，各方面能力也一般，但是她却自视甚高，把自己当成了百年难遇的千里马，刚刚参加工作一个月，就要求老板提拔自己为部门经理，并威胁说，假如自己的正当要求得不到满足，就要马上辞职走人。老板没有理会她，态度冷淡地说："那就请另谋高就吧，祝你好运。"琼斯愤愤地说："我的离开，将成为贵公司有史以来最大的损失，你一定会为这个草率的决定后悔一辈子的。"

两个月后，琼斯又找了一份工作，她到处向别人吹嘘自己有多能干，还说过不了多久，她就能被提拔成CEO，年收入将超过百万。同事都认为她脑子有问题，全都不愿意理睬她。后来公司的高层出现了职务调动，总经理一职出现空缺，琼斯自信满满地向老板毛遂自荐。老板认为她资历尚浅，性情又太过浮躁，断然拒绝了她的请求。琼斯被拒绝后恼羞成怒：“我就是最佳人选。虽然我没有管理经验，但我的综合素质和学习能力远在他人之上，你也许还不知道我的真实身份吧，我出身高贵，继承了贵族的血统和基因，我天生就适合做领导者……”

老板不耐烦地打断了她的长篇大论：“我建议你去看看心理医生。”“什么？”琼斯大叫道：“我把惊天机密告诉你，完全是出于对你的信赖，你居然怀疑我有心理病，真是岂有此理。”说完，她气冲冲地摔门而去，从此再也没有出现过，办公室又恢复了往日的清静。

自大妄想症的患者通常看起来比较狂躁，他们常发表一些令人匪夷所思的言论，明明两手空空、身无分文，却到处宣扬自己拥有千万家产；分明相貌平平却觉得自己魅力过人；身份平凡却宣称自己是超人转世或名门后裔。由于那套说辞和事实之间存在着巨大的差距，他们很有可能成为众人的笑料。可悲的是，别人的嘲笑和反讽仍然不能让他们清醒，他们不仅自我感觉良好，而且态度傲慢、盛气凌人，喜欢居高临下地审视别人。

之所以患上这类妄想症主要有两点原因：一是在社会上没有地位，内心极度自卑，个性偏偏又非常好强，为了减轻心里的失落感，只好借用夸张的言辞来满足内心的隐秘愿望；二是身为平凡的小人物，长期被忽略，存在感较弱，为了吸引眼球，博得更多的关注，故意狂言乱语。

自大和自卑是一枚硬币的两面。极度的自卑通常表现为妄自尊大，情形过于严重就会患上妄想症。自大妄想症是自尊得不到满足引起的，那么患上这种疾病，该怎么进行恰当的心理调适呢？

先弄清病情的轻重，把自大的想法控制在合理范围内

极度的自大对自身是有害的，必须及时得到矫正，但适度的自大并无大碍。事实上，大多数人都渴望出人头地，小人物心中往往藏匿着大梦想，很多人都希望成为名人、伟人，成就一番大业，这本身没有什么错。人类天生是具有雄心的，人在天性上就有渴望超越平庸的倾向。如果这种想法能给你带来上进的动力，尚未给你的生活造成困扰，你无须急着纠正自己的认知。可以保留自己的雄心壮志，但言谈举止不要过于傲慢，一定要把自大的想法控制在合理的范围内。部分自大妄想症的患者在服药之后，恢复了理智，从此郁郁寡欢，在竞争中再也找不到自信的感觉了，因此心理学家得出结论，适度的自大对人是有好处的，它能在一定程度上提升自尊，使人自我感觉良好，可见任何事物都具有两面性，自大亦然。

采用自我暴露的方式疗愈心伤，重塑自尊

自大妄想症的患者普遍低自尊，这可能与过往的某些不愉快经历有关。他们渴望自己强大，在现实生活中往往表现得比较软弱，渴望被尊重被认可被接纳，却总是被排斥在外，受尽冷遇。不妨从记忆库中搜索一下，那些让你感到力不从心的时刻，那些被人拒绝和嘲讽的时刻，重温那段记忆，重新体会一下那种低人一等的感觉。你的羞耻感被激活后，心底的伤疤全部会暴露出来，长期积压的负能量便会得到释放，内心的伤口会随着时间的推移慢慢愈合，破碎的自尊也将渐渐弥合。

用平等的眼光看待自己和他人，消除分别心

长期以来，人类社会都是以名利、财富、地位来划分人的等级的，正是因为有了这种分别等级，才会有那么多的人渴望成为人上人，想要处处高人一等。也就是说一切的野心和傲慢自大的表现都是建立在等级观念的基础上的。那么破除等级观念以后又会如何呢？你会发现，自己完全没有了傲慢的理由。既然每个人都是平等地生活在蓝天下，那么向别人吹嘘夸耀身外之物还有什么意义呢？当你的思想超越了世俗观念，所有无聊的幻想也就消失于无形了。

对被迫害妄想狂而言，生活就是惊悚片

狄克最近觉得身体不适，他怀疑妻子在饭菜里下了毒。第二天一大早，他就到警察局报了案。他说："前些日子我太太给我买了人寿保险，为了骗取保金，她竟然对我起了歹心，趁我不备，把一小戳白色粉末放进了饭菜里。""你说的白色粉末是盐吧？"警察不慌不忙地问。狄克是警察局的常客，每隔一段时间他都会来这里报案，说妻子往饭食里放了慢性毒药，企图将他毒死，经医生诊断，他是患上了被迫害妄想症。

"不，不是盐，我敢肯定，那一定是某种新型的毒药，我把下过药的饭食给

狗吃，狗都不肯吃。”狄克再三坚持道。“那狗平时吃什么？”警察问道。“吃狗粮啊。”狄克回答说。“它吃惯了狗粮，不喜欢人的饭食。”警察分析说。这个说法没有说服狄克，狄克说：“狗的鼻子很灵敏，它能闻出饭食有毒，所以才不敢吃。”警察拿出一袋盐在他面前晃了晃：“这就是你说的白色粉末。”狄克紧紧地盯着那袋盐，莫名大哭起来：“你一定和我太太串通好了，想要合谋毒害我，不然的话，你这里怎么也有一袋同样的毒药？”

在被迫害妄想症患者的眼里，生活比好莱坞的惊悚大片还要惊险刺激，他们利用天马行空的想象力，编造了许多惊心动魄的逃杀大戏。在想象的世界中，他们就像待宰的羔羊一般无助，不仅被凶徒跟踪追杀，还会被亲人迫害，电话被监听，银行卡被盗取，到处都充斥着可怕的谎言和阴谋。

这种病症在不少影视作品和文学作品中都有反映，其中鲁迅创作的《狂人日记》最为经典，它淋漓尽致地体现了一个被迫害妄想狂复杂而又激荡的内心世界。主人公怀疑周围的人都在吃人，整天担心自己会被家人谋害吃掉，言语癫狂，行为怪异，几乎到了精神错乱的地步。一般而言，被迫害妄想症的患者平时与正常人无异，表达能力尚可，言语清晰，所描述的都是真实的感觉，并非有意捏造，关于自己被谋害的细节异常生动翔实，但逻辑错误明显，前后情节矛盾，漏洞百出。

被迫害妄想症大多是因为精神压力和心理创伤造成的，得了这种妄想症必须及时到医院就医，此外，还需要掌握一定的心理调适方法，时刻为自己舒缓心理压力。有的人认为最好的调适方法就是转移注意力，用忙碌来赶走那些乱七八糟的想法，这种方法最初可能有点效果，但终归是治标不治本。对于妄想症患者而言，很多令人恐惧的想法都是直接闯入脑海的，它们往往令人猝不及防，只要你稍事休息，所有可怕的念头又会排山倒海地席卷而来。那么究竟该怎么做才能赶走那些令人不寒而栗的想象呢？

要学会释放压力

患上这类疾病的人，大多承受着巨大的工作压力，要么经常开夜车加班，要么经常被老板指责批评，身心疲惫到了极点，几乎要走向精神崩溃的边缘。如果不能及时为自己减压，后果不堪设想。患上妄想症以后，必须要调整自己的工作状态和生活状态，可以考虑换一份相对轻松的工作，或是先辞职休养一段时间，到风景优美的旅游胜地旅行一次，让自己紧绷的神经彻底放松下来，待自己完全恢复以后，再考虑工作方面的事情。你需要明白，身心健康比什么都重要，没有健康等于一切都是零，事业和工作永远排在健康后面。为了健康考虑，你必须放弃工作。

时刻提醒暗示自己，所有恐怖的想象都是幻觉

当你怀疑自己被跟踪或被谋害时，不要过于恐慌，试着深呼吸几次，告诉自己这一切都是幻觉。在戳破幻境的一刹那，你会马上恢复理智，回归现实。影片《分歧者》讲述的就是与虚幻的想象对抗的故事。女主角翠丝在接受训练的过程中，必须承受虚拟幻象的考验，每次受困时，她都会大声提醒自己“这不是真的”。话音一落，一切恐怖的幻象瞬间灰飞烟灭。你可以借用同样的方法与自己脑海里的幻象做斗争，慢慢走出困境。

加强与外界的交流，尝试着相信别人

患上被迫害妄想症之后，你可能会怀疑所有人，连自己的家人和最亲密的朋友也信不过，渐渐地，会变得越来越自闭。由于长期与世隔绝，你更加无法信任别人，如此一来，更容易陷入被迫害的妄想中。若要驱散这种幻想，就要加强与家人、朋友的交流，利用亲情和友情的力量来击碎幻象，尝试着与外界建立起正常的互信关系。

学会换位思考，消除对别人的敌意

被迫害妄想症的患者大多思想偏激，总是喜欢站在自己的角度考虑问题，与人发生矛盾冲突时，常把自己想象成无辜的受害者，把别人想象成凶神恶煞的加害方，所以在受到刺激之后，才会产生可怕的幻想。想要驱逐幻想，必须先消解对他人的敌意，学会站在他人的角度看待问题。当你走出狭隘的世界，换一个视角审视问题时，得出的结论就会不同，在这种情况下，你就不会总想着别人如何加害你了。

嫉妒妄想症是对爱情的亵渎

安吉拉结婚已经七年了，但仍然没有和丈夫建立起互信关系，只要看到丈夫跟哪个女人讲话，她就怀疑两人有不正当的男女关系，总是莫名其妙地大吵大嚷，极大地影响了家庭的和睦。她和丈夫比尔是大学同学，两人感情甚笃，并没有什么矛盾。比尔为人正派，从未有过出轨的经历，可是不知道为什么安吉拉总是怀疑他有外遇。

平时走在大街上，只要比尔多看别的女人一眼，安吉拉就会感到不愉快，总是忍不住要跟他吵闹一通。万般无奈之下，比尔只好戴着盲人眼镜上街，伸出胳膊让安吉拉搀扶着行走，苦笑着打趣说："这下我什么都看不见了，现在你就是我的眼睛。"即使这样，安吉拉仍然不放心，比尔每天出门上班，她都会偷偷地跟在后面，悄悄地观察他是不是偷看了哪个女人。到了下班时间，她会在办公大楼外潜伏好，只要看见比尔跟哪个女同事说话，她就会跑过去吵闹，硬说两人有暧昧关系。安吉拉还经常查看比尔的手机，每天胡思乱想，动辄指责比尔不忠，比尔不胜其烦，为了躲避这个神经质的妻子，每天都加班到很晚才回家，回到家里倒头便睡，懒得再和安吉拉说话，双方陷入了冷战，婚姻岌岌可危。

嫉妒妄想症的患者经常怀疑伴侣不忠，为了证实自己的想法，他们常秘密监视对方的活动，有时会悄悄尾随跟踪，有时会认真搜寻一些比较琐碎的证据，如床单上的污迹、手机里的异性号码等。女性患者会不厌其烦地检查伴侣的衣装，寻找头发丝或嗅闻香水味，男性患者会反复检查衣橱内衣服排列的次序，倘若衣服的位置发生了改变，便料定太太有过红杏出墙的行为。

在大多数情况下，那些不忠的证据都是不可靠的，比如女性患者怀疑丈夫与其他女子有染，在强大的心理暗示下，极有可能闻到并不存在的香水味，同理，男性患者若是认定太太不贞，根据虚构的妄想来搜罗证据，得出的结论往往是失实的。此类疾病患者，大多人格不健全，普遍低自尊，对自己没有信心，为了捍卫爱情与婚姻，往往会采取一些比较极端的手段。患者在情感上高度依赖另一方，控制欲和占有欲极强，平时比较缺乏安全感，个性敏感，好猜疑好嫉妒，想象力丰富，易于走入心理误区。不忠幻想是对爱情的亵渎，很容易影响两个人的感情，那么有什么办法治疗嫉妒妄想症呢？

内外兼修，提升自信

一个人之所以爱猜测妄想，主要是因为太过自卑，潜意识里认为自己魅力全无，不足以吸引另一半，总是担心对方会见异思迁。尤其是经历七年之痒之后，这种担忧又会与日俱增，误会和猜忌就是在这种情况下产生的。

不可否认的是，步入婚姻以后，无论是男方还是女方都不会像热恋时期那样注重自己的个人形象了，男方装扮比较随意，女方不再优雅迷人，身上的油烟味盖过了香水味。总之，由于形象的颠覆和改变，彼此都不再那么自信了，如果看到对方接触的异性，光彩照人或潇洒倜傥，自然会感到紧张。所以从某种意义上说，重塑良好形象，改变对自我的感觉，努力提升自信，是克服嫉妒妄想症最为关键的一步。

当然，单是改变外表并不足以全面提升个人的吸引力，内外兼修才是王道。平时多加强内在修养，多读一些好书，多学几样才艺，有意识地提升自己的气质，活得优雅从容，这样你就能有信心打败任何潜在的对手，从此便不必担心伴侣会移情别恋了。

努力证实自己的猜想是错误的

嫉妒妄想症的患者在搜集到部分证据之后，一般都会事无巨细地质问另一方，有的人会把对方的解释当成狡辩，认为自己已经掌握了如山铁证，不给伴侣证实清白的机会；有的人能耐心地听对方辩驳，听到有说服力的解释之后，对自己的判断有所怀疑，通过进一步观察，发现那些指控完全不成立，所有的猜想都是错误的，便不再坚持原来的观点。

其实，嫉妒妄想症患者由于思维扭曲，已经丧失了验证现实的能力，那些所谓的蛛丝马迹和如山铁证都是不可靠的。在这种情况下，不能太过相信自己的直觉和判断，不妨给对方一个充分的辩白机会，然后通过进一步观察，判断对方所言是真是假，倘若对方所言非虚，那么大可放心推翻之前的结论。

降低控制欲，给对方预留一定的自由空间

控制欲太强，总想把另一半牢牢掌控在手心里，处处管制监视，不但会遭致对方反感，还有可能把对方更快地推向其他异性的怀抱。想要留住另一半的心，不能靠霸道的管控，而要学会尊重对方，给对方一点可以自由呼吸的空间，彼此之间亲密有间，如此双方的关系才能更加和谐。你的善解人意绝不会被白白辜负，为了回报你的信任，对方会在一定程度上约束自己的行为，出轨的概率反而会降低。如此一来，你就不用再费神寻找对方出轨的把柄了，嫉妒妄想症便能得到缓解和控制了。

第十五章

表演型人格障碍：把人生当成了演出，把演出当成了人生

我们常说：“人生如戏，戏如人生。”这句话颇有哲理，很值得玩味，但是如果真有人把戏剧舞台搬到现实生活中，一切就会变了味。谁能忍受随时摆 pose 的自恋狂，谁又能喜欢那种惺惺作态的人呢？可当事人偏偏察觉不出异样，觉得自己举手投足颇有风范，一出场即能吸引所有眼球，成为众星捧月的绝对主角。也许你认为这种人只是高度自恋罢了，其实并不是这样，他们之所以热衷于摆弄风姿，装腔作势地讲话，是因为患上了表演型人格障碍。

表演型人格障碍的患者为了引起广泛的关注，不惜哗众取宠，给人的感觉非常做作。其实他们并不喜欢装假，只是受不了被忽略被冷落的感觉，他们太需要掌声和赞美了，太依赖于外界的肯定，若是得不到热烈的回应，就找不到存在感，感觉不到自己的价值。这种心理疾病必须予以重视。

人来疯式表演——装腔作势的吸睛手法

露西是个人来疯，每时每刻都表现得十分亢奋，要么叽叽喳喳地讲个不停，要么连连尖叫，表情格外夸张，即使没有遇到什么令人惊讶的事，也会把嘴张成O字型，眼睛睁得大大的，一副呆如木鸡的样子。看起来又萌又傻，酷似某种滑稽表演。

露西热爱社交，喜欢聚会，几乎每天晚上都要参加各种派对。在派对上，她也非常活跃，能和不同类型的人聊到一起，她喜欢说话很大声，每讲一句话都伴着夸张的手势，那种手舞足蹈的架势吸引了不少眼球。说到兴奋处，露西往往会抬高音调，引得周围的人纷纷侧目。她很享受这种被关注的感觉，渐渐地表现越来越夸张，越来越肆无忌惮。

长期以来，露西一直以为自己很受欢迎，从来没有怀疑过自己的人缘和人格魅力。直到有一次聚会完在回家的路上，她听到有人用不屑的口吻谈论起自己，才如梦方醒。其中一个人说："那个叫露西的女人整晚都在哇哇乱叫，吵得人烦死了。"另外一个人说："她一定是把派对当成了百老汇，瞧她那副样子，一举一动都那么夸张，不当演员真是可惜了。不过话说回来，身边有个这样的人，真是让人觉得毛骨悚然。"

露西听完这番对话，哭着跑回了家，她才明白，原来别人一直把她当成跳梁小丑，那些围着她转的人只想在她身上找乐子，没有人真心喜欢她，也没有人把她放在眼里。擦干眼泪之后，露西决定以后一定要改变为人处世的风格，言谈举止也要学会稳重。她不想再成为任何人取乐的对象了。

生活中，我们经常看到这样一类人：他们具有极强的表演欲，讲起话来眉飞色舞，手舞足蹈，兴奋异常，言语动作无比夸张，显得非常做作不自然。这种类型的人多半是患上了表演型人格障碍。从心理学角度分析，他们表现得那么亢奋，目的在于吸引众人的目光，在享受注目礼的过程中，获取被赞赏被认同的感觉。患者的人格不成熟不健全，情绪极为不稳定，找不到自我价值，只有沉醉在众星捧月的场景里，才觉得安全，所以才会费尽心机地取悦他人。

表面上看，表演型人格患者个性活泼，热情似火，富有情趣和魅力，社交能力极强，三言两语即能引起轰动的效果，成为众人关注的焦点，然而事实却并非如此。他们的内心极为不安，情感世界比较脆弱，性情喜怒无常，害怕别人看穿自己，所以才会采用夸大的言辞来掩饰深深的恐惧。

他们活跃在虚拟的舞台上，把自己当成了绝对的主角，将所有人都视为追捧自己的观众，在幻想的世界里，人人皆为他们着迷和倾倒。可在现实世界里，他们充当的只是滑稽闹剧的表演者，没有人喜欢他们那种念台词式的做作嗓音，没有人欣赏那些令人眼花缭乱的吸睛手法，他们深知这一点，却不愿接受现实，宁愿继续忘情地陶醉在虚幻的世界里，自我欺骗，自我麻醉，以此对抗内心深处的惶恐与不安。

他们拥有强烈的表现欲，习惯以自我为中心，情感体验比较肤浅，做事倾向于浅尝辄止，与人交往流于表面，行事冲动，追求刺激，往往给人留下浅薄的印象。实际上他们是一个比较敏感脆弱的群体，承受不了挫折，忍受不了批评，很容易受到伤害。一般而言，这类群体皆具有下列特征：

1. 喜欢出风头，做事不计后果；
2. 依赖性强，特别在乎别人的看法，非常需要外界的赞赏和肯定；
3. 对批评和质疑声分外敏感；
4. 高度自恋，想要成为人们关注的中心，害怕生活发生改变；
5. 穿着打扮另类，行为不合时宜；
6. 面部表情夸张，讲话装腔作势，爱吹嘘，喜欢夸大其词；
7. 易受他人暗示影响；
8. 非常自我，希望所有人按照自己的意志行事，稍有不如意就发脾气；
9. 情绪波动大，情感体验肤浅；
10. 喜欢刺激生活，热爱社交，频繁地参加各种聚会；
11. 为了吸引众人注意费尽心机，时常发表耸人听闻的言论，时而故弄玄虚，时而夸夸其谈，显得得意扬扬。

据心理学家统计，患有表演型人格障碍的人占总人口的2%，女性患者的数量远远高于男性。女性患者表现为矫揉造作，天真幼稚，言谈带有情绪化和戏剧化色彩，男性患者表现为冲动鲁莽，存在暴力倾向。患有此类疾病的人，在童年、少年时期便开始显示出异常，但直到年满18周岁才能确诊。病态人格一旦形成，很难彻底治愈，需要经过长期的心理疏导和治疗，病情才能得到控制和改善。

毫无原则地取悦他人是一种病态

丽莎费尽心思地讨好父亲和丈夫，做了很多违背自己意愿的事情，可是父亲对她的表现无动于衷，越来越讨厌她这个女儿，她的丈夫对她也很冷淡，几乎把她看成了神经病。这是为什么呢？主要是因为丽莎各方面的表现都太过夸张了，总是大惊小怪，让人非常受不了。比如外面飘起了小雪，她会像个孩子一样又喊又叫，仿佛发现了新大陆那样兴奋，还用陶醉的语气赞叹道："看啊，天空飘起了雪花，多美啊。"她的丈夫叫她别再感叹了，说完转身走了出去，开始忙着清扫门前的积雪。

到了晚春时节，早开的花凋谢了，丽莎竟当着丈夫和父亲的面哭起来，边哭边说："花儿就这样匆匆凋谢了，太令人伤感了。女人的青春就像花期一样短暂，这真是一个残酷的事实。"丽莎的父亲以为她的丈夫出轨了，觉得女儿因为年老色衰被嫌弃了，费了不少心思调查真相，最后才知道女儿是在无病呻吟，为此大为不快。平时丽莎经常哭哭笑笑，仿佛在演戏一般，言语极富感染力，感情极其炽热，有时能达到以假乱真的效果。她的丈夫觉得她疯疯癫癫，为此大为苦恼。为了避开妻子，他主动向总公司申请调到海外工作。夫妻分别的那天，丽莎伤心欲绝，泪眼婆娑地看着丈夫，深沉地道了一声"珍重"，便不再多言。

她的丈夫觉得她似乎恢复了正常，于是便试探着问："只要你不再怪腔怪调地讲话，我会选择留下，你能做到吗？"丽莎用力点了点头，委屈地说："我那么做只是想引起你的注意，我每天都在设法取悦你。"丈夫听到这种解释大为惊讶，他不明白妻子为何会有这种怪异的想法，"以后别再那么做了，好吗？"丽莎点点头，给出了肯定的回答，夫妻二人终于和好如初了。

表演型人格患者情绪多变，反应热烈，热情有余，沉稳不足，常给人以惺惺作态之感，在生活中比较讨人嫌，再加上他们普遍比较任性，为了达到哗众取宠的目的，不惜操纵别人，往往会引起很多人的不快和厌恶。其实他们这么做的目的在于取悦他人，而非惹人不快，可惜起到了适得其反的效果。正是因为他们太想取悦他人了，才会故意做出出格的举动。那么他们为什么迫切地想要取悦他人呢？

从心理学角度分析，是因为他们害怕被忽略被拒绝被否定被抛弃，担心受到消极情感的伤害，为了对抗那种不安的感觉，他们会费尽心思讨好别人，毫无原则毫无底线地取悦他人。可是当有人向他们表露出好感，想要靠近他们时，他们又没有勇气与对方深度交往，所以常给人留下肤浅的印象。那么这种怪异而病态的性格是怎样形成的呢？这类心理疾病又和哪些因素相关呢？

亲情的缺失

心理学家马斯洛认为，人类的需求呈现出由低级到高低过度的趋势，当衣食住行等基本的需求得到充分满足以后，就会追求爱和归属感。每一个孩子在吃饱穿暖以后，都渴望在家庭中获得归属感，从父母那里获得无条件的爱，这种情感需求如果得不到满足，孩子的性格就会出现严重的缺陷。

儿童从小得不到关爱和呵护，自幼缺乏安全感，长大之后戒备心会普遍较强，不想向外界展示自己真实的一面，有的人会故意戴上一张夸张的面具迷惑别人，以此掩饰内心的虚弱、迷茫和痛苦。当他们发现那些矫揉造作的表现能博得眼球，引起众人关注的时候，就会愈发卖力表演，甚至陶醉其中无法自拔，幻想着自己得到了更多的同情、赞美和肯定，借此温暖受伤的心灵。

不合时宜的教育方式

有的父母比较虚荣，喜欢向别人炫耀自己的子女，动辄逼迫孩子在众人面前背诵诗歌或者展示其他才艺。孩子因此习惯了舞台式的言行，也习惯了别人的喝彩，并掌握了一套取悦他人的行为模式，这种行为模式慢慢保留下来，成为其个性的一部分，长大成人以后，他们会继续采用舞台式的言行取悦他人。

过度溺爱

父母过于宠爱孩子，即使孩子任性耍赖，做出不合时宜的行为也大加赞许，会让孩子产生错觉，使其误以为自己永远可以为所欲为，无论做什么都会得到赞赏。这些小公主、小皇帝成年以后，仍然有光环加身的荣耀感，无论走到哪里都希望自己是万众瞩目的焦点，为了维系住身上的那层光环，他们不惜做出惊世骇俗的举动，发表各种奇谈怪论，使出浑身解数引人注目，久而久之，就形成了表演型人格。

有过被忽略被嘲笑的负面经历

早年缺乏关注，长期被忽略，从未体验过被重视的感觉，日后就有可能把获得关注当成毕生的追求。有过被嘲笑被排斥经历的人，内心深处极度渴望被接纳被尊重，极有可能采用夸张的言行达成目的，天长日久，就发展成了表演型人格。

摘下煽情面具，面对真实自我

瑞秋是一个含着金汤勺出生的富二代，但是她却感觉在上流社会的交际圈里找不到存在感，于是她离开了家乡，只身来到一座陌生的城市，开启了全新的生活。她扮成了一个成功的女企业家，向人编造了一系列传奇故事。她说自己从小在贫民窟长大，7岁那年母亲就过世了，父亲为了摆脱她这个拖油瓶，狠心地将她送到了姑妈家，从此再也没有露过面。她长期过着寄人篱下的生活，童年时代和少女时代都过得十分悲惨，好不容易挣扎着熬到了成年。那时她想，无论如何都要出人头地，她一定要做出一番惊天动地的事业，让抛弃她的父亲和冷酷的姑妈后悔。现在她终于成功了，父亲和姑妈都赶来巴结她，她从骨子里鄙视他们，并为自己所取得的成就感到骄傲。

瑞秋的讲述绘声绘色，表情丰富生动，她时而眼中噙泪，时而面露微笑，时而目光坚定，言语极为煽情，无论别人是否相信她的故事，总之她自己先信以为真了。每当听到众人为自己悲惨的遭遇叹息时，她便心中窃喜。当听到别人赞扬她勇敢、坚强时，她发自内心地感到骄傲。有位优秀的男青年，被这个催人泪下的故事打动了，深深地爱上了这位美丽坚韧的姑娘，大胆地向她表露了爱意，并掏出了一枚钻戒向她求婚。

瑞秋吓坏了，私下里她偷偷地告诉男青年，那些故事全都是编造的。她说："我只是一个土财主的女儿罢了，不是什么女企业家，从来就没去过贫民窟。我的父母热衷于派对，长期忽略我的存在。我是在没人理会的环境下长大的。长大以后，我在上流社会的交际圈里找不到存在感，我编故事只是为了让别人同情我、肯定我、重视我，我真的不是故意说谎骗人的。”

表演型人格的患者为了吸引众人的目光，不仅会献上逼真而富有感染力的表演，还会编造出各种激荡人心的谎言。他们所说的话真假难辨，里面掺杂了不少想象的成分，有时连他们自己也会被那些胡编乱造的故事感染。不少人患上表演型人格障碍后，成为了说谎高手，但并非每个人都会说谎。有的人热衷于说谎，有的人只是喜欢夸大其词，但本质上并没有什么区别，他们皆不喜欢向人吐露真言，不愿意展露真实的自我，已然习惯了戴着煽情的假面生活，无论是赚取掌声还是眼泪，都觉得十分受用。

他们沉迷于幻想中的“假我”，把“真我”隐藏在夸张的手势和言行之下，天长日久，他们自己也会恍惚起来，误以为那个异常活跃的“假我”才是真实的自己。久而久之，就会沉浸在自己虚构的角色中走不出来，那么究竟该怎么做才能克服这种心理疾病，回归到真实的自我呢？

暂时离开熟悉的社交圈，给自己一段矫正自我的时间

当你发现自己具有严重的表演型倾向，只要出现在社交场合，便控制不住自己的行为，可考虑暂时脱离社交圈，抑制自己的表演冲动，在安静的空间里，慢慢地矫正自己的行为，有意识地去除那些夸张化的表情、装腔作势的手势以及怪异的腔调。每天站在镜子面前观察自己的表情，从一颦一笑开始练习，直到镜子里的表情恢复自然为止。把自己说话的声音录制下来，反复播放聆听，耐心矫正发音，直到自己的语速、语气、音调恢复正常为止。

采用情绪调整法调整自己

如果你患上了表演型人格障碍，情绪表达往往会变得异常热烈，常人很难接受，你自己可能浑然不觉。在这种情况下，你不妨询问一下亲朋好友，听听他们的看法。假如他们提出你的表现太过夸张，不要急着反驳，要静下心来反思一下，你的哪些表现是有意识的，哪些表现是受下意识支配的，哪些讨人喜欢，哪些令人厌恶。有意识地纠正令人厌嫌的部分，适度地表现招人喜爱的部分，改掉那些过火之处，适度控制自己的情绪，尽量让别人感到舒适自然。

纠正认知偏差，将自我价值建立在自我认可上

表演型人格障碍患者最大的问题是，将自我价值建立在了他人的认可上，觉得假如不能获得别人的关注和认可，自己就一文不值。正是因为怀有这种错误的观念，他们才会不遗余力地讨好别人，每时每刻都在卖力表演，无法做回真实的自己。平时多给自己积极的心理暗示，告诉自己，你的优秀无须任何人认可，没有人可以定义你的价值，每个人都是宝贵的存在，每个人与生俱来就带有价值，不需要通过取悦他人证实自身的价值。

将表演的冲动导向文艺文娱活动

如果你无法克制表演冲动，觉得体内积存了过剩的精力，需要排解和发泄，不妨因势利导，把这种冲动导向歌舞表演、文学创作方面。一般而言，患有表演型人格障碍的人都具有一定的艺术细胞和表演天赋，假如你有兴趣朝文艺方向发展，不妨尝试写作或投身于舞蹈音乐等文娱活动。记住，一定要把舞台上的夸张表演和眼前的现实生活分隔开，唯有如此，你才能过上正常的生活。

摘下煽情的面具，展露真实的自我

每个人都希望得到关注、爱和尊重，这是正常的心理需求，你无须感到羞愧。其实在平常的交往中，你就能得到你需要的东西，不必戴着煽情的面具去讨要，不必采用夸张的方式去求证。勇敢地做自己，展露真实的一面，平等地与每个人交往，以心交心，用诚意打动别人，必然能收获友情、关爱和尊重。

克服虚荣心理

每个人或多或少都有一点虚荣心，适度虚荣并没有什么危害，过度虚荣，又不懂得适可而止，就有可能突破底线，做出一些匪夷所思的事情来。被强烈的虚荣心驱使的人，惯于把所有的场合当成私人秀场和个人舞台，要么卖弄风情，要么亢奋癫狂，以为这样就可以博得满堂喝彩，殊不知别人只是以看闹剧的心态来看待你，给予你的掌声、笑声并非出自真心。适度地克制一下自己的虚荣心，不要让自己扮演闹剧的主角，不要刻意去充当滑稽的笑料，不要去追求比肥皂泡还虚幻的光环，真实而率真地生活，一样能成为独特的焰火。

第十六章

双重人格障碍：在纠结中分裂，在分裂中纠结

常言道："性格决定命运。"一个人的个性特质在某种程度上会影响他的思考模式和行事方式，进而影响他命运的轨迹。可是人格并非是一个简单的平面，而是一个复杂的多面体，同一个人可能会拥有两种以上的面孔，身上披着多重色彩，内心充满矛盾冲突，当他处理不好内心的冲突时，就可能导致人格阶梯，患上双重人格障碍。

双重人格障碍是人格解体之后的产物，此类患者身体里就好像住了两个个性截然相反的人，他们各有各的思想，各有各的喜好，就仿佛是两个独立的个体一般。在不同的场合，会有不同的人格出现，这就是我们常说的人格分裂。人格分裂与创伤性经历有关，也和人性的多重性和复杂性相关，想要避免罹患这种疾病，平时要多关注自己的心态，不要让自己太过纠结，学会跟自己和解，尽量让自己心灵处在和谐舒缓的状态，最大限度地减少心理冲突。

双重人格——天使与魔鬼的矛盾体

拉里和妮可是一对从羡慕的恩爱夫妻，结婚20年来几乎没有吵过架。在世人眼里，拉里是个百分百的好男人，他顾家、体贴、有担当、知冷知热，一点都不大男子主义，在外有自己的事业，回到家里还愿意帮助太太做家务。妮可真是好福气，什么事情都不用操心。谁都不会想到，20年后两个人的婚姻会走向解体，而他们离婚的原因更是令人大跌眼镜。

妮可说拉里有双重人格，人们看到的只是他的一个侧面，有时他会判若两人，会突然变得冷酷、刻薄、暴躁、咄咄逼人，样子非常吓人。拉里也承认自己有双重人格，他说自己是魔鬼与天使的结合体，有时他在扮演好丈夫好父亲的角色，有时摇身一变，就成了一个自己都不认识的人，他自己也非常苦恼。假如另一个他确实伤害了妮可，他同意离婚，希望对方能够找到比他更称职的伴侣。

不知你是否有过这样的经历：觉得自己脑子里住着两个脾气迥异的小人，一个阳光外向，一个内敛平和；一个激进昂扬，一个保守低调，它们经常吵架，吵得你心里很烦。有时你很害怕，觉得自己要人格分裂了。其实这并不是人格分裂，而是双重性格。双重性格的人内心一半明媚一半忧伤，这不是心理疾病，反映的是人格的多层次性。

人格是立体的，有着“横看成岭侧成峰”的变化，从不同的角度看，你能看到不一样的自我。如果你在不同的场合表现出不同的行为，时而风风火火、雷厉风行，时而优柔寡断、畏缩不前，时而热情似火、口若悬河，时而沉默寡言、悄无声息，只是展示了人格的不同侧面而已，如果没有影响到正常生活，就不必放在心上。但双重人格必须引起警惕。双重人格不同于双重性格，它是一种人格障碍，属于心理疾病，双重人格的患者不仅在行为上反差较大，而且已经丧失了人格的完整性，面临着人格分裂、人格解体的严重问题。

双重人格的患者在人格解体后，会分裂成主人格和次人格，两者在不同的时间支配他的行为，因此他们有时会表现得判若两人。比如一个人平时谈吐得体，温柔善良，忽然毫无征兆地变得粗野暴躁、残酷无情，仿佛被一种魔力控制了一般，变成了和过去完全不同的人，后来又恢复了常态，过了一段时间重蹈覆辙，性格反复切换。患者通常会感觉到一个身体里住进了两个灵魂，每个灵魂都有一个完整的人格，有自己的记忆、偏好和行事风格，且有独立的思维。

举个简单的例子，患者分裂成主人格 A 和次人格 B，A 个性和善、品位高雅，喜欢琴棋书画，B 心理阴暗，粗俗不堪，喜欢讲下流话，这两种性格是彼此独立的，患者的身心时而被人格 A 占据，时而被人格 B 占据，前后判若两人。两种人格可能会在某一个时间阶段内争夺对身体的控制权，完胜的人格将获得对患者的支配权。在很多影视作品中，都出现过人格分裂的主角，比如《拳击俱乐部》《致命 ID》等，给人的感觉异常诡异和恐怖。因此很多人认为双重人格就是精神分裂，其实两者在本质上是截然不同的。双重人格严重到一定程度，有可能发展成精神分裂，但具有双重人格障碍并不等于患上了精神分裂症。

很多人都有轻微的双重人格障碍，因为人性是复杂的，有些人在不同的场合会换上不同的面孔，一般而言，面孔越多、性格越多重、心理冲突越严重的人发展成人格分裂、人格解体的概率越高。受过重大伤害，长期承受巨大的心理压力，性格复杂多变，很容易患上双重人格障碍。一般而言，双重人格障碍与内心的剧烈冲突有关，根源在于无法平衡人格的多重性，那么你知道自己有几重人格吗？下面这道测试题将给你提供一个了解自己的途径。

在一个光线昏暗的房间里，你看到了五扇颜色各异的门，只有一扇门通往安全之地，你会选择哪扇门？

A. 红色的门　B. 白色的门　C. 黑色的门　D. 黄色的门　E. 绿色

A. 七重性格

你是一个表里不一的人，人前人后判若两人，性格无比复杂，比较自我，做事总是以维护自身利益为出发点，惯于留后招。红色给人的感觉炽热、庄重而又危险，它是鲜血和火焰的颜色，在危险的时刻，你选中了红色的大门，说明你是一个异于常人的人，内心世界不可捉摸。

B. 双重性格

你的性格很平和，比较相信自己的直觉，能够驾驭自己的情感世界，心理冲突并不严重。人格不是一个平面，单一性格的人几乎是不存在的，相对而言，双重性格的人比较单纯，内心世界比较和谐，罹患人格分裂的概率比较小。白色素朴纯洁，认为白色大门安全的你，个性比较纯粹，思想比较单纯，苦恼相对比较少。

C. 九重人格

你是性格最复杂的一类人，经常思虑重重，内心充满挣扎，平时比较纠结，有时喜欢运用逆向思维思考问题，思绪在理智和直觉之间游移，在关键时刻，还是会选择理智。黑色是禁忌色，它给人的感觉是神秘、阴森和恐怖，多数人在处境不妙时都不会选择这种颜色，你选择了黑色大门，说明你的个性和思考模式与大多数人都不相同，你相信越是危险的地方越安全，有时你是对的，有时你可能孤注一掷而走错方向。黑色是所有颜色中最复杂的一种颜色，12 种颜色的颜料叠加到一起即为黑色，说明它综合了多种颜色的属性。偏爱黑色的你，无疑也具有多重属性。

D. 五重性格

你既不复杂也不单纯，属于比较正常的一种性格。和那些单纯、无忧无虑的人相比，你会思考一些复杂的事情和复杂的问题，思想并没有那么简单；和个性复杂、性格极端的人相比，你又比较善于处理自己的内心冲突，不至于把自己推向危险的边缘。黄色是阳光的颜色，比较明朗，偏好黄色大门的你，性格活泼开朗，懂得调节自己的心情。

E. 三重性格

你是一个和平主义者，性格温和善良，有人会感觉你富有亲和力，容易接近，有人会觉得你很高冷，不好相处。深入了解你的人，一致认为你是一个敦厚和善可信赖的好人。偶尔的高冷是你的保护色，在不同的场合你可能会有不同的面孔，但对任何人都没有恶意，内心比较平和，没有太多波澜，罹患双重人格障碍的概率并不高。绿色象征着自然、和谐、和平、健康、希望，欣欣向荣的植物是绿色的，橄榄枝是绿色的，它能让人联想到生生不息的生命及和平的秩序，偏好绿色大门的你，个性应该是平和沉稳的，不大可能发展成人格障碍。

内心的阴暗面，造就另一个自己

朱迪是一个循规蹈矩的乖乖女，梳整齐的头发，化精致的淡妆，举手投足都十分符合淑女的规范。她喜欢做甜点和磨制咖啡，还会做中餐和意大利面，烹饪手法非常高超。在多数男人眼里，朱迪不只是一流的厨娘，还是一个标准的好太太，谁若是有幸娶了她，谁就能过上舒心如意的生活。

朱迪身边不乏追求者，她陆陆续续交了几个异性朋友，奇怪的是彼此交往后，这些异性朋友都选择了离她而去。之后朱迪再也没有交过男朋友，有人向她表白的时候，她会直接出言拒绝，声称自己患上了双重人格障碍，并毫不隐讳地告诉对方："你喜欢的是现在的我，其实有时我会变成另外一个人，你无法接纳另一个我，所以你最好别选择我。"朱迪说的是实话。有时她会忽然变成另一番模样，梳起夸张的爆炸头，浓妆艳抹，穿着妖艳的黑色丝袜，两指夹着香烟喷云吐雾，两句话不合就会大喊大叫，乱摔东西，就像一个轻佻的泼妇。

精神分析大师弗洛伊德认为，人有很多下意识的行为，它们都是被难以察觉的潜意识操控的。潜意识代表着原始的本能和欲望，它就像水下的冰山那样隐秘，有时我们感知不到它的存在，只有出现剧烈的心理冲突，罹患某种心理疾病时，方能感觉到它的强大，双重人格体现的就是意识和潜意识的对抗。人与动物最大的不同在于，除了本能，人还有理性意志，拥有自主意识。潜意识就像一个不懂事的孩子一样，任性妄为，不受制约，意识则不一样，它是经过后天的学习和熏陶形成的，受到伦理道德、教育理念和风俗习惯的影响。

人拥有理性思维，有更高的志向和追求，能遵守法律和伦理道德，是因为行为受意识支配，能成功的遏制潜意识里的动物性。一个人如果心理发育正常，理智会占上风，就会拥有健康的人格，倘若心理出现障碍，心灵严重扭曲，内心无比阴暗，隐藏在心灵深处的潜意识就会浮出水面，与理性意识争夺对身体的主导权，分化成另一个自己，由此发展成双重人格。

有的人在特定场合，向世人展示的是完美的理想主义形象，给人以如沐春风之感，在其他场合里却像换了一个人一样，淋漓尽致地展现出人性的阴暗面。如果这种角色切换是有意识的，那么说明此人非常虚伪，假如这种角色的换位是自然而然发生的，当事人属于身不由己，那么他一定是患上了双重人格障碍。那么双重人格障碍究竟是怎么形成的呢？它又和哪些因素有关呢？

童年时期的心理创伤

童年时期受过侵害或严重的精神刺激，会在应激状态下分裂出另外一个人格，日后每每回忆起那段不堪回首的往事便会再次受到刺激，第二人格就会出现。一般而言，第二人格皆属于次人格，它是阴暗的、反动的，是潜意识支配下的变态人格，往往与法律道德相悖。患者大多在幼年时期经历过被遗弃被虐待等负面事件，心灵世界被冲击得七零八落，在极端无助、愤怒、恐慌的情况下，人格走向解体，分裂出了一个阴暗、易怒、危险的次人格。这类人普遍敏感多疑，具有攻击性，敌视外部世界，具有某种不良嗜好和一定的犯罪倾向。

遗传因素

研究显示，人格障碍具有遗传性，父母如果罹患双重人格障碍或者具有双重人格障碍倾向，子女极有可能患上此类疾病。父母表里不一，表现出严重的攻击倾向和反社会行为，存在严重的心理问题，子女由于受遗传因素的影响，很有可能成为父母的翻版。

互联网的发展及虚拟角色的出现

生活中一些循规蹈矩的人，一旦进入虚拟的网络世界就变成了怪咖、另类，仿佛分裂成了另外一个人，这是为什么呢？由于在互联网上可以匿名发表言论，随意更改性别、姓名等各类信息，轻而易举地塑造出一个截然不同的自己，许多在现实世界里找不到存在感或长期精神压抑的人，就会利用网络上的虚拟身份肆意发泄不满，变得疯狂暴烈，网络暴力因此应运而生。

虚拟人格虽然和实体人格有些差异，但一旦固定下来，就有可能带来人格分裂的风险。网络人格长期存在，人格特质和某些思维方式慢慢进入潜意识，将发展成次人格的重要组成部分，成为一种真实的存在。

内心渴望和现实世界的冲突

现代人在升学、就业、安居、婚恋等多方面都面临着巨大的压力，危机意识很强，在紧迫感的逼迫下，过得心力交瘁、身心俱疲，自由的天性受到了压制和束缚，内心非常渴望突破现实的牢笼，长期矛盾和纠结，导致心理严重失衡，久而久之就有可能发展成人格分裂。主人格是一个理智且责任感极强的人，受到意识的操控和支配，恪守“学到老活到老”的励志格言，勤奋上进，乐于迎接挑战；次人格受潜意识支配，一心想着逃离压力和苦海，渴望自由自在地呼吸，叛逆率性地生活，欲求得不到满足立即恼羞成怒，表现得离经叛道，不可捉摸。

将割裂的灵魂合二为一

米娅幼年丧母，自幼缺少母爱，从小得不到保护和照顾。父亲则把全部心思放在了生意上，几乎对她不闻不问。米娅生性胆小内敛，在学校里经常受到欺侮。有一天放学，她被一群比自己高大的学生拦住了，米娅很害怕，瑟缩着往后退，重重地摔了一跤。她躺在地上很长时间都没起来，那群坏学生以为她昏了过去，都有些害怕，吓得一哄而散。米娅起身后感觉头脑昏昏沉沉的，回到家里非常疲惫，随即便倒头睡下了。

当晚她睡得很沉，醒来之后性情大变。她说话的声音莫名变得很尖锐，言语十分粗野，脏话脱口而出，眼睛灼灼发亮，仿佛有一股无名的怒火在熊熊燃烧。在学校，她把那些得罪她的同学全都给吓坏了，以后再也不敢找她麻烦了。过了一段时间，米娅又恢复了原样，每天规规矩矩地上学，表情羞怯，看起来就像一个柔弱的小动物，可是没过多久，她就又变化了角色，变得霸道野蛮、不可一世。

长大之后，米娅一直在两种不同的人格之间切换，让人无法捉摸。她感到非常痛苦，希望自己两个人格能合二为一，16 年后，她仍然没有摆脱苦恼，被两个自己搞得头昏脑涨，她没有办法安心工作，无法过正常人的生活，觉得自己就像活在一个醒不来的噩梦中一样。

人在受到心理无法承受的巨大刺激时，通常有两种反应：一种是向内回避，躲在自己的世界里自怜自伤，从此走向孤立和封闭；另外一种是向外攻击，即受到突如其来的威胁时，极度愤怒，试图通过肢体或言语攻击压制对方的气焰，从而达到自我保护的目的。后者很容易分裂出一个阴暗型人格。双重人格的患者具有一定的攻击性，是因为他们的次人格想要发泄和释放一些负面的情绪，以此来缓解心理上的不适。

一般而言，双重人格一旦形成即不容易治愈，需要经过数年坚持不懈的努力，才能逐渐消除它给生活带来的负面影响。病情严重的，一定要在专业心理医生的指导下接受正规治疗，治疗人员首先会采用催眠的方式帮助患者找出核心人格（即主人格），然后让两个互相独立的人格彼此交谈认识，最后削减内在人格，使主次人格合二为一。病情轻微的，可通过自我催眠的方式进行人格整合。其步骤如下：

1. 将自己导入催眠状态，运用童年回溯法，让自己的潜意识返回童年，找到迫使你人格解体的时刻，认真回味当时的感受，那时你很想放声大哭，却不敢哭。你感到非常无助，却没有能力保护自己。那时的你是软弱的、无助的，犹如受伤的小动物一样在瑟瑟发抖。这个形象就是你的主人格。仔细分析一下，你还有什么感受？你很恐惧、很愤怒对不对？这种恐惧和愤怒的极端情绪，促使你分裂出了第二个人格，即强悍、粗暴、阴暗、野蛮的次人格。

2. 找到软弱胆怯的主人格和愤怒粗暴的次人格之后，发出“无条件喜欢自己”的指令，接纳自己的阴暗面，充分理解自己的负面情绪，导入新的情绪体，接纳、原谅、抚慰自己，进行自我重构，将两个人格合为一体。

人格整合需要经历三个阶段：

第一阶段：要充分放松自己。在找到童年的创伤事件以后，你要格外关注自己的感觉和情绪，不能否定和排斥任何情绪，不要因为感知到了某种负面阴暗的东西而羞耻。努力放松自己，卸下所有的防御和伪装，认真体验当时的状态。

第二阶段：如果你感到非常痛苦、非常不适，别去抗拒这种感觉，而要探究一下不舒服的感觉背后究竟隐藏着什么，然后试着接纳自己，无条件地爱自己，用积极的正能量抵御恐惧、愤恨、不安以及所有的伤害。

第三阶段：运用隐喻的方式为自己献上一场别开生面的心理剧，利用图像和语言酝酿积极的情绪，使内心深处潜在的负能量得到释放，抚平心灵创伤，让自己充分意识到所有的伤害都已经成为了过去，现在应该抛下过往的重负，积极快乐地生活。

次人格一旦形成，就很难被彻底消灭了。在很多影视作品中，我们常看到治疗师采用某种手段让主次人格互杀，促使光明的主人格杀死邪恶的次人格，让友善的人格保留下来。在现实生活中，这个过程是很难完成的，因为次人格会强烈抵制消灭它的行动。所以在治疗过程中，你要充分认清主人格和次人格的同一性，想方设法整合它们，唯有如此，才能使自己分裂的人格合二为一。

想要完成人格整合，你必须先深入了解自己的次人格。次人格是内心冲突的产物，它是身体里的另外一个灵魂，是你内心深处的另外一个声音。在现实生活中，次人格是广泛存在的。比如一个高度负责的人，可能有一个企图丢下一切，什么都放手不管的次人格；一个循规蹈矩、敦厚老实的人，可能有一个叛逆不羁、做事出格的次人格。你经常感到两股力量在较劲，尚未人格分裂时，能成功压制住自己的次人格，但压抑到一定程度，次人格就会以隐性的方式出现，还有可能喧宾夺主，在某一个时段取代主人格。

整合次人格时，必须先让主人格突出化、明朗化，使主人格成为真正的抉择者，让次人格受到主人格的管控和约束，接着像整合情绪那样整合自己的主次人格，完成人格的统一。

第十七章

冲动型人格障碍：冲冠一怒，伤人害己

生活中有些人为了一点小事就怒发冲冠，三言两语不和即破口大骂或大打出手。习惯对他人进行人格侮辱或人身侵害，情节严重的会触犯法律，最终酿成一失足成千古恨的遗憾。人们常认为这是性情火爆、脾气不好所致，其实这类人之所以会行为失控，是因为患上了冲动型人格障碍。

冲动型人格障碍是一种严重的心理疾病，患者情绪极不稳定，受到一点刺激就会暴跳如雷，攻击性非常强，往往会给他人带来无法预估的伤害。长期以来，我们对这类疾病缺乏认识，只是把它归结为情绪问题，其实愤怒只是一种表象，愤怒的背后往往隐藏着很多的问题，比如压力过大、心理压抑，内心充满挫折感、极度自卑、愤世嫉俗、崇尚义气和暴力美学等。我们既要从根源上解决问题，又要学会控制情绪的基本法则，如此才能有效制怒，遏制住冲动的恶魔。

冲动的后果：情绪猛于虎

邦尼是一名中学老师，他脾气暴烈，只要看到学生不守规矩，就气不打一处来。有一天他在课堂上授课，有个调皮捣蛋的学生一直悄悄搞小动作，邦尼非常生气，当场就把粉笔盒摔在了地上。寂静的教室发出了惊天动地的巨响，学生全都吓呆了。那个调皮学生瞬间不敢乱动了，老老实实地听课。这堂课接近尾声时，他又有些手痒了，伸手拉了拉前座女生的辫子，邦尼马上火了，大声喝令他滚出教室，然后头也不回地摔门而去。

回家的路上，邦尼被一个骑自行车的路人撞了一下，他并没有受伤，对方也礼貌地道歉了，邦尼却仍然十分恼火，他一把夺过自行车重重地摔在地上，当场把车摔变形了，这还不解气，又狠狠地在上面踩了好几脚，瞬间让那辆车报废了。那人吓得半天说不出话来，以为自己碰上了疯子。邦尼见有人围观，更来气了，张嘴便朝着众人咆哮起来，有人反唇相讥，他竟揪住对方衣领要动粗，旁边的人见大事不好，赶忙打电话报了警，经过警察的劝解，邦尼怒气稍平，这才松开了手。

案例中邦尼的所作所为带有鲜明的冲动型人格倾向。如今，随着社会节奏加快，人们找不到排解心理压力的渠道，变得暴躁易怒，情绪极不稳定，患上冲动型人格障碍的人越来越多。在公交车上、地铁上因为两三句口角破口大骂、甚至大打出手的现象比比皆是，在车水马龙的大街上，到处都能看到患有“路怒症”的人咆哮发飙，有些人的容忍度普遍降低，只要与别人发生一点小小的摩擦，就会语言攻击对方，甚至上升到人身攻击，似乎很多人心里都潜藏着一股无名怒火，有了导火索便一点即燃。

诚然，人人都有脾气，愤怒是人的普遍情绪，每个人心里都有一块不可触碰的禁地，谁要是冒犯了自己，自然要喷射怒火、针锋相对，维护自身的正当利益。可是为了一点鸡毛蒜皮的小事歇斯底里，做出非常粗鲁的举动，甚至有可能威胁到他人的人身安全，就显得十分不正常了。

平时，我们总是把冲动鲁莽当成人的性格弱点，殊不知这其实是一种心理疾病。正常人虽然也有发脾气的时候，但在关键时刻懂得踩急刹车，尚能控制自己的行为。而患上冲动型人格障碍的人，怒火攻心时会完全丧失理智，经常会不顾代价地泄愤，动辄暴跳如雷，为了一点微不足道的小事大发雷霆，甚至做出伤人伤己的蠢事，已经完全超出了正常合理的范畴。目前世界卫生组织已经将此类疾病列入了“情绪不稳定型人格障碍”，我们必须予以警惕和重视。一般而言，冲动型人格障碍普遍具备以下特征：

1. 做事不顾后果；

2. 发起脾气来，不能控制自己的行为；

3. 不能控制怒火，易与他人发生口角，尤其是在受到批评和否定时；

4. 情绪反复无常，极为愤怒时伴有暴力行为；

5. 没有人生目标，对生活缺乏规划，不能预见即将发生的事情，也不能预测自己的情绪反应；

6. 人际关系不稳定，有时与周围的人相处很好，有时与周围的人冲突不断，没有持久交往的朋友；

7. 有伤人和自伤行为；

8. 具有极强的攻击性，个性鲁莽；

9. 报复别人的动机在某些情况下是有意识的，在某些情况下是无意识的；

10. 痛骂或动粗之前非常紧张，做出过激行为后感觉非常满足和愉快，丝毫没有悔意，也没有罪恶感；

11. 心理不成熟，人格不健全，心理经常失衡；

12. 有过不良行为的前科，具有反社会的犯罪倾向。

以上表现皆属于主动攻击型，除了这种攻击形式，还有一种叫被动攻击型的攻击形式，这类人表面上非常谦恭顺从，内心却充斥着愤恨和敌意，对外界极为仇视，惯于暗中做出破坏性行动。比如暗中阻挠计划的实行，表面顺从权威，私下里暗暗抵抗，故意不配合别人的工作，使得工作目标无法如期完成。

主动攻击型人格障碍与反社会型人格障碍极为相似，但两者不能完全等同。前者攻击性较为持久，患者没有自控能力，愤怒时会率先攻击他人，后者的言行特点具有反社会性，严重违背社会规范，常做出一些损人不利己的事。一般的“路怒症”患者及一些为小事而打架斗殴的不良青年所患的则是冲动型人格障碍。

人人都知道冲动是魔鬼，情绪猛于虎，那么为什么火气上涌的时候，偏偏控制不住自己的行为呢？其实是心理疾病在作怪。我们只有认清这一点，才能在矫正自身性格的同时，及时矫正偏激的心理，阻止恶性事件发生。

不可遏制的怒火到底从哪里来

布鲁斯驾车外出，当时正值交通拥堵的高峰期，赛车十分严重，他几乎寸步难行，等了好长时间，道路才慢慢通畅。由于前面的车开得很慢，布鲁斯只能一点一点地往前挪，速度慢得像蜗牛。他感到十分烦躁，心想："早知道这样就不开车上路了，也许步行都比开车快。"正犹豫间，后面忽然传来了一阵刺耳的喇叭声，布鲁斯吓得一哆嗦，没好气地对狂按喇叭的人喊了一句："乱按什么喇叭，都快被你吓出心脏病了。"

按喇叭的司机毫不示弱地回敬道："我按喇叭怎么啦？哪条交通法规规定在马路上不能按喇叭了？"俩人纷纷下了车，不顾体面地高声对骂起来。互骂了一阵后俩人推搡了起来，眼看就要打起来了。交警及时赶了过来，但仍然没有阻止这场闹剧。这时布鲁斯从车里抓起一根棒球棍，狠命地朝对方的车窗砸去，把车窗玻璃砸得粉碎，若不是交警和路人一起阻拦，他很有可能挥起棒球棍击打按喇叭的司机。

事后，布鲁斯赔偿了一大笔修车费，还被警方拘留了好几天，邻居听说了这件事，从此都不敢主动上前跟他打招呼，远远看见他赶忙绕着走。布鲁斯因为脾气火爆留下了恶名，由此造成的恶劣影响久久不能消除。

拿破仑曾经说过："能控制好自己情绪的人，比能拿下一座城池的将军更伟大。"善于控制情绪，不狂喜，不暴怒，遇事处之泰然，是心智成熟的表现，它能充分体现出一个人的涵养，也能在一定程度上反映一个人的精神面貌。生活中常有这样一类人，意气用事、行为鲁莽，常为一点小事就大动干戈，做事不顾后果，不仅破坏了和谐的人际关系，还有可能酿成大错，一失足成千古恨。

人在冲动时，就会被不可遏制的怒火冲昏头脑，思维陷入混乱，行为失去控制，瞬间变得暴戾、凶残，犹如走火入魔。那么满腔怒火究竟从何而来，冲动的行为又是怎么产生的？冲动型人格障碍都与哪些因素有关？

生理因素

研究表明，攻击性行为和生理缺陷有着密切关联。小脑发育不正常，成熟期延迟，影响神经网络的发育，快感无法正常传递，患者得不到愉悦的体验，找不到安全感，对外界比较抗拒，容易出现攻击性行为。研究报告显示，暴力犯罪者的脑电波与正常人的脑电波不同，因此得出结论，暴力倾向与脑电波异常存在必然联系。此外，雄性激素分泌过于旺盛，内分泌失调，也是诱发攻击行为的重要原因之一。

长期的精神压抑

主观愿望得不到满足，长期受到阻难，心情抑郁难抒，身体里积攒了大量的负能量，不知不觉就变成了一只随时可能爆炸的火药桶，只要受到一点外界的刺激，即刻火冒三丈，心底的无名怒火就像深埋在地下的高温岩浆一样喷薄而出，犹如火山爆发。

其实最容易行为失控，患上冲动型人格障碍的就是平平凡凡、处于弱势地位的工薪阶层。他们面临上升渠道受阻、前途无望、生活负担沉重等种种现实问题，精神上比较压抑，负面情绪郁结于心，无法排解，与人发生一点摩擦，即气急败坏、大动肝火。

对“面子”“义气”的片面理解

年轻人血气方刚，讲究兄弟义气，不能明辨是非，以为为朋友两肋插刀、肝脑涂地是豪情恣肆的表现，为给兄弟报仇，不计代价不顾后果，不惜上演全武行，严重扰乱社会治安，并给他人造成了严重的人身伤害。此外有些年轻人非常好面子，在和别人发生口角后，言语上落下风便觉得丢面子，首先想到的是用拳头为自己赢回颜面，于是大打出手，继而引发一系列的肢体冲突。

自卑与补偿心理作祟

由于家庭环境、工作性质等原因，有些人非常自卑，为了摆脱心理上的不适感，他们倾向采用耍狠斗勇的方式进行自我补偿，表现出极强的攻击性。能力平平，处于劣势地位的人，长期被忽略被歧视，普遍敏感自卑，屈辱感强烈，在与人爆发口水战时，马上怒不可遏，倾向与采用暴力来发泄内心的不满。

家庭教育因素

不少父母教育孩子，被欺负时要以牙还牙、以眼还眼，绝不能让自己吃亏，在一定程度上激发了子女的报复欲。子女长大成人后，会形成唯我独尊的霸道性格，缺乏包容性与悲悯之心，与人发生争执时，寸步不让，处处想占上风，变得暴躁易怒易激惹。

此外，成长于家长专制的家庭，经常遭受父母的责难和打骂的孩子，身心受到严重伤害，人生观、世界观严重扭曲，长大之后，可能模仿父母的恶性攻击行为，也可能借助攻击他人来发泄内心的怨恨。

社会因素

如今带有暴力美学色彩的电影和惊险刺激的电子游戏在年轻人群中非常受欢迎。年轻人迷恋和崇拜力量强悍者，可能刻意模仿其中的某个角色，不能理性地认识攻击性行为的危害，反而把这种恶劣的行为当成了扮酷的手段。

控制好情绪的扳机

有一天，哈利到一家酒店登记入住，用英语问接待员房费里是否包含早餐。接待员是一名外国人，英语不是很流利，随口说了一声“yes”。第二天早上，哈利吃过早餐，又向身边的服务员问了相同的问题，对方告诉他房费不包含早餐。哈利觉得很疑惑，气冲冲地走到接待员面前质问，要求对方解释清楚。接待员一头雾水，两人争执不下。

等到哈利结账时，发现账单里所列的费用包括早餐费，顿时怒不可遏，他再三追问接待员为什么要撒谎。接待员慌了，赶忙找来酒店经理解释，经理说自酒店开业以来，从来就没有提供过免费的早餐，坚持要求哈利付账。哈利非常生气，怒气冲冲地付了账，随即便把桌子掀翻了，桌上的杯盏、瓷盘摔得粉碎，汤汁、菜肴洒了一地，把地板弄得污秽不堪。

经理很气愤，忍不住对哈利说：“先生，你是我见过的最没有修养的客人。”哈利听罢更加生气了，他一把揪住经理的领带，怒吼道：“是你们把我逼成这样的。你们骗了我，还敢义正词严地指责我？真是岂有此理。”哈利那种咄咄逼人的架势把经理吓坏了，经理既恐惧又生气，当场心脏病发了。酒店的工作人员手忙脚乱地把经理送到了附近的医院，好在抢救及时，经理脱离了生命危险。事后哈利感到非常后怕，他差点为了一顿饭钱害了别人性命，这真是太可怕了。

喜怒哀乐是人类的普遍情绪，每个人都有生气发火的时候，善于克制自己的人，在火冒三丈的时候也能压制住怒火。这就是我们常说的“忍”的艺术。中国人素来以恬淡隐忍著称，近些年来有的人火气越来越旺，耐性越来越差，完全抛弃了温良忍让的优良传统，这是为什么呢？答案很简单，那是因为这些人患上了冲动型人格障碍。患上此类疾病，怒火攻心时，想忍也忍不住，只要受到冒犯，就想猛烈回击，根本控制不住自己的行为，那么对于广大患者而言，究竟有什么好办法可以控制情绪，避免冲动之下做出过激的事情呢？

有意识地调整语速和音量

人在极度愤怒的情况下，声调自然会变高，音量翻倍提升，语速加快，显得咄咄逼人，这是一种普遍的反应。事实上，当你用迫人的高音和疾风扫落叶般的语速制造声威，压制对方时，自己也会被激发得热血上涌，火气陡然蹿升。俗话说得好“有理不在声高”，无论你多么生气都不要怒吼和咆哮，试着把音量降低三分之二，让对方能听清楚即可，将语速调慢三分之二，这样做你的心情很快就能平复下来，因为你已经成功把气焰逼人的攻击转化成了和风细雨式的正常交流，你心底的火气被压制住了，对方的语气也自然会软下来，如此一来，一场激烈的争执就演化成正常的交谈了，口水战戛然而止，就不可能再发展成肢体冲突了。

把目光移开，不要怒视或盯着对方看

两人发生剧烈冲突时，第一反应就是怒目相视，眼神里喷射的怒火、传达出的带有威胁性质的信息，不仅会激怒对方，还会进一步调动自己的敌对情绪。所以当你非常生气时，要马上将自己的目光移开，不要和对方四目相对，以免引发更大的冲突。

怒火爆发之前，先冷静三分钟

如果你被激怒了，在发泄坏情绪之前，不妨暗示自己说三分钟之后再发火。然后深呼吸三到五次，在心中默默数数，先让自己冷静一会儿。如果你的火气还是没有消除，坚持不到一分钟，就有喷薄欲出之势，就再深呼吸几次，扪心自问为了这么一点鸡毛蒜皮的小事发火值得吗？心绪稍平之后，稳定一下情绪，继续数数，努力坚持到三分钟，过了三分钟，你的理智就能战胜情感，怒火将被冷静的理智扑灭。每次发火前，按照这种方法调试心态，慢慢改变自己的坏脾气。

迅速逃离现场

假如你事先察觉到自己即将失控，没有办法克制住火气，也控制不了自己的行为，继续留在现场，冲突会愈演愈烈，可能引发严重后果。在这剑拔弩张、千钧一发的危急时刻，你不妨来个“三十六计走为上策”，迅速离开现场，将一场冲突消解于无形。当时你也许会觉得灰溜溜地逃走很没有面子，事后就会为自己的选择感到庆幸，因为你的及时退出终止了一场恶斗，既保全了别人，又拯救了自己，何乐而不为呢？

用贴标签的方法，提醒自己冷静

在家里触目可及的地方贴上“冷静”“息怒”之类的名言警句，使其深入内心。发火之前，嘴里默默背诵或在心中默念几遍金玉良言，让自己的头脑迅速冷静下来。俄国大文豪屠格涅夫曾经警告脾气火爆的年轻人，“最好在发言之前把舌头在嘴里转上几圈”。利用时间缓冲，给情绪降温，让理性回归大脑。这种方法能起到即刻制怒的效果。

后果想象法

当你迁怒于人或者受到挑衅，心中充满报复欲，马上要采取过激的举动时，不妨预想一下可怕的后果。毫无疑问，你将为此付出沉重的代价，这样做于人于己都没有好处。与其如此，还不如息事宁人，大事化小，小事化了。情绪冲动的时候，不要马上反击，也不要先发制人，而要事先想想后果，主动做出退让，退一步之后，事件很快就会平息。

第十八章

难解的强迫症：一切皆是执念，一切皆是云烟

强迫症是一种常见的心理疾病，很多人都有强迫性思维，并伴有强迫性行为。其中部分人会发展成病态，比如每天浪费一小时或更多的时间去做毫无意义的重复性动作，频繁洗手，反复检查门窗、煤气开关，不断调整物品的摆放次序，或者没完没了地纠结于某个奇异的念头，明知道这么做很荒谬，完全没有必要，但却控制不了自己的大脑和身体，这种感觉非常糟糕。你一旦有了一种强迫性的怪癖，强迫的行为很快就会泛化到生活的各个层面，搅得你不得安宁。同时和各种强迫做斗争，是一件非常消耗心力的事。

强迫症是一种内耗，它是你对自己发动的战争，你唯一的敌人就是自己。强迫的背后是解不开的执念，你无法终止那些念头，越抵抗，它来得越猛烈，唯一的办法就是学会和各种突然冒出的奇怪念头和平共处，然后将其消解于无形。

强迫思维——挥之不去的紧箍咒

约书亚每次出门前都要反复检查门窗有没有关好，回到家里又要按照历行程序重复检查数次，期间不能受到任何干扰，假如家人的谈话声或是手机铃声扰乱了他的思绪，他就会分外焦虑，需要站在门窗前重新检查。临睡前，他至少要花费一小时时间，查看门窗是否已经关严，没完没了地重复同样的动作。半夜醒来，他还是不放心，总要披衣起身，再次查看一下门窗是不是真的关牢了。

在办公室里，约书亚总是坐卧不宁，他非常担心同事将窗户打开，一旦发现有人开窗，他就会马上将窗户关上。在接下来的时间里，他每隔一段时间就要检查一下窗户，一整天下来，要折腾十几次，引得同事纷纷侧目。

强迫症是一种非常常见的心理疾病，生活中我们处处都能看到它的影子。比如有人出门前反复检查防盗门是否锁好，是否随身携带手机，显得十分焦虑；有人有严重的洁癖，反反复复地洗手，一日之内清洁数十次；有人疲惫不堪，又累又困，却强迫自己振奋精神，熬到很晚才肯入睡……患者明知道自己的做法毫无意义，想要抵制那些强迫行为，但在抵抗的过程中，却发现有一种更加强大的力量在支配着自己，它就像令人头痛的紧箍咒一样，逼迫着自己乖乖就范，日复一日地重复着那些单调而又无聊的举动。患者深陷其中，无法自拔，仿佛被诅咒了一样停不下来，内心既纠结又痛苦。

强迫症患者为什么会不厌其烦地做同样的事情呢？为什么要强迫自己做出违背自身意愿的行为呢？是因为恐惧和焦虑。患者普遍缺乏安全感，各种恐惧的念头袭上心头，搅得自己心绪不宁，他们明知道有些念头是荒谬的、不实的，却无法遏制那些乱糟糟的想法。比如有的人惧怕细菌，明知道跟别人亲切地握一次手不至于染上重病，却依然克服不了心理障碍，比较排斥肢体接触，一旦与人握手就会极度焦虑；再比如某个粗心大意的人，已经确定出门前带上了钱包、钥匙、手机等物品，一切万无一失，却仍旧不放心，总要把东西掏出来，反复确认几遍，因为他害怕自己身无分文地被锁在家门外，他无法忍受这种焦虑的感觉，必须一遍又一遍地证实自己真的没落下什么东西。

对于广大强迫症而言，克服恐惧和焦虑，最直接的办法就是一而再再而三地回避自己害怕的场景，反反复复重复无意义的动作。可是这么做只能让他们暂时觉得安全。事后他们往往会更加焦虑和恐慌，担心自己沦为强迫思维的傀儡，再也没有机会获得自由。这些强迫意识并不是外界强加给他们的，而是源自他们自己内心的意念和想法，强迫和反强迫的过程就是一种内耗，他们最大的敌人不是别人，而是自己。战胜不了自己，就会被强迫性思维紧紧套牢，在惊恐和无助中度过漫长的岁月。

强迫症危害巨大，它广泛影响到我们生活的方方面面，可是多数人对它的了解都不够深入，下面介绍几种常见的强迫行为和强迫性思维，帮助大家进一步认知强迫症这种心理疾病。

强迫自己反复清洁

反复清洁这种表现通常被称为“洁癖”，不少人认为有洁癖的人比较讲卫生，跟心理疾病没有任何关系。其实不是这样。过分的洁癖跟强迫症有着千丝万缕的联系。患者反复清洁生活物品，一遍又一遍地洗手，不是为了清除污垢，而是因为畏惧细菌和疾病，他们在头脑中无限度夸大了细菌的危害以及自己感染细菌病毒的可能性，每天提心吊胆，惶惶不可终日，严重影响日常的工作和生活。

反复检查物品

在正常情况下，人们出门前，都会检查一下门窗、煤气、家用电器是否关好，确认之后便可放心离去。强迫症患者却要检查多遍，确认数次以后，仍心存忧虑，总是要花费大量的时间和精力进行重复性检查。此外，对日常信件、文件资料的多次确认，也属于强迫性检查。

强迫性记数

某些强迫症患者只要一看到数字，就逼迫自己记忆。对手机号码、门牌号码、车牌号码等数字极为敏感，为了让自己将号码牢记于心，他们甚至会反复抄写数字，像对待例行功课一样对待这些数字。

强迫性仪式动作

患者将自己的强迫性动作固定化、程式化，形成某种特殊仪式，继而成为一种习惯。比如每次遇到障碍物，都要以某个角度绕行过去，行进时按照特殊节奏进退，像前进五步后退三步等。

苛求图案物品对称、颜色统一

患者无法忍受物品摆放不对称或是图案形状不对称，要求眼前事物必须整齐划一，颜色要统一和谐。美国著名飞机制造商霍华德·休斯就患有此类疾病，他在用餐时，总是把餐盘中的豆子排列得整整齐齐，若是有人碰乱了豆子，打乱了原有的秩序，他就会非常焦虑，立时胃口全无。

担心自己会伤害自己或他人

有时人的脑海中会无缘无故冒出奇奇怪怪的念头，比如站在高处就会有一种想要跳下去的冲动，看到尖锐锋利的物体，会联想到抓起它扎伤自己或伤及别人。这些不可理喻的想法若是能转瞬即逝，就不会形成强迫性思维。有些人被这些可怕的念头困住了，无法将其驱走，久而久之就演变成了强迫症。

晚睡强迫

患者非常疲惫，倒头即能入睡，却偏偏不让自己睡觉。把玩手机时心不在焉，观看电影、浏览网页时，不断地打哈欠，晚上百无聊赖，基本没有什么正事可做，但依然连续熬夜，直到精疲力竭、苦撑不住了才允许自己睡着。

强迫购物

控制不了购买的冲动，购买了大量不需要的物品，事后经常后悔。再次回到商场，看到琳琅满目的物品，还是克制不了自己的购买欲，又会买下一大堆物品。这类人通常被称作购物狂，此类疾病是由于心理压力过大所致，购物只是减压的一种手段。

信息强迫

每隔几分钟就要检查一下手机短信和邮箱，生怕错失了一条信息。总觉得手机在响，总担心有人发送了一封重要邮件，自己没看到。患上这类疾病是因为如今已经进入了信息时代，在激烈的竞争环境中，谁掌握更多的信息谁就能优先胜出。上班族生怕自己接受不到重要信息和最新资讯，表现得过度焦虑，如能放松心情，即能摆脱强迫行为。

自揭伤疤和拔毛强迫

有些人在伤疤将要愈合时，总是下意识地触碰皮肤上的疤痕，这是一种强迫行为。有的人总是莫名其妙地拔掉眉毛、头发，靠拔毛发来缓解压力，舒缓紧张的情绪，也属于典型的强迫行为。

为什么要跟无聊透顶的思维纠缠不清

伊芙在一家商贸企业做出纳，入职八年以来，几乎没有出过错，每到月末结账时都能做到账实相符。这都是基于她平时做事一丝不苟，工作态度非常谨慎。有一天，一名销售员到财务部报销票据，涉及的金额只有300美元，伊芙反复数了六遍，才把钱交给对方，还不停地催促那名销售员："你自己多数几遍，千万别弄错了，有关钱的事可马虎不得。"销售员离开后，她又忍不住打电话询问报销的金额对不对，得到肯定回答后，她还仍不放心，下了班，竟追到对方家里再次求证，还反复嘀咕说："我给你报销的钱和票据相符吧，一张不多一张不少吧。"

到了晚上，伊芙心情莫名烦乱，总是忍不住一遍遍回忆白天工作的情景，反复回想报销的经过，搅得自己睡意全无。第二天，她困倦不堪，没有办法正常上班，只好请了病假在家休息。由于工作的原因，她每天都要跟钱打交道，天天数钱，总觉得自己的手上沾满了细菌，回到家里便马上反复洗手，每次洗手都要耗费十几分钟的时间。她的手被泡得发皱，皮肤无比惨白，看起来非常吓人。

伊芙每天重复着数钱、洗手的动作，从早到晚一直很焦虑，脸色憔悴不堪，叫人十分担心。老板察觉出了她的异样，知道她得了强迫症，不放心让她继续管理财务，索性给她放了一个长假让她回家养病。伊芙忧心忡忡，整天担心自己被别人取代，病情更加严重了。

对于广大强迫症患者来说，每一天都是度日如年，每一刻钟都是在煎熬，他们活在自己创造的心灵地狱里，终日与一些无聊透顶的思维纠缠不清，最终浪费了时间、精力和才华，学业、事业、家庭不同程度上都会受到影响，什么事情也做不成，着实令人叹息。不少人患上强迫症羞于启齿，拼命压制强迫的念头，最终却败给了自己。那么这种顽固性的心理疾病究竟是怎么产生的？它都和什么因素有关呢？

个性因素

患者大多个性内向，存在自我认同障碍，平时谨小慎微，生怕出错，过度追求完美，具有神经质的特点。心理学家认为，强迫症患者大多具有强迫型人格，他们普遍对自己要求比较高，容易患得患失，无法活在当下，要么担忧未来，要么不断地回首过去，总觉得自己会出错或是将有什么不幸的事情发生。所以才会为了一件事反复忧虑，一遍又一遍地检查物品，这种行为模式和思维模式被固化以后，就演变成了强迫行为和强迫思维。

错误的抚养方式。

弗洛伊德将人的心理发育划分成五个阶段，它们分别是口欲期、肛欲期、俄狄浦斯期、潜伏期和青春期。1～3 岁的儿童进入肛欲期，开始接受大小便的训练，学习如何控制自己的生理排泄。在这个时期，如果父母表现得过于严厉，孩子日后可能形成刻板谨慎的人格特征，做事谨小慎微，不敢逾矩，采用非黑即白的眼光审视自己和世界。

在早年的抚养过程中，父母挑剔指责孩子，孩子的自尊心自信心受到打压，易于形成敏感自卑的性格特征，长大成人之后普遍缺乏安全感，总觉得自己做得不够好，生怕出现什么纰漏，必须反复检查才能缓解心头的不安和焦虑。

严苛的教育方式，是强迫症诞生的温床，其实过度溺爱孩子，也会使孩子患上强迫症。家长如果事事包揽，什么都不让孩子亲自尝试，孩子在面对新鲜事物时，就会表现得非常胆怯。长大之后什么都不敢做，什么都不敢尝试，经常畏首畏尾，接到任务之后，内心非常不自信，完成任务后总要检查数遍，才能安心。

父母过度保护孩子，夸大了环境的危险性，孩子长大之后，会变得格外胆小谨慎，时时处在警觉提防状态，很容易患上强迫症。在电影《飞行者》中，主人公霍德华·休斯之所以患上严重的强迫症，就是跟母亲的教育方式有关，母亲反复告诫他一定要远离细菌，夸大了细菌的危害性，长大以后他非常惧怕接触物体，不敢触碰门把手，拿东西时必须垫上一层或若干层纸巾，晚年躲在屋子里不敢出门，几乎与世隔绝。可见教育失当，对人一生的影响有多么大。

童年时期的心理创伤

儿童受过严重的心理伤害或者经历过巨大的挫折，就会觉得外界很不安全，容易形成焦虑、抑郁、谨慎的性格特征。内心世界比较封闭，长期沉浸在痛苦的体验中无法自拔，一些负面的感受不断强化，为其日后患上强迫症埋下了伏笔。

对自我的不接纳

强迫症源于心理冲突，一个人如果不能悦纳自我，就容易陷入强迫与反强迫的拉锯战中。研究显示，强迫症发病大多出现在 30 岁之前，约有 10%的患者在 10～15 岁的青春期发病，这是因为青少年的身体发育和心理发育是不同步的，随着身体发育的日渐成熟，青少年荷尔蒙分泌旺盛，开始产生了性欲，由于心理发育较为滞缓，不能接纳自己的本能欲望，于是就想方设法压制欲望，为了缓解焦虑情绪，可能会不由自主地进行某种强迫性仪式，进而患上强迫症。

此外敏感自卑，对自己深为不满，具有严重自毁情绪或者具有完美主义倾向的人，心理冲突剧烈，患上强迫症的概率也比较高。

细菌不可怕，可怕的是过度洁净

珍妮弗是个非常爱讲卫生的人，从来不用手直接拿东西，只有隔着手帕才放心接触物体，晚上会直接把手帕丢到垃圾桶，第二天再换一条新的。即便如此，她仍然觉得自己的手被细菌污染了，每日洗手次数高达 30 次，要用去整整三块香皂。有时她每隔 5～10 分钟就要洗一次手，只有完成洗手的动作，她才能略感放松。

有一天，珍妮弗外出，迎面有一个端着饮料的人，跟她撞了个正怀，不小心把饮品泼洒在了她的身上，手上也溅上了不少饮料汁。珍妮弗分外慌张，她立马冲进超市，买了好几瓶矿泉水，反反复复洗手。回到家里之后，她依旧无法放松下来，一遍又一遍地用香皂大力搓洗着双手，由于用力过猛，手指上的皮肤都出现了损伤，渗出了一些血丝。换作别人一定会用创可贴贴在伤口上止血，珍妮弗却没有那么做，她认为止血胶带上面布满了细菌，所以不敢接触这种东西，任由自己的手指流血。

我们每天都要洗手，洗手是我们日常生活中的一部分。有轻度洁癖的人，洗手的次数要比其他人频繁一些，但与正常人相比，并未显示出明显的异样。但每日洗手多达几十次，把大部分时间都浪费在了洗手上，就显得尤为不正常了。这类群体所患的正是洗手强迫症。患上此类疾病的人总觉得自己双手不干净，平日里会非常紧张焦虑，每隔几分钟就会不由自主做出洗手的动作，有的人一旦开始这个动作就停不下来，需要有人出面制止，才能终止搓洗双手的行为，两手由于过度清洁，会变得发白起皱，局部皮肤出现破损。

频繁洗手是一种洁癖，也是强迫症最常见的一种表现，患者之所以控制不了自己的习惯性动作，多半是基于这样一种理念：手脏可能感染细菌，沾上细菌就会患上各种各样的疾病。所以从某种意义上说，洗手的目的在于杀菌和防病，重复性的动作是建立在强迫理念的基础上。当他们将双手泡在水里清洗过无数次之后，手脏会患病的想法仍然存在，因为没有人能彻底消灭细菌，真正的无菌区是不存在的，因此无论清洁多少次，他们都不会放心，洗手的动作会一直重复下去，这个过程是非常折磨人的。那么究竟有哪些方法可以根治洗手强迫症呢？

有意识地控制洗手的频率和时间

治疗洗手强迫症是一个循序渐进的过程，你不可能在短短两三天之内改变自己多年养成的习惯，所以在矫正强迫行为时，必须付出足够的耐心。你可以从控制自己的日常习惯入手。不要在水龙头下洗手，限量使用香皂和洗手液。每次洗手的时间要控制在三分钟之内，逐渐减少洗手的次数，有计划地缩短洗手的时间，减少洗手的频率，矫正过度清洁的习惯，使之符合正常人的行为规范。

运用暴露疗法克服对细菌的恐惧

暴露疗法的原理是让自己置身在害怕的场景中，逼迫自己正视恐惧，直到恐惧的感觉减退或消失，进而达到克服心理障碍的目的。在正常情况下，我们如果感到害怕，第一反应就是逃跑或回避，这是一种近乎本能的反应。人们常说的“一朝被蛇咬十年怕井绳”讲述的就是这个道理。洗手强迫症的患者除了反复洗手外，第二个异常表现就是不敢接触物体，比如不敢触碰门把手，不敢正常拿东西，有意识地回避很多事情，要想克服这种心理障碍，必须改变固有习惯，直面自己经常回避的东西。治疗方案如下：

第一步：根据恐惧程度的不同，想象几个不同的场景，给它们一一打分。例如用手触摸动物的粪便为 100 分；触摸沾有污秽物的车辆为 95 分；接触公共浴室或公厕为 90 分；触碰垃圾箱为 85 分；触摸公共场所的门把手为 80 分；触碰装满垃圾的袋子为 75 分……触碰刚刚清洗干净的水杯为 5 分，触碰反复消毒过的器具为 0 分。

第二步：从较低等级的刺激开始，进行想象暴露和现场暴露的训练。训练在脑海中想象用手触摸消毒过的器物的感觉，然后把想象的场景搬到现实中，亲手触摸消毒过的器具。随后进入下一个环节，运用想象和现实相结合的方法，触摸干净的水杯。当恐惧等级上升到 10 分的时候，你会略微感到不适，努力坚持下来，尽量让自己完成脱敏治疗。

第三步：每个阶段的暴露治疗结束后，要适度地控制清洁的时间，洗澡的时间限制在 35 分钟之内，洗脸的时间不得超过 5 分钟，洗手的时间不得超过 3 分钟。也许在这个治疗阶段，你会感到非常焦虑和痛苦，多次萌生放弃的想法，千万不要轻言放弃，痛苦焦虑到一定程度，那种不适的感觉会自行减退。咬牙坚持下来，相信自己，你一定能渡过难关。等到暴露训练达到最高级别时，将每天洗手的次数控制在 5 次，只有在用餐前、如厕后及碰到了脏污的东西以后才能去洗手，其他情况下均不允许洗手，慢慢纠正频繁洗手的习惯。

采用认知疗法矫正错误认知

洗手强迫症患者认为无孔不入的细菌危害无穷，稍不留神沾染上就会染上恶疾，这种担忧其实完全是多余的。细菌并没有我们想象中那么可怕，适度接触细菌不但对人体无害，反而对健康有益。研究发现，附着在皮肤表面的某些细菌，对肌肤有保护作用，它们能有效阻止皮肤发炎，清洁过度，杀灭有益细菌，反而对自身有害。人体皮肤表面以及身体内部存在着无数肉眼看不到的微生物，部分有益细菌能有效增强人体免疫力，抵制有害细菌的入侵，对维护人体健康起着极其重要的作用。

某些有害细菌确实有损健康，所以平时我们要讲究卫生，但清洁必须适度，不能把有益细菌也统统清除掉。茫茫宇宙，到处充斥着尘埃和细菌，想要完全躲开细菌是不可能的，频繁洗手并不能起到杀菌灭菌的作用。

如果你把双手放到显微镜下观察，依然能看到细菌在活动，这足以说明无论你洗多少遍手都无济于事，你的手上还是沾上了不少细菌。其实有细菌的环境并不可怕，完全没有细菌的环境才可怕，如果让一个孩子在人为创造的无菌室内长大，身体的免疫力会非常差。细菌就像空气一样与我们同在，我们必须以平和的心态对待细菌，否则永远摆脱不了内心的恐惧。

反复确认和检查，是在和“不确定性”做斗争

亚当是一个重度强迫症患者，他每天都要反复做一些小动作，比如一遍又一遍地触碰水龙头、电灯电器的开关，一次又一次地检查窗户是否关牢，把车钥匙、门钥匙、钱夹等物品一一从皮包里翻出来，看看自己是否忘带了什么。每次外出，他都会磨蹭半天，上班经常迟到，为此不知挨了多少批评。

工作时间内，亚当仍然心神不宁，每隔一段时间，就要动手检查一下东西，要么反反复复翻看纸质文件，要么没完没了地重复检查保存在电脑桌面上的各类文档。在这些无关紧要的琐事上，他耗费了大量宝贵的时间，当天的工作任务总是完不成，不知不觉就沦为了效率最差的员工。老板非常不满，一度想要解雇他。亚当诚惶诚恐，整天焦虑不已，他很想去除那些多余的动作，可是无论怎么努力都做不到，为此他非常烦恼，精神几近崩溃。

检查强迫是生活中常见的一种强迫症，患者习惯频繁重复检查的动作，才

能缓解内心的不安。他们明知道有些检查完全是多余的、没必要的，却抑制不住内心的冲动，不得不再次确认，事后往往非常后悔，觉得这样做纯属浪费时间，没有任何实际意义，可是下次面临同样的境况时，还是会做出同样的抉择。

不知你是否有过这样的经历：出门前分明已经把门锁好了，转身离开的时候，忽然怀疑自己没锁门，想要回去查看一下，理智上认为没有必要那么做，于是暂时打消了检查的念头。等到慢腾腾地走到楼下或者已经走到马路上了，又开始思考大门究竟有没有锁好，由于心里放心不下，只好返回家中，再次查看一下门锁。除了检查门锁以外，你还经常频繁地检查煤气和水龙头，生怕自己没将开关关好酿成大祸，工作期间，一遍又一遍地检查文档资料，生怕出现什么纰漏。这都是强迫性思维在作怪，由于你对自己做过的事没有把握，又不能忍受任何的不确定性，所以才会养成反复检查的不良习惯。那么究竟有什么方法能制止这些强迫行为呢？

制想法

想象你在做习惯性的强迫动作，比如你想查看一下水龙头到底有没有关好，让这个画面持续 5～10 秒，在虚拟的世界里，不要让自己触碰水龙头，当你感到无比焦虑恐惧的时候，对自己大喊一声“停”然后终止想象，反复重复这个过程，通过训练来消除强迫性思虑。强迫症状得到缓解之后，在实景中重复同样的训练，先盯着水龙头看 5～10 秒，克制住检查的冲动，每逢焦虑时，大声喊“停”，之后暂时离开现场。心情放松以后，再进行相应的训练，直到焦虑的感觉消失为止。

假如你时时刻刻被强迫性思维环绕，每隔几分钟就要进行一次强迫性动作，可以试着在身旁摆放一个定时闹钟，每隔几分钟让它响一次。设置响铃的时间间隔要和两次强迫性动作之间的间隔相吻合，铃声大作时，对自己高喊一声“停”，强行中断强迫性思维，驱除强迫性观念，尽量不做强迫性动作。实验重复几次之后，可适度调低喊“停”的声音，改用正常的音量对自己说“停”，渐渐放松精神，克制住强迫冲动。

厌恶疗法

在手臂上绑一圈橡皮筋。每当脑海里出现强迫性的想法，比如想要再次检查门窗、电器开关时，强迫的念头越来越强烈，已经达到了无法自控的程度，你觉得身不由己，试图起身再进行一次重复性的检查工作时，不妨试着拉开橡皮筋，任它弹回原来的位置，从手臂上传来的疼痛感，将有效抑制强迫性冲动，阻止你的强迫行为。

如果强迫冲动没有消失，你还是想着重复检查动作，那么就再用橡皮筋弹一下自己，直到那些无用的念头消失了为止。天长日久，橡皮筋带来的痛感和强迫性观念将形成一种条件反射，倘若强迫性念头再次闯入你的脑海，你就会自然而然地产生极度厌恶的感觉，自动会驱逐那些无聊的念头。

真实性检验法

俗话说得好："实践是检验真理的唯一标准。"你所恐惧和担忧的事情皆来源于想象，它们往往是与事实相悖的，唯有用事实戳破虚幻的想象，你才能把自己从可怕的幻象中解放出来。假如你非常担心自己没把门锁好，事后必须检查数次才能放心离去，长期以来一直无法改变这种带有强迫性质的习惯。不妨对自己来一次釜底抽薪，一遍也不检查。这样做的前提是锁门的时候，你必须集中精力，什么也不要想，百分百确定已经把门锁好，一切真的万无一失了。离家之后，你可能会感到很焦虑很担心，还想返回去反复检查几次，千万不要那么做，要坚持熬到下班回家。回家开门的时候你会发现，门确确实实已经锁好了，以前的担心完全是多余的。以后就可以放下心来，不再做多余的检查了。

忽然闪出的邪恶念头，不代表你的本意

托尼大学毕业八年了，八年来一直赋闲在家，没有心思找工作，也没有精力做任何事情。长期以来，他一直被一些奇奇怪怪的念头所困扰，每当站在高楼上向下俯瞰的时候，他都感到心慌害怕，他想象着自己猛力地将玻璃窗卸了下来，狠命地向下面的人群砸去，马路上传来惊叫声和惨叫声，接着是救护车的鸣笛声，场面非常混乱。

虽然这只是一个荒诞不经的幻想，托尼没有伤人的意向，也不可能做出那

样的举动，但他仍然十分惊恐。他觉得魔鬼入侵了他的大脑，向他发出了邪恶的指令，逼迫他卸下窗户砸向行人。他不明白自己为什么会产生这么可怕的念头，难道是神经错乱抑或是自己天生就有暴力倾向？因为害怕有一天会伤到路人，托尼将家里的玻璃窗全都卸了下去，用木板将窗户全部钉死了。可是即便这样，他还是感到害怕。他觉得自己有可能会拆下木板砸伤下面的行人。

托尼在惊恐中熬过了一天又一天，每天都殚精竭虑，惶惶不可终日。为了消除内心的恐慌感，他找了一处没有窗户的房屋独自居住，本以为这样就可以杜绝心头的恶念了。没想到一个恶念消失了，其他的恶念又产生了。看到椅子，他就想象自己把它举起来砸人，看到棍棒之类的东西，他又想象着自己会抓起这些东西袭击别人。他想象的场景越来越离谱，越来越荒诞，他不知道自己究竟是怎么了，不敢就医，也不敢向任何人提起这件事，生怕被当成疯子。由于和那些可怕的念头做斗争消耗了大量的能量，他没有心力做任何事情，只能待在家里暗自苦恼。

有些强迫症患者头脑中会反复闪过一些稀奇古怪的念头，部分念头与伤害自己或伤害他人有关。比如站在阳台上晾晒衣物，忽然有一种想往下跳的冲动，见到火焰，很想把手放在上面炙烤，见到针尖、钉子、刀具，就会有一种伤人伤己的冲动，小心翼翼地抱着孩子，觉得自己有可能将孩子从高处抛下……这些冲动与患者真实的意愿相违背，它是大脑错乱的产物，从本质上讲是强迫性思维在作怪，不代表患者内心的想法。患者明知这样的念头是不合理的，本意不想伤害任何人，也不想伤害自己，却无法将那些邪恶的念头从脑海中驱逐出去，内心非常痛苦，那么究竟该怎么做才能消除那些强迫性的想法呢？

先了解强迫念头的成因，然后有的放矢地制订治疗方案

如果你有伤害自己的冲动，说明你怀有强烈的自毁情绪，你摆脱不了那种自我憎恨的感觉，所以才会产生那种自我攻击的意象。如果你既有伤害自己的冲动，又有伤害他人的冲动，本质上是想伤害自己，自我攻击的对外形式就是伤人，别人只是你的替身而已。想要摆脱这种强迫性质的幻想，你首先要做的就是接纳自己，不再憎恨自己，原谅自己的过失，包容自己的缺点，学会温柔地呵护自己。等你能妥善处理与自己的关系，与自己达成和解时，强迫伤害的意象就会渐渐消失了。

部分强迫伤害意象与人的大脑神经或内分泌有关。正常人的大脑也会在不经意间闪过各种匪夷所思的念头，那些念头通常会转瞬即逝，不会给人带来任何困扰。强迫症的患者大脑出现异常，不能过滤和消除莫名冒出来的可怕念头，某些想法长期滞留在脑海里，挥之不去，一遍一遍地闪现，久而久之，就形成了强迫性思维。此外妇女产后，内分泌紊乱，容易患上产后忧郁症，可能会萌生出伤害婴儿的想法，进而发展成强迫症。这两种类型的强迫症需要及时就医治疗，借助服药或其他医疗手段，慢慢驱散强迫伤害的意象。

有时候你之所以会产生强迫伤害冲动，是因为你太过关心在意某个个体。比如你非常在乎自己，担心自己不安全，觉得这个世界危机四伏，就会变相地产生一些奇怪的想法。你看到针尖时，就会觉得它们很危险，可能会伤到自己，进而联想到伸手触碰针尖，手指被扎出血，形成强迫性思维后，就演变成了自我伤害的冲动。再比如你非常在乎自己的家人，渴望拼尽全力保护自己所爱的人，生怕他们受到一丁点伤害，每天精神高度紧张，头脑里会莫名冒出伤害家人的想法。

其实这个世界并没有你想象得那么危险，你和你的家人都很安全，你根本不需要时时刻刻提防，只有认清这一点，你才能从强迫性思维中走出来，回归到正常生活。

采用暴露疗法消除恐惧

回避行为虽然能暂时帮助你缓解焦虑，却不能使你彻底摆脱强迫症。你不可能永远逃避，只有敢于面对自己所恐惧的东西，你才能战胜自我，打败内心的恶魔。你可以根据自身的实际情况来选择想象暴露法和真实暴露法，也可以将两种暴露方法结合起来使用。客观而言，想象暴露法比真实暴露法更安全，假如你的强迫意念有可能带来灾难性的后果，运用想象暴露法进行自我治疗比较合适。

假如你担心自己把孩子从高处抛下或者害怕自己挥起某种器物伤人，可以在头脑中想象自己抱着孩子或拿起器物的场景，认真体会那种恐惧焦虑的感觉。努力用意念克制住强迫性伤害冲动，让恐惧感自行减退或消失，以达到脱敏效果。

假如你担心会抓起钉子或尖锐器物伤害到自己，可以采用想象暴露法和真实暴露法相结合的方式。先在想象中帮助自己脱敏，然后勇敢地盯着你害怕的物体看，任由恐惧感将自己包围，慢慢地等待恐惧的感觉自行消失，让自己在现实中脱敏。需要注意的是，千万别尝试着触碰尖锐的钉子或拿锐利的器物扎自己，以免发生意外。

运用认知疗法克服自责情绪

强迫症患者有了伤人的想法之后，会非常内疚自责，内心充满罪恶感，自毁情绪更加强烈，这非常不利于治疗。你需要明白你脑海中的那些邪恶想法只是脑部障碍的产物，它们不能反映你的为人，也不能代表你的真实意念，所以不必过于纠结。当头脑里冒出可怕的想法之后，你要尝试着对自己说："这不是我的想法，是强迫症作祟，那些可笑又可怕的想法是大脑错乱的产物，它们是没有任何意义的。"千万不要对自己说："我心里潜藏着魔鬼，我是一个危险人物，我会伤人害人，我应该自我唾弃，全世界的人都应该唾弃我。"记住，自毁情绪对你没有任何好处，为了自己也为了他人着想，你必须先学会包容病态的自己，然后慢慢矫正自己的思维和行为。

追求十全九美，打败强迫观念

爱丽丝是一位名校毕业的硕士生，学识广博、履历光鲜，刚刚毕业就进入了全球500强企业，薪水丰厚，待遇可观，前途不可限量。按理说她年少得志，应该觉得非常幸福才对，可事实并不是这样，由于患上了强迫症，她每天过得都十分辛苦。晚上摘下眼镜，她会以某个特定的角度将它轻轻地放在一尘不染的梳妆台上。半夜她经常莫名醒来，开灯观察眼镜的位置，有时会做出微小的调整，直到投影的角度看起来百分百完美为止。假如眼镜摆放的位置出现一点偏差，她就会焦躁不安，有时一整晚都无法安眠。

爱丽丝常浪费大量时间摆放眼镜，她丝毫不能容忍物品摆放的不整齐不规范，所以她的私人用品全都摆放得整齐有序，颜色十分协调。打开衣橱，衣服按照不同款式不同季节依次排列，看起来井井有条，拿取的时候极为方便。在家里的时候，爱丽丝相对比较放松，只是偶尔会为眼镜的位置心烦。但出入公共场所的时候，爱丽丝会遇到自己掌控不了的事情，心情就焦虑得无以复加。有一天她和朋友到酒店的包厢里用餐，发现餐具、桌椅摆放得极为不整齐，她忍无可忍，多次要求服务员调整物品的位置，折腾了好久，她依然不满意，只好自己亲自动手。等到把餐具、桌椅的位置调整到令自己百分百满意的程度，饭菜已经凉透了，爱丽丝胃口全无，只吃了一点就谎称吃饱了。朋友十分不高兴，觉得爱丽丝实在太神经质了，此后再也没有约过她聚餐。

生活中有这样一类怪人，非常讲究整洁和秩序，物品全都要摆成直线，不能有一丝杂乱，走路步伐必须匀称，路线必须是完美的直线，东西如果是左右摆放或上下摆放的，必须对称，色调必须和谐，不能有任何跳脱之感，一切都得井井有条，这是完美情结在作怪，还是强迫症使然？答案是两者皆是。过度追求完美，就会陷入强迫症的泥潭。患上强迫症的人，对自己要求非常严苛，他们过分关注细枝末节，害怕出错，行事风格刻板，平时谨小慎微，比较容易焦虑和紧张，所以有人说强迫症是完美主义弄巧成拙的产物。那么究竟怎么做才能克服完美强迫症呢？

顺其自然，学会与不和谐的事物相处

假如你看到让自己不舒服的事物，顺其自然，不要刻意想它，也不要苛求改变什么，任由自己被焦虑淹没，过一会儿，这种不适症状就会自行消除。某些强迫症患者一旦看到颜色混乱的广告牌、不整洁的路面，就觉得难以忍受，看到不对称不和谐的建筑也会抓狂，每次出行都很受罪。矫正这种强迫症最好的办法就是学会适应，慢慢提升自己的忍耐力，克服自己的精神洁癖，学会与不和谐的世界相处。

其实整齐划一并不代表美，适度的凌乱反而会给生活增添更多的乐趣。平时多接触一些纷繁的色彩，改变自己的审美意趣，最终你会发现不和谐的元素碰撞到一起，总能产生奇异的火花，缔造出另一种美。经常到美术馆参观一些名家的作品，有意识地陶冶一下情操，逐渐改变自己刻板乏味的审美观，强迫的症状将慢慢消失。

当然，改变审美观并不意味着完全颠覆以往的价值观，不再追求秩序和整洁，把脏乱差当成一种新式审美，它指的是不要苛求百分百的和谐统一，能够容忍灵活的变化和活泼的元素。也就是说只追求十全九美，不追求十全十美，容忍百分之十的错乱和不协调，学会欣赏鲜活灵动的色彩，改变僵化的思维模式。

追根溯源，从根源上解决自己的心理问题

你是什么时候患上完美强迫症的？患上这类疾病的心理根源是什么？是因为父母、老师对你要求过高，还是因为你对成功有着一种病态的执着？如果是童年的阴影让你患上了强迫症，你可以尝试采用回溯法打开童年的封印，帮助自己从紧张不安的情绪中解脱出来。假如你认为只有事事做到完美，才能无限接近成功，不妨在自己身上做一次实验，有意识地降低做事的标准，努力做到十全九美，而不是百分百完美，看看结果会有什么不同。到时你会发现，由于在执行的过程中，你的状态比较放松，心情愉悦舒畅，效果反而比以前更好了。这足以说明完美是成功的绊脚石，而不是垫脚石。

制定时间计划表，限定活动时间

完美强迫症患者通常会耗用大量的时间去打扫房间、摆放物品，为了让所有的物品各归其位，呈对称分布，或者呈现出一个完美的角度，会反复调整它们的位置。纠正这一不良习惯最有效的做法就是制定一张时间计划表，限定摆放物品的时间，逼迫自己在最短的时间内将室内的物品摆放整齐，这样一来，患者就没有时间调整物品的位置了，对秩序性的要求将慢慢降低。

在日常生活中矫正自己的不良习惯

有意识地观察自己平日的活动，把强迫性的动作和强迫性的要求统统去掉，从身边的小事做起，逐渐纠正自己的不良习惯。比如平时散步，你要求自己步伐均匀，且必须走直线，这个标准太过严苛，尽可能让自己随意一些，再比如你在拖地板的时候，总是沿着直线向前行进，不允许自己出现角度变差，这种要求完全是没有必要的，你可以尝试着变换角度变换姿势拖地，只要把地板清洁干净即可，不必对自己的姿势、路线做硬性要求。

走出误区，顺其自然

莉莉丝是个非常聪慧伶俐的女孩，她机智幽默，谈吐不俗，整个人显得自信随和，充满青春活力。因为忽然患上了强迫症，她没能顺利完成学业，大三那年被迫休学了。她的大脑里充满了各种奇奇怪怪的念头，每天都要例行做一些强迫性的动作和仪式，做什么事都无法专心，有时她幻想天花板上的吊灯忽然毫无征兆地掉下来砸伤自己，有时幻想手边的铅笔变成了利器，突然不受控制地扎伤了自己的胳膊。

休学之前，她每日都要反复检查学习用具，生怕自己忘带学习用具，即使把所有的东西都带全了，她还是莫名焦虑。她不知道自己的大脑究竟怎么了，它总是不听使唤，与那些乱七八糟的念头纠缠不清。经过专业心理治疗以后，莉莉丝的强迫症得到了控制，可没多久那些强迫性的念头又会卷土重来，再次扰乱她的生活。莉莉丝很苦恼，觉得自己可能这辈子都摆脱不了强迫症了。

强迫症被称作“精神癌症”，说明这种心理疾病很难彻底治愈，患者只要受到轻微的刺激就有可能旧病复发，即使没有受到任何刺激，那些刚刚消散的强迫性观念也有可能卷土重来，再次侵入患者的大脑，进而控制患者的身心。强迫症为什么这么难根治呢？这是因为人或多或少都有些强迫倾向，想要刻意忽略某个念头或制止某个想法时，往往不会成功，拼命禁止的意念通常会越压制越强烈，它们会以翻江倒海之势搅乱你的精神世界。

此外，人天生就有反刍倾向，总忍不住反复咀嚼反复重温某些回忆，强迫性念头作为负面的回忆，被深深刻在了脑海里，只要一有机会它就会像磁带一样一遍又一遍地播放，摧垮你的阻抗意志。更为糟糕的是强迫性冲动容易泛化。刚刚患上强迫症的时候，你可能只有一个强迫的念头，在不知不觉中，不断有新的强迫念头涌现出来，强迫动作、强迫行为越来越多，涵盖了你生活的方方面面，令你完全无法招架，想要克服这类顽疾，可谓是难上加难。那么我们究竟该怎么对待强迫症呢？怎样做才能减轻它给我们带来的精神压力和痛苦？首先我们必须矫正认知，走出认识的误区。

误区一：我必须马上消灭所有强迫性观念

心理学研究表明，你越是抵制某个想法，越容易被这个想法所控制。你要是企图瞬间消灭强迫性念头，只会促使它更加频繁地出现在你的脑海里。不要去做一些徒劳无功的事情。如果你能接纳那些带有强迫性质的不合理想法，不对它们进行任何置评，不去刻意阻拦，那些折磨人的想法往往会慢慢地自行消退。这就好比你在和另外一个自己较劲吵架，你越是想在声势和气焰上压过对方，对方会越是不服，越是会用更加猛烈的气势反击，你若对其不加理会，对方自觉无趣，反而会噤声。所以最明智的做法就是坦然接纳强迫性想法，让它自己演独角戏，最后自己下台。

误区二：我认为某些强迫想法会变成现实

你的担心是多余的，强迫性想法大多夸大其词，带有杞人忧天的性质，它们转化成现实的概率比中彩票还要低。比如你触碰了脏物，觉得自己会马上染上恶疾，这种想法就是非常不切实际的。再比如你觉得不反复检查煤气开关，自己就会煤气中毒死于非命，因此非常焦虑这种担心也是不必要的。因为你只要认真检查一次开关，就能确定煤气有没有关好，完全没有必要一遍又一遍地检查。当你总是忍不住做一些毫无意义的重复性检查工作时，不妨告诉自己，你所忧虑的事情根本不会发生，那些灾难性后果都是被夸大的幻想，你很安全，不必焦虑。

误区三：我必须重复强迫性行为，因为只有这么做，我才能缓解焦虑，减轻精神上的痛苦

当你的头脑被强迫想法占据时，遏制强迫冲动是一件非常痛苦的事情，你发现只有重复某个特定的僵化动作，才会有一种如释重负的感觉，所以会一遍又一遍地做这个动作。其实这正是你摆脱不掉强迫症的根本原因。当你把强迫性动作和强迫性行为当成一种习惯的时候，它们就会深刻地改变你原有的生活方式，促使你深陷其中无法自拔。

你必须尝试着改变自己的日常行为，想方设法地终止强迫性动作，唯有如此，才能有效减轻强迫症给你带来的困扰。你或许认为必须先清除强迫想法，

才能抑制强迫行为。其实不是这样，你完全可以反其道而行之，让行为反作用于想法。当你停止强迫行为，强迫想法会自行减弱，它对你的控制力将随之弱化。

认清思想误区以后，你需要改变对待强迫症的态度。对于这类心理疾病，最好采取不理会、不惧怕、不对抗，一切顺其自然的态度。首先，在心态上要放松，不要太把强迫观念放在心上，只要你不过分重视它，就不会被它牢牢控制住。别把时间和精力都浪费在和强迫观念做斗争上，努力像正常人一样生活，把无聊的念头溺死在忙碌中。其次，要努力改变自己的不良性格，克服敏感、自卑、偏执等个性缺陷，把自己塑造成一个阳光开朗的人。最后，带着强迫症状正常地工作和生活。战胜强迫症任重而道远，你必须做好打持久战的准备，治疗期间，要为所当为，不能让强迫症耽误了自己的大好人生。

第十九章

欲罢不能的成瘾症：一朝沾染，终生枷锁

每个人都有自己的癖好，有的人好烟，有的人嗜酒，有的人沉迷于网购，有的人依赖手机和互联网，一天不碰手机屏幕，就感觉奇痒难耐，还有的人整天忙忙碌碌，喜欢那种被工作淹没的感觉。这些癖好都和成瘾症有关。

只要你离不开某种事物，就是上瘾了。你若是因为断网而抓狂，说明你有严重的网瘾，一天不喝酒就手抖，说明你酒瘾犯了，一天不碰手机就坐立不安，说明你有手机成瘾症。不要把这些瘾当成正常的生活习惯，更不能任由它们支配你的人生，爱好能让你的生活丰富多彩，但瘾不能，欲罢不能的成瘾症，一朝沾染，有可能变成终生枷锁。它将剥夺你的自由，并严重危害到你的身心健康，所以为了长远考虑，你必须让瘾淡出自己的生活，果断地摆脱这种精神依赖。

成瘾——变相的精神依赖

查理是一个非常容易上瘾的人，小时候他体弱多病，经常吃药，长大以后严重依赖药物，只要一天看不到药片，心里就发慌。虽然身体不好，他却烟酒均沾，抽烟抽得很凶，从早到晚都在喷云吐雾，手指被香烟熏得发黄，洁白的牙齿也变了颜色。他的酒瘾也很大，几乎每饮必醉。一到晚上他就睡不着，有时喝闷酒，有时通宵上网。

查理沉迷于网络游戏，把大部分积蓄都花在游戏装备上了，朋友觉得他不务正业，多次劝他把网瘾戒掉，将有限的时间和精力投放到更有意义的事情上。他始终听不进去，经常振振有词地反驳说："什么事情是有意义的？人活一世不是为了寻求意义，而是为了活得高兴。打网游能给我带来快乐，我为什么要改变自己的兴趣爱好？"

朋友没办法把他从网络上拉出来，只好劝他利用互联网多做些有价值的事情。在朋友的引导下，查理学会了制作个人主页，学会了怎样剪辑视频，可是没过多久，他就对这些事情失去了兴趣，因为他又迷上了网络购物，他把购买游戏装备的钱全都花在了网购上，周末哪儿也不想去，索性宅在家里网购，慢慢地变成了宅男。

提起成瘾，你首先想到的可能是药物依赖和毒瘾，其实对这两种东西上瘾的人并不多，人们谈瘾色变，无非是因为忌惮它的危害。在当今社会，成瘾症的表现形式多种多样，各种各样的"瘾君子"就潜伏在我们身边，也许连我们自己也是其中的一员。烟瘾、酒瘾、赌瘾、网瘾、信息瘾、工作瘾、搜集癖、异食症等各类成瘾疾病，广泛而深刻地影响着现代人的生活，现在已然成为了一种新型流行病毒，严重威胁着人们的身心健康。

据不完全统计，在我国至少有 3000 万人有酒瘾，3.4 亿人有烟瘾，440 万青少年有网瘾，患有成瘾症的人群规模十分庞大。不经意间，我们即能感受到瘾的存在，因为它正无孔不入地侵蚀着我们生活的各个角落。可以毫不夸张地说，成瘾症涵盖各个年龄阶段，横扫老中青少四大群体，囊括各个行业，小孩子沉迷于网络游戏和电子漫画书；青年白领白天离不开手机和网络，晚上沉湎于舞池，热衷于无拘无束地甩头狂欢；中年社会骨干寄情于酒精，喜欢在半醉半醒中寻找解脱。成瘾是一种非常普遍的现象，有的人甚至把它看成是一种时尚现象。殊不知瘾本身是一种心理疾病，你从中获得的快感越多，招来的麻烦往往越大。

物瘾是容易戒掉的，但心瘾却难以根除。一旦染上了某种瘾，就会越陷越深，难以自拔。成瘾症就像可怕的魔咒一样，它的效力恒久存在，无论你怎么反抗和挣扎，都挣脱不了它的操控，总是做出错误的抉择，为了眼前短暂的欢乐，放弃了长久的幸福，大好的人生将毁于一旦。

也许你觉得这种说法有些危言耸听，如今每个人都有一种或几种瘾，瘾已然成为了日常生活的组成部分，可人们不是照旧能照常生活吗？比如信息成瘾的群体，天天刷微博，时时关注朋友圈的动向，还有那些低头族们，不分白天黑夜地玩手机，网虫夜以继日地上网，他们的生活并没有出现太大的问题呀。事实并非如此，其实他们已经为自己的成瘾行为付出了代价，有的延误了工作，有的错过了与家人、朋友相处的宝贵光阴。

也许你会说成瘾未必完全是坏事，现代人压力大，找不到合适的减压方式，对某件事情上瘾，既能放松神经，又能找到快乐的感觉，何乐而不为呢？为什么一定要戒瘾呢？女人压力大了，喜欢在网上购物，购买的东西相对比实体店便宜，这种消费方式符合居家过日子的节约理念，这种瘾有什么坏处呢？千万不要忘了，持续的网购，积少成多的花费可是一大笔钱，同样能给你造成巨大的经济压力。有的人喜欢深夜到舞厅歌厅热舞唱歌，已经离不开这种亢奋的娱乐方式，这是非常有害的，因为睡眠不足，第二天很有可能一整天都打不起精神，非常影响日常的工作和学习。

工作成瘾也是不可取的，这类“瘾君子”虽然头顶劳模的光环，经常受到上司和老板的表扬，像老黄牛一样勤勤恳恳、任劳任怨，工作效率却未必很高，工作质量也未必过关。工作成瘾者大多不热爱自己的本职工作，他们只是迷恋速度和进度，只是享受那种忙忙碌碌的感觉，忙到精疲力竭的程度也不肯停歇，这其实就是一种十足的病态。

总体来说，成瘾弊大于利，它是一种变相的精神依赖，能戒当戒。也许你感到疑惑，难道不抽烟、不喝酒、不玩牌、不碰手机、不上网、不唱歌、不跳舞、不加班才算不成瘾吗？若是那样生活，人生还有什么乐趣可言呢？不要急着下结论，远离成瘾症，不是让你杜绝正常的娱乐活动，也不是让你清心寡欲，过世外高人的生活，而是指把“瘾”控制在合适的范围之内，不要让它扰乱了你的日常生活。那么正常的瘾和成瘾症的界限究竟在哪里呢？首先我们需要弄清什么是成瘾症。一般而言，成瘾症具有以下五个特点：

1. 严重危害身心健康；
2. 形成精神上的依赖，患者上瘾后无法控制自己的行为；
3. 患者不能正常安排自己的生活；
4. 随着时间的推移，瘾越来越大，患者的耐受性逐渐提高；
5. 一旦脱离刺激源，患者在精神上会出现戒断反应。

热衷于生理上的刺激，易于上瘾，热衷于精神、情感上的刺激，同样容易上瘾。瘾和正常的热爱有着本质的不同，它是一种不健康的扭曲的追求，一旦沉迷其中，就很难挣脱出来，所以我们必须谨慎对待成瘾行为。

都是多巴胺惹的祸

刘易斯非常喜欢夜生活，每当夜幕降临，他就感到无比兴奋。在他眼里，白昼是无聊透顶的，黑夜是迷人魅惑的，因为白天人们总是按部就班地做事情，就像机器人一样不能自主，到了夜里，大家才有机会尽情释放野性和激情。他喜欢在华灯初上的时候走进酒吧，找一个最显眼的位置坐下，以一种慵懒的姿态端着一杯精致的鸡尾酒，醉眼迷离地观察形形色色的红男绿女。

刘易斯记不清自己喝了多少杯酒，只觉得眼前的人影越来越模糊，慢慢地，人影变成了杂乱斑驳的彩色斑点，而周围的欢声笑语就像电影里的音乐那样飘缈。喝到兴起时，他会随着迷乱的音乐起舞，跳着跳着，便觉得头昏目眩，仿佛整个房间都在旋转。他就像一只溺水的火鸡以挣扎的姿态跳出了全新的舞步，赢得了阵阵喝彩声。刘易斯非常高兴，越玩越兴奋，玩到凌晨两点才尽兴而归。

经常第二天带着浓浓的黑眼圈上班，整个上午哈欠连连，工作频频出错，有几次差点被炒鱿鱼。

刘易斯虽然十分不喜欢自己的工作，但却不想砸了饭碗。他也想过要改变自己的生活方式，过上早睡早起的规律生活，可是一到晚上，他的两条腿就会把他带进酒吧，他无法拒绝那种灯红酒绿的生活，所以注定要延续晨昏颠倒地的生活模式。为此他感到极为沮丧，觉得终有一天他会被公司扫地出门，那时他可能连酒钱都付不起，到那时就再也不能光顾酒吧了。

人人都知道上瘾有害，那么为什么还会上瘾呢？心理学家为了揭开这个谜题，在动物身上做了一项实验：他们在一只小白鼠的大脑中插入了一个电极，当这只被困在笼子里的小白鼠走到某个特定的位置时，就会有一股轻微的电流从它体内窜过。假如把电极恰好放在下丘脑，白鼠就会跑到固定的位置，不停地按开关，主动电击自己，直到瘫倒崩溃方肯罢手。心理学家由此得出结论，大脑中有一块叫作“快乐中枢”的区域，这一区域受到刺激，将释放出一种被称为“多巴胺”的物质，启动犒赏系统，给个体带来无可言喻的兴奋感和满足感。

人类的成瘾行为与多巴胺密切相关。人和动物最大的不同在于，动物对明显的生理刺激更为敏感，而人类不仅对生理刺激敏感，对抽象的精神刺激也格外敏感。比如获得了至高无上的荣誉，听到了老板的表扬或是被崇敬的人夸赞两句，大脑也会分泌出多巴胺，使你感到心情无比愉悦。为什么吸烟、酗酒、打网游、暴饮暴食会让人上瘾呢？因为做这些事情的时候，人脑中的犒赏系统被启动，你会由衷地感到兴奋、快乐，进而欲罢不能。也就是说那些能让你上瘾的东西确实能给你带来短暂的快乐，你为了获得廉价的快感，往往会放弃长远利益，任由各种不良嗜好把自己原本平静的生活搅得地覆天翻。

以吸烟为例，每个人都知道吸烟有害健康，但就是拒绝不了香烟的诱惑，这是为什么呢？这是因为健康受到损害是未来的事情，而享乐却是眼前的事情。近在眼前的快乐是可触可感的，只要你屈从于自己的欲望，马上就能获得快乐，而未来充满了不确定性，就像镜花水月一样模糊，你觉得它是遥不可及的，所以那种危害对你来说根本就没有威慑力。绝大多数人都是短视的，人们都不愿意为了遥遥无期的未来放弃唾手可得的快乐，故上瘾容易戒瘾难，一旦染上了某种瘾，脱身是非常困难的。

现代人的成瘾症五花八门，上瘾的人越来越多，当然与社会环境也有关系。人们饱受生存压力和竞争压力之苦，急需找到放松身心的娱乐方式，网络、烟酒都能给人带来放松的感觉，从这个角度分析，染上网瘾、烟瘾、酒瘾是一件自然而然的事情。为了片刻的轻松愉悦，不少人宁愿赌上明天。许多人都抱着“今朝有酒今朝醉”的心态，觉得人生在世就应该及时行乐，不该为生计所苦，因此长期沉溺于成瘾行为中挣脱不出来。

上瘾的另外一个原因是精神空虚。生活充实愉快的人，一般都不会上瘾。爱上瘾的人通常在现实世界里找不到快乐，只能通过某种刺激来寻求安慰。有的人把所有的情感寄托在网络上，可能是因为在现实世界里找不到倾诉的对象，存在社交困难，没有朋友，没有知己。有的人喜欢用酒精麻醉自己，可能是想要借酒消愁，也可能没有更高的精神追求，只想痛饮狂歌，一醉方休。

总之爱上瘾的人都是不快乐的，一旦脱离了刺激源和刺激物，他们就再也找不到那种高度亢奋的感觉。为了追求短暂的快感，他们抛弃了理智，任由自己沉沦其中，不惜赌上美好的未来。

“剁手”买买买，疯狂网购背后的迷局

茉莉亚自从学会网购以后，天天都在琢磨买东西。第一次小试牛刀，她买了一只漂亮的手提包，价格比实体店便宜一半。拿到包的时候，茉莉亚非常开心，仿佛中了大奖一般，她认为花那么少的钱就能买到与实体店相差无几的好东西，真是太划算了。接着她又从网上买了很多零星的生活物品，不知不觉花掉了大半月的工资。

每次上网，茉莉亚都要打开十几个窗口，里面全是琳琅满目的货品。她开心的时候会购物，不开心的时候也购物，压力大的时候，依然还是购物，手一碰到鼠标就停不下来。她声称不停地在网站上下单感觉痛快至极，无论遇到什么烦心事，只要狂买一通，心情就变好了。因为收入不高，最初网购的时候茉莉亚还算谨慎，不敢买大件物品。薪水增加以后，她的胆子也大了起来，从网

上订购了很多价格不菲的大宗物品，几日之内就把一个月的工资花光了，余下的日子只好靠借贷生活。

随着网购风潮的兴起，诞生了许多“剁手”党，一看到新商品上架，就感到手痒，遇到促销季和打折季，更是控制不住自己。冲动之下购买了很多不需要的物品，事后总是后悔，但却始终遏制不了强烈的购买欲，仿佛背后有一种无形的力量在操控着自己的身体。这种神秘的力量其实就源自成瘾症。

购物成瘾是一种非常常见的成瘾症，调查显示，在美国，约有1000万人存在购物成瘾倾向。进入互联网时代之后，网购成瘾的人越来越多。网购比实体店购物更容易让人上瘾，原因有三条：

第一，线上购物使用的是电子货币，它的流出不会给人带来太过强烈的感觉。

人们对虚拟货币和实体货币的感受是不同的。电子货币在形式上是缥缈的，付款时，你看到的不过是一串毫无感情色彩的数字罢了，根本不会产生钱财流失的感觉。但在线下付账时，你能看到摸到花花绿绿的钞票，亲眼看着钱包瘪下去，感受异常强烈，消费会偏于保守。网购消费则比较容易失去控制

第二，网络购物快捷方便，有利于节约时间。

现代人工作繁忙，花在购物上的时间比较有限。到实体店购物，需要乘车往返，消耗大量的时间成本，网上购物轻轻点一下鼠标，足不出户就能买到自己想要的东西，因此对于广大上班族来说具有很大的吸引力。

第三，网购的价格比较便宜。

由于省掉了中间商环节，线上商家的运营成本比较低，在定价上具有优势，可以为消费者提供许多物美价廉的商品。从经济角度考虑，消费者觉得网购比实体店购物要划算。

网购成瘾症波及范围极为广泛，无论是相夫教子的家庭主妇，还是在职场上苦苦打拼的工薪阶层，都是网购大军的重要组成部分。随着电商经济的蓬勃发展，网购成瘾的群体呈现出扩大化的趋势。患者在线上享受血拼的快感，线下恨不能挥刀剁手，不断挣扎游离在两极之间，内心极为矛盾和痛苦，那么究竟该怎么做才能戒除网购瘾呢？

找到成瘾的原因，有的放矢地给自己做心理疏导

当你发现自己患上网购成瘾症以后，不妨回想一下你是从什么时候开始出

现过度网购行为的，那段时间究竟发生了什么事，你当时的心情如何，近期过得怎么样，为什么克制不住网购的冲动。如果你是因为工作压力太大才疯狂网购的，那么可以采用别的方式排压解压，比如周末看场电影，到郊外旅行一次或者做做瑜伽、喝喝咖啡；如果你是在情感上受到打击才拼命网购的，可以向朋友或家人倾诉一下，把心里的苦恼全部倾吐出来，事后采用认知行为疗法矫正错误认知，从根源上解决自己的心理问题。

养成合理消费的好习惯，告别冲动消费

有了购买欲望以后，不要盲目下单，下单之前至少要问自己四个问题：这个物品必须要买吗？它是非买不可的必需品，还是可有可无的商品？买完之后会不会后悔？它能使用几次？假如你不买这样东西也能照常生活，买完之后很有可能弃之不用，那么最好不要下单。假如你不知道想要购买的东西是不是有用，也分不清购买这件商品是属于理性消费还是冲动消费，只是看到新上架的商品，心里很喜欢，很想将其据为己有，那么最好把该物品放入购物车，不要马上下单，过一段时间再回头看看，也许你对那件物品已经没那么喜欢了。这样做可有效遏制冲动性消费，对于解除网购成瘾症收效明显。

改变生活方式，有意识地减少浏览网页的时间

网购是广大宅男宅女最喜欢的购物方式，这种购物方式方便快捷，足不出户就能完成多笔交易，轻点鼠标即能轻轻松松地购买到自己心仪的商品。最大的好处是，对于维系宅生活大有帮助。想要解除网购成瘾症，必须从改变生活方式入手。如果平时你很喜欢宅在家里上网，不妨试着改变这种深居简出的生活模式，有空多和朋友聚聚，或者出去散散步，尽可能减少宅在家里的时间，这样就能有效降低浏览购物网页的概率，进而减少网购的次数。

被手机遥控的人生很可悲

桑迪一刻也离不开手机，有事没事都要拿起手机把玩，一会儿玩游戏，一会儿玩自拍，一会儿看小说，一会儿看新闻，忙得不亦乐乎。因为机不离手，她做事一点也不专心，注意力涣散，效率极其低下。有一天她从朋友那里借了一本好书，本打算利用一天时间读完，尽快把书还回去，谁料因为频频玩手机，两天过去了，她才只看了几十页，大部分精彩的内容都没来得及看。在朋友的催促下，她只好怏怏不乐地把书还给了人家。

事后，桑迪从图书馆借来了一本厚书，她认真检测了一下自己触碰手机的次数。结果发现，在短短半小时内，她居然玩了5次手机。这个发现非同小可，她觉得自己对手机太过依赖了，决定减少玩手机的次数，把更多的时间放到学习和工作中去。她制订了一个计划，决定除了接打电话之外，坚决不再碰手机，平时把手机放在衣兜里，只要铃声不响，就绝不主动接触手机。

计划实施的第一天，桑迪过得非常辛苦。整整一个上午，她没有接到任何电话。她觉得非常难熬，心里十分焦虑，时而抓耳挠腮，时而左顾右盼，就像在等待什么大事降临一样。最后她实在坚持不住了，把手放进了衣兜里，轻轻地抚摸了一下手机屏幕，没想到只是摸一下，就感觉到了莫大的快感。她这才意识到自己根本就离不开手机了，没有手机的日子是不可想象的。

有一天她不小心把手机遗失在咖啡馆了，返回原地的时候手机已经不翼而飞。她非常慌乱，仿佛受到了重击一般，为了缓解焦虑，她马上冲进附近的商场购买了一款新手机。回家的路上，她一直都在低头把玩手机，险些被车撞到，听到紧急刹车的声音，她当即吓得花容失色，事后她深刻反省了一下，决定无论如何都要戒掉手机成瘾症。

自从手机更新换代，贴上了“智能”的标签以后，低头族和手机控便越来越多。手机不再是简单的通信工具，功能越来越丰富多样，既能拍照上网，又能浏览新闻，里面的游戏五花八门，吸引力十足，因此很多人对手机爱不释手，无论是搭乘地铁、等人还是过马路的时候，都在心不在焉地玩手机，在消磨时光的同时，也给自己带来了很多安全隐患。更有甚者在上班工作的时候，也在时不时地把玩手机，动辄用手指在触摸屏上滑来滑去，做事一点也不专注，极大地影响了工作效率。

如今，人们对手机越来越依赖，几乎随时随地都在把玩手机。不少人因为痴迷手机，从此陷入自我的小天地，对周围的一切漠不关心。他们无法安心工作，不能照常生活，不愿理会家人和朋友，与外界交流逐渐减少，社交能力减弱，对人对事越来越淡漠。一旦脱离了手机，马上会出现焦虑、抑郁等不良情绪反应。种种迹象表明，对手机的依赖已然成为了一种瘾，这种瘾与药物成瘾、烟酒成瘾类似，一旦脱离手机，即刻就会出现“戒断反应”。被手机遥控的人生真的很可悲，那么究竟该怎么做才能戒除手机瘾呢？

设置无手机时间段

你在用餐、洗漱、看书、上班、交谈的时候，根本不需要手机，不妨把手机放在视线之外，专心忙眼前的事情。试着回顾一下，一天之中，你必须要做哪些事情，它们分别需要耗用多长时间，把相应的时间段设置成无手机时间段，坚决不去触碰手机，接听紧急电话除外。吃饭的时候，用心品味食物的美味，看书的时候要专心致志，上班时间不可三心二意，与家人、朋友交谈时，要全身心投入交流的话题中。为了自己和他人的安全着想，过马路、开车的时候千万不能查看手机，要时刻注意路况，如果你克制不了查看手机的欲望，可以将手机关机，到达安全地点后，再把手机开机。

卸载 App，净化手机桌面

如果你的手机上装载了太多令人眼花缭乱的 App 软件，注意力会受到很大干扰，不妨把平时用不着的 App 软件全部卸载，只留必备软件，进一步弱化手机的娱乐功能，逐渐减轻对手机的依赖。

关注纸质媒体，不在手机上浏览文章或新闻。

如果你想了解最新资讯，就多看看报纸期刊、书籍杂志。放下手机，安静地享受一段美好的阅读时光，绝对是一件惬意的事情。在纸质媒体上阅读资料，不仅有助于集中注意力，还能彻底颠覆你的阅读模式，纠正碎片化阅读的弊端。坚持一段时间你会发现，看书看报的乐趣要远大于使用手机阅览新闻的快感，慢慢地，就不想再使用手机浏览文章或新闻了。

开启免打扰模式

手机制造商为了防止用户被频繁骚扰，设计了免打扰模式。开启这一功能，手机熄屏时一般联系人拨打电话或发送短信都将被设置为静音，在三分钟之内连续来电三次以后，才能打破静音模式。如果你担心这样做家人可能不能及时联系到自己，可以把家人的号码放入“允许的联系人”一栏，这样家人的来电和信息都能正常响铃，不受该模式的限制。这么做可以让你在假日期间尽可能的少接触手机，把有限的精力投放到更有乐趣的事情上，比如做做运动，安心地赏花品茗或者阅读一本好书，静静地享受一段不受手机干扰的时光。不久你将发现，没有手机的日子其实并不可怕，脱离了手机，你反而过得更悠闲更惬意了，如此一来，你就不会再那么热衷于把玩手机了。

有计划地减少玩手机的次数

作为低头族，你不可能马上戒除手机瘾。戒瘾是一个循序渐进的过程，不可操之过急，你可以先制订一个合理的计划，逐渐减少把玩手机的次数，渐渐纠正长期养成的习惯性行为。为了得到准确的数字，你最好准备一个笔记本，每玩一次手机，就在笔记本上记录一下，晚上统计一下累计次数，看看自己有没有按照原计划执行，事后用简短的一两句话总结一下心得，慢慢克服成瘾症。

罗列远离手机的好处，改变认知

主动远离手机，杜绝手机滥用，你将得到以下好处：

1. 拥有充足的睡眠。很多低头族喜欢晚上躺在床上玩手机，经常熬到深夜，作息十分混乱，睡眠严重不足。早点关闭手机，早点就寝，能有效延长睡眠时间，提升睡眠质量，促使你安稳地睡个好觉。

2. 有利于身体健康。经常低头把玩手机，容易得脊椎病，而且严重影响视力，危害身体健康。研究显示，长时间低头盯着手机屏幕，脊椎易受到压迫，可引起颈肩疼痛和头痛，存在诱发疾病的风险。平时少玩手机，多做运动，有助于改善亚健康体质，降低患病的概率。

3. 保障出行安全。横穿马路时发送短信、拨打电话，必然会忽略红绿灯的变化，不利于安全出行。开车玩手机或打电话，酿成车祸的概率比酒驾更高。出行时关闭手机，既符合文明出行的规范，又能有效降低遭遇车祸的风险，可谓是一举两得。

4. 有助于专心学习和工作。为了学业和事业着想，你最好及时改掉滥用手机的毛病。正所谓“一心不可二用”，处在学习或工作状态中时，最好把手机调成静音状态，全神贯注地关注眼前的事情，这样你才能顺利完成学业，或者在事业上更上一层楼。

5. 感受亲情友情。古语云：“独乐乐不如众乐乐。”一个人把玩手机获得的乐趣，怎比得上与亲友互动交流所感受到的欢愉？你是不是因为沉迷于手机，冷落了父母和朋友，从今天开始，尽可能地少玩手机，与亲人挚友相处的时候，最好放下手机，认真体会一下亲情友情给你带来的快乐。

网络是一张无形的大网，网住了无数流离失所的心

罗伯特是一个资深“网虫”，长年累月通宵达旦地上网，终日活在虚拟世界中，几乎完全脱离了现实生活。自从大学毕业找工作受挫以后，他就断绝了与外界的往来，每天闷在家里暗无天日地打游戏。他完全没有时间概念，从晨曦微露一直玩到月影西斜，有时还会熬通宵，总是越玩越兴奋，一点睡意都没有。

他没有时间好好吃饭，没有时间洗澡，没有时间约见任何人，把所有的时间都花在了打网游上。饿了吃泡面，渴了喝饮料，疲倦了就喝咖啡提神，整日蓬头垢面，跟流落街头的叫花子没什么两样。他也想过要振作起来，找一份稳定的工作，以后安安稳稳地生活，可是挣扎了一段时间，他意识到一切都是不可能的，他离不开网络，片刻不打游戏就会受不了，他可以不吃不喝不睡，就是不能不玩游戏，如今已经到了这种地步，怎么可能安心工作呢？罗伯特对自己感到失望，他索性破罐子破摔，心想干脆溺死在网络游戏中算了，玩到自己玩不动为止，只要一息尚存，他就不能放弃这种快感，因为他已经失去了一切，游戏是他仅存的安慰，他不能连最后这点乐趣也丢掉。

现在，互联网已经在全球范围内普及，从人口密集的大都市到地理位置偏远的乡村，处处被网络覆盖。互联网的兴起改变了人们的工作模式和生活模式，颠覆了人们固有的休闲娱乐方式，与此同时也带来了很多问题。许多年轻人除了上网以外，几乎找不到其他感兴趣的事，长期沉迷于网络世界，染上了严重的网瘾症。

生活中我们常看到这样一种现象：平时沉默寡言、拘谨内向的年轻人一旦上了网就仿佛改头换面了一般，要么侃侃而谈、锋芒毕露；要么言辞粗鲁，像斗鸡一样好战。还有的人在现实世界里各方面表现平平，在虚拟的世界里却风光无限，不但成为了顶级玩家，还广受网民追捧。可见人一旦进入虚拟世界，

就会不由自主地改变一番模样，因为互联网既能让人宣泄不满，又能助你实现在现实世界里触碰不到的梦想。

仔细观察你会发现，网瘾患者大多过得都很不如意，他们要么家庭破碎，自幼得不到父母的关爱；要么事业受挫，在目前的工作中找不到任何成就感；要么情场失意，被恋人嫌弃；要么身边缺少朋友，忍受不了孤独和寂寞。总之这些人在现实的时空里找不到安慰，只能跑到网络上寻找属于自己的天地。互联网是一张无形的大网，网住了无数流离失所的灵魂，同时它又像致幻剂一样，能制造出各种美妙的幻觉，给你带来被关注被理解的美好感觉，使你误以为自己已经突破了现实世界的种种桎梏，在另一个世界里得到了自由，建立了功业或是实现了遥不可及的人生理想。这些都是不真实的，你若不肯醒来，将永远活在自欺欺人的幻境中。更可怕的是一旦断网，你就会变得无精打采、萎靡不振，甚至出现急性戒断症状，所以网瘾必须戒除，那么该怎么做才能安全地戒掉网瘾呢？

运用腹式呼吸法克服戒断时的不适感

戒除网瘾的初期阶段，你会感到非常紧张难受，有一种度日如年之感，如果你不能顺利渡过难关，一切都将前功尽弃。所以不能逼迫自己马上杜绝网络，而要有计划地一点一点缩短上网的时间，减少上网的频次，逐渐摆脱对网络的依赖。在这个过程中，你仍然会感到焦虑不安，担心自己有可能精神崩溃。这时不妨尝试一下运用腹式呼吸法来调试心情。具体做法如下：

第一步：以舒适的姿势坐好，左手放在胸部，右手放在下腹部；

第二步：深深地吸气，认真体会腹部隆起扩张时的感觉，右手要跟着腹部律动的节奏一起动，左手保持静止。想象新鲜的空气从你的鼻腔进入，渗入到了肺部，被输送到了全身各部位的每一个细胞内，感到无比舒畅无比放松，全身充满了活力。

第三步：深深地呼气，紧缩腹部，想象体内的废气和紧张忧虑的感觉，全都被排出了体外，你感觉所有的压力和烦恼都消失不见了，有一种如释重负之感。

第四步：把全部注意力集中到均匀而有节奏的呼吸上，细细体会腹部收缩起落的感觉。每呼吸一次，让自己进入更加放松的状态，如果期间你感到焦虑或者思绪开始游离，马上把心思收回来，呼吸得比上一次更深一些，一次比一次深，直到腹腔达到饱和状态，然后像泄了气的皮球一样瘪下去。进行 10 分钟深呼吸之后，你的精神状态会越来越放松，戒断反应将自行消失。

采用厌恶疗法，克服网瘾诱惑

想象自己不分昼夜地上网一脸憔悴、精神不振的样子，给自己画幅自画像，那时的你头发蓬乱，目光空洞，眼睛下面出现了大大的黑眼圈，眼球布满血丝，看起来无比颓废。你想让自己永远保持这种形象吗？如果不想的话，就别再沉迷于网络了。

倘若这种方法不能帮助你抵制网络的诱惑，那么你不妨试着给自己拍张照片，把自己最颓废的形象用光影记录下来，想上网的时候，看看这张照片，和以前生活健康状态的照片做对比，思考一下网瘾究竟让你失去了什么，你是不是愿意继续为此付出代价。这么做能使你产生一种极度厌恶的感觉，最初你厌恶的是病态的自己，不久就会泛化到与互联网相关的一切，久而久之，你对网络的好感将消失殆尽，网瘾自然会戒除。

建立奖罚机制，约束自己的行为

每当上网次数减少、上网时间缩短时，就给自己买个小礼物，自我奖励一下；不曾做出任何改变，当日又把很长的时间花在了网络上，必须对自己实施惩罚，惩罚的内容最好与上网无关，比如当天晚上不得享用自己喜爱的美食，不得观看自己偏好的电视剧或者把自己最喜欢的某个小物件送人，惩罚一定要有力度，如此才能起到惩戒作用。建立奖罚机制，能帮助你强化或约束自己的日常行为，有助于你克服网瘾。

香烟能抽出酒的味，烈酒能喝出烟的瘾

彼德 15 岁就学会了抽烟，烟龄长达 20 年，对他来说香烟比食物都重要，一天不吃饭他尚能忍受，一日不吸烟万万不能忍。作为一个老烟民，他深知过度吸烟的危害，由于吸入了太多的有害物质，他经常嗓子难受，痰越来越多，一到夜里就忍不住咳嗽，医生多次警告他必须戒烟，否则很有可能患上严重的

肺病。

彼德尝试过戒烟，多次夹着一支香烟对别人许诺说："这是我这辈子抽的最后一支烟。"可是到了第二天，烟瘾犯了，他就忍不住又点燃了一支烟。朋友对他说了宣言时说的话，彼德脸红了，不好意思地说："我发誓这支烟一定是我这辈子抽的最后一支烟。"翌日，故态复萌，他再次破了戒。朋友取笑他说："对你来说，一天就是一辈子，这可真是够稀奇的。"

彼德惭愧地低下了头，辩解道："你不知道戒烟有多难，这个过程实在是太痛苦了。"朋友说："长痛不如短痛，现在忍受痛苦，保住自己的身体，将来不就能享福了吗？"彼德神色黯然地说："我可能这辈子都戒不掉香烟了，就算暂时戒掉了烟瘾，以后也可能复吸，只要一闻到烟味，我的馋虫就被勾出来了，那种味道实在太好闻了，只要能轻轻地吸上一口，哪怕少活一年都行。"

对于广大烟民来说，世上没有什么比吸烟更快乐的事情了，饭后一支烟，百无聊赖的时候，悠然地吸上几口，简直就是无上的享受，苦闷忧愁的时候，习惯性地点上一支烟，猛烈地吸上几口，似乎所有的烦恼都抛到九霄云外了。可是你知道吗？当你充分享受吞云吐雾快感的时候，有一种叫作尼古丁的有害物质在反复刺激你的大脑，使你对香烟上瘾，从此你便对烟草产生了依赖性。一旦中断吸烟，你就会感到头痛、恶心、焦躁不安，产生戒断反应。只有复吸才能摆脱所有的不适感，这就是你频频戒烟失败的原因。

烟民酷爱抽烟有很多理由，比如有人认为香烟能解乏提神，舒缓压力，改善心情，有人认为吸烟很酷很时尚，手夹香烟的动作能彰显出男子气概或者体现出女子的妖娆风韵。还有人认为周围的朋友都吸烟，别人递给自己香烟，不吸显得不合群。基于种种原因，人们和香烟结下了不解之缘，直到身体健康受到损害，才想起戒烟。可是对于嗜烟如命的人来说，戒烟并没有那么容易，除了要解决尼古丁成瘾的问题以外，还要克服多年养成的坏习惯，那么采用什么方法才能将烟瘾戒掉呢？

精神分析疗法

仔细回顾一下你染上烟瘾的原因是什么？是因为遭受了失恋的打击，家庭关系不和谐，还是因为工作不顺利，晋升通道受阻，经济上遇到了困难抑或面对突如其来的变故无所适从。只有找到成瘾的原因之后，你才能对症下药给自己进行心理治疗。找到染上烟瘾的原因后，可结合认知行为疗法，从认知和行为两方面矫正自己的思想偏差，慢慢戒除烟瘾。

厌恶疗法

不妨问一问不吸烟者对香烟的看法，他（她）也许会告诉你烟味很恶心，闻起来很呛人，反复回忆你们之间的对话，想象一阵阵难闻的气味从你的身上发出，别人掩鼻而过的画面，慢慢地，你就会对香烟产生厌恶感，主动戒烟。你也可以在香烟上抹上一层动物油，让自己每次接触香烟都感到恶心，以此达到戒烟的目的。

环境疗法

主动远离诱使自己吸烟的环境，频繁出入禁烟场所，通过特殊的环境治疗烟瘾。烟民戒烟难，很大程度上是因为周围的朋友都吸烟，为了更好地融入社交圈，没办法拒绝别人递上来的香烟。在戒烟期间，最好主动远离吸烟人群，经常出入不准吸烟的公共场所，把公共场所变成禁烟室，慢慢戒掉烟瘾。

对于成瘾群体而言，酒精的诱惑力往往比香烟还大，很多人无酒不欢，把渴饮美酒当成人生的最大乐趣，可三日不餐，却不可一日无酒。有的人喜欢酒是因为喜欢烈酒芳醇甘洌的味道，有的人是为了借酒消愁，还有的人是为了体味那种觥筹交错的热闹气氛。人们嗜酒的原因多种多样，但染上酒瘾断饮之后的戒断症状基本相同，比如食欲不振、腹痛、恶心、呕吐等，为了缓解身体上的不适，很多戒酒人士迫不得已又拿起了酒杯，那么究竟该怎么做才能戒掉酒瘾呢？

采用减量法循序渐进地戒酒

对于嗜酒如命的酒瘾患者来说，想要一次性将酒瘾戒掉是不可能的，但逐渐减少饮用量却是可行的。如果你有以酒佐餐的习惯，每餐必饮，可以尝试着一餐不饮，形成习惯后，再尝试两餐不饮，最后三餐不饮。在饮用量上也要有所控制，假如你每次饮酒都要喝上一杯白酒，先尝试减半，每次只喝半杯，然后减至四分之一、八分之一，直至滴酒不沾。

制定 24 小时戒酒计划

许多酗酒者都曾经信誓旦旦地说以后再也不喝酒了，但一旦酒瘾犯了，就身不由己了，纷纷端起了酒杯，这说明解除酒精依赖并没有那么容易。如果你已经酗酒成性，想要让自己在一年内不碰酒是很不现实的，减量戒酒初见成效，但进入戒酒计划的尾声阶段，你仍有可能破戒，也许昨天你没能管住自己，喝了一杯酒，事已至此，已是无法挽回了，别为昨天的事悔恨，把注意力集中到今天。如果你能保证自己今天 24 小时不碰酒，就算取得阶段性的胜利了。倘若你控制不住自己，那就把 24 小时拆分成 24 个小单元，以一小时为基本单位，让自己坚持一小时不喝酒，之后再坚持一小时，努力挺过难关，认真执行 24 小时戒酒计划，把握好每一个今天，直至戒酒成功。

改变固有习惯

平时你都喜欢在哪儿饮酒？是去酒吧喝酒还是在家中一个人自斟自饮，抑或是在聚会上和朋友推杯碰盏？从今天开始改变自己的固有习惯，尽量少去酒吧，聚会时尽量以茶代酒，独自在家的时候，可以喝喝咖啡品品清茶。你可能经常到某个超市或是某个卖酒的商铺买酒，从今天开始改变出行往返的路线，绕过卖酒的地点，将所有跟酒精有关的生活细节全部抹除，有意识地让酒淡出你的生活。

用酒精替代品代替烈酒

如今市场上已经出现了不含酒精的啤酒、葡萄酒，口感与传统酒类差不多，不会让人上瘾，如果你实在戒不掉酒瘾，可以尝试饮用这类新型酒类产品。若是买不到此类产品，可尝试用低度的果酒代替，彻底远离烈性酒。

烟酒能给人带来肉体和精神上的双重享受，对于既好烟又好酒的人来说，香烟能抽出美酒的味道，烈酒亦能喝出烟的瘾，可是两种嗜好对身心都是有害的，及早戒除烟瘾酒瘾，才能过上健康幸福的生活。

你以为你热爱工作，其实不过是上瘾罢了

克里斯托弗是一个标准的工作狂，他恨不能把每一秒钟都花费在工作上，每天都加班到很晚，周末从来不休息，节假日自动待在家里继续加班。他强迫自己争分夺秒地努力工作，非常有紧迫感，时刻都不肯放松。他对同事说：“我

必须注重效率，要像被疯狗追着跑那样向前狂奔，绝不能耽误片刻工夫。”同事说：“你总这样神经紧绷，难道不担心自己会累垮?”克里斯托弗不以为然地说：“我没有想过那个问题。我觉得现在正当盛年，必须抓紧时间好好工作，否则退休之后，一定会为自己当年不够努力而后悔。”

“你是因为热爱工作或者渴望成功才那么拼命的吗?”同事想知道克里斯托弗疯狂加班的动力是什么。“我只是很享受那种忙忙碌碌的感觉，觉得很充实，一停下来我就觉得非常不安，我想我可能就是劳碌命吧，只要一天不工作，我就会感到空虚。工作是我生命的全部。”克里斯托弗如是说。“看来你是对工作上瘾了。”同事一语道破真谛。克里斯托弗不置可否。

由于过度疲劳，克里斯托弗患上了各种各样的躯体疾病，颈椎腰椎都出现了毛病，心理上也出现了问题，长期的精神紧张让他患上了焦虑症、忧郁症等心理疾病。只要停下来休息，他就烦躁不安，不肯给自己片刻的喘息时间，半年之后他累倒了，被迫离开了工作岗位，长期待在家里休息。

工作瘾是最容易被忽视的一种成瘾症，因为这种瘾是被奖励和赞颂的，一个人要是染上烟瘾酒瘾网瘾，会不断受到批评指责，要是染上工作瘾就不一样了，他将受到表扬，还有可能被视为楷模。正是基于这种原因，工作狂们从不把自己看成病人，反而把自己看成道德模范。他们热衷于全天候玩命工作，从不顾惜自己的身体，对家人漠不关心，不愿意把时间浪费在与工作无关的事情上，不肯正常休息，也不肯陪伴孩子成长，显得刻板无情，与我们脑海中那个勤勉上进的形象大相径庭。

工作狂为工作而狂的原因是什么呢？他们真能从工作中找到成就感和满足感吗？他们真心热爱自己的工作吗？他们宁可榨干自己的精力，承受家庭支离破碎的代价，也要加班加点工作的原因是什么呢？这些问题恐怕只有工作狂们自己清楚。坦白来说，他们中的大多数都不喜欢自己所从事的工作，他们所迷恋的无非是那种高效率的感觉，换言之，他们只是对效率和忙忙碌碌的感觉上瘾，至于忙什么完全无所谓，结果也没有那么重要。这显然是一种病态，必须得到矫治。那么该怎样矫治工作成瘾症呢?

找到自己对工作上瘾的原因，对症下药

有时工作是一种麻醉剂，很多人都想借助工作来麻醉自己。有时工作可以成为避风港，人们为了逃避难以解决的问题，也会一头扎进工作中，从此不问世事。工作狂们普遍觉得待在公司里比在家里更舒适更自在，有时还会把家当成办公地点，这是为什么呢？最主要的莫过于他们想借助工作来逃避家庭问题。家庭关系不和睦的人，往往更容易成为工作狂。比如有的人为了躲避歇斯底里的妻子，尽可能延长自己的办公时间，每天都回家很晚，因此成为了勤勉的工作模范，可是背后的心酸又有谁知道呢？

其实逃避解决不了任何问题。你可以逃避一时，却不能逃避一世，该面对的问题早晚都要面对，工作不能成为你永远的挡箭牌。最明智的做法莫过于努力修复破碎的家庭关系，让家成为你心灵的港湾，不要让办公挤占你太多私人时间。作为一个有责任感的社会人，你既要具备一定的职业操守，兢兢业业地完成自己的本职工作，又要肩负起家庭的责任，做个好家长、好伴侣，给予家人必要的关怀，这些都是你应该做到的。

重新思考成功的价值

不可否认的是，很多工作狂所奉行的都是功利主义和现实主义的哲学，他们把金钱、地位、名誉看得比家人和自己的身心健康还要重要，所以才期望自己像超人一样不知疲倦地工作。这种做法是非常不可取的。要知道，没有健康，一切都是零，孱弱的身体无助于推动你的事业，健康的体魄、健全的心灵才是你最宝贵的资产，失去了这项资产，你将失去一切。就算你的努力得到了回报，身体尽管虚弱却没垮掉，坐拥令人咋舌的财富，在业界混得风生水起，活得无比风光，可那又如何呢？假如没有人跟你分享荣耀和幸福，你只会收获无尽的空虚，一切都变得没有意义。

工作永远是做不完的，财富是永远积累不完的，事业的大厦永远没有竣工封顶的时候，可是人的生命有限，你能陪伴家人的时间有限，不要等到父母过世后，才发出“子欲养而亲不待”的悲声，不要等到伴侣黯然离开后，才想挽救婚姻，不要等到孩子长大以后，才后悔错过了亲子时光。一定要想方设法找到工作和生活的平衡点，其实做到这一点并不难，只要你减少一分功利心，你完全可以活出另一番样子。

多培养一些兴趣爱好

工作狂大多没有什么兴趣爱好，所以才会把工作当成唯一的乐趣，最糟糕的是他们在工作中根本找不到乐趣，不过是沉迷于那种赶时间的忙碌感觉罢了。如果你恰好属于这种情况，可以尝试着多培养一些兴趣爱好，让业余生活变得丰富多彩起来，如此一来，你对工作的依赖程度自然而然就降低了。

第二十章

颓废心理：因失落而自甘堕落，因梦碎而自我放弃

人生的意义是什么？苦苦奋斗真的能赢得一个美好的未来吗？生活不如意的人常常会问自己这些问题。毕竟理想很美满，但现实很残酷，能够美梦成真、得偿所愿的只是少数人。理想破灭以后，总要收拾现实的残局，这是一件无可奈何的事情。有些人在经历失败后便彻底认输了，认为所有的挣扎都是徒劳的，从此不再对未来抱有任何期待，日益颓废堕落，没有了活力。

很多人都有颓废沉沦的经历，阶段性的颓废并不会对你的人生造成永久性的影响，只要能调整好心态，你依旧能回归正轨。最可怕的是无限期地颓废下去，长期萎靡不振，觉得一切都无所谓，不想再为未来做任何争取，也不想做任何有意义的事情，只想无限度地浪费生命、消磨时光。这是一种病态，必须引起重视。

颓废——不能燃烧的生命，终将腐朽

泰勒是个非常颓废的人，他对人生不再抱有任何期待，已经心如死灰。他没有工作，没有存款，没有一件像样的衣服，连宠物都养不起，更不要说交女朋友了。两年前，他还梦想着独立创业，步步为营地走上事业的巅峰，然后购置一所大房子，娶一个善解人意、温柔体贴的太太，过上幸福美满的生活。他制订了一个鼓舞人心的奋斗计划，每天都在朝着目标努力，可是计划总赶不上变化，残酷的现实把他的耐心击得粉碎，接二连三地失败了几次之后，他再也没有信心做事了，只想蒙头大睡，一直睡到世界末日。

漫无目的地走在大街上，泰勒感到无比惆怅。他觉得路边的乞丐都比自己强，至少对方还在为明天的饭食努力。他现在什么也不在乎，心想大不了吃超市扔掉的过期食品，再不济就到垃圾桶里捡剩菜吃。走到十字路口的时候，他在广告栏里看到了很多寻人启事，心想假如他也得了老年痴呆，迷路走失就好了，可以彻底离开这座令人讨厌的城市。灯火阑珊的时候，他才慢慢走回家，回到家里他便一头倒在床上，再也不想起来了。

在人们的固有印象中，年轻人本该血气方刚、活力四射，成为锐意进取的时代弄潮儿。可是事实并不是这样，很多风华正茂的大好青年自甘堕落，已经颓废到令人大跌眼镜的地步，白天睡到日上三竿迟迟不愿起床，晚上熬夜追剧、打游戏，除了吃喝玩乐之外没有任何追求，无论做什么都提不起兴致，时常发呆精神恍惚，似乎若有所思，脑海里却是一片空白，对未来一点规划都没有。这种状态用一个词足以概括——颓废。

颓废是一种心病，如果你对明天抱有美好的期待，如果你现在过得很充实很幸福，你是不可能莫名颓废的。颓废是理想破灭后的产物。多年以前，你也许还梦想着成为一名工程师，或是成为一名 CEO，想有一所房子，面朝大海，春暖花开，想和自己所爱的人观花赏月、周游世界。拼打多年以后，你发现理想在现实面前不堪一击，无论自己多么努力，都不可能过上梦想中的生活，所以你不想再浪费时间、浪费情感、浪费精力，只想及时行乐，或者连享乐的欲望都没有了，只想麻木漠然地混迹于世。

一个人最无望的时候，不是拼命挣扎的那一刻，也不是苟延残喘的那一刻，挣扎说明还想反抗，苟延残喘说明对这个世界还有留恋，人在放弃挣扎，觉得一切无所谓的时候，才是最无望的时候。无望的人没有目标，没有欲求，没有期望，没有精气神。可见，不能燃烧的生命，终将腐朽。

电影《身后事》很好地反映了这种虽生如死的精神状态。女主角安娜是个美丽的妙龄女郎，她青春靓丽，气质迷人，走到哪里都非常引人注目。可惜这个漂亮的女孩活得非常不快乐，她郁郁寡欢，麻木淡漠，对爱无动于衷。在一个雨夜里，她出了车祸。醒来之后，发现自己待在殡仪馆里，有个叫艾略特的殡仪师诓骗她说她已经死了，变成了不肯安息的亡灵。艾略特按照例行程序将她入殓，生生将其活埋。

他的作案动机很简单，他认为一个人如果以半死不活的状态活着，精神上已经死亡了，那么就跟死人没什么分别了。他只是埋葬了一个活死人，而不是一个鲜活的生命。安娜发现真相后，很想重头来过，好好活下去，可惜命运没有给她这个机会，无情地剥夺了她年轻的生命。

这部电影告诉我们，生命是很宝贵的，我们不应该颓废地活着，只要一息尚存，就不能放弃希望。也许在现实世界里，你遇到了很多挫折，经济很拮据，事事不如意，走了很久却发现自己与理想渐行渐远，找不到人生方向，打不起精神，感觉非常迷茫，有时麻木厌倦，对人对事提不起兴致，意志无比消沉，不知道该怎么办。不要着急，一切都是暂时的。每个人都有沮丧失落的时候，受伤的时候谁都想像棕熊一样躲起来冬眠，你可以让自己暂时冬眠，但这个时期不能太长，你可以颓废一时，却不能永远颓废下去。

大诗人李白说过："天生我材必有用，千金散尽还复来。"不要轻易怀疑人生，也不要轻易否定自己，如果现实让你受伤，你的能力暂时支撑不起雄心，说明现在的你羽翼未丰，没到一飞冲天的时候。你可以慢慢等待，也可以重新调整目标，无论如何，都不能任由自己继续颓废下去。

年轻人为何精神早衰

欧文年仅28岁，一举一动却像一个行动迟缓的老人一样。他每天按部就班地上班，面无表情地低头做事，躯体僵硬得像个机器人。同事从来没看见他笑过。在他看来没有什么事情值得高兴，无论是工作的时候还是玩乐的时候，他都感到无聊。他不明白为什么别人能带着激情去工作，怀着愉快的心情尽情玩耍，而他无论做什么，都打不起精神。他整天精神涣散，百无聊赖，动辄唉声叹气："真没劲，又是无聊的一天。"

欧文不想活得太颓废，可是始终鼓不起斗志，他不知道自己究竟出了什么问题，总觉得哪里不对劲。遥想当年，他可是学校里最活跃的种子号选手，在多场重要赛事上表现抢眼。现在他懒懒散散，什么也不想做，平时都懒得走动，肚腩越来越大，身上的赘肉也越来越多。谁能料想到那个强壮健美的小伙子现在会变得如此深沉颓丧呢？相熟的人，提起欧文，全都哀叹连连，为这个年轻人感到惋惜。

生活中，有不少人像欧文那样，每天照常上班下班，日子过得风平浪静，表面看来似乎很正常，但内心早已是一片死寂。他们找不到精神支柱，找不到存在感，不知道何去何从，灵魂四处游荡，身体仿佛是一具空壳，故而双目无神，机体没有活力，显得十分颓废。曾几何时人们认为颓废是一种美，把迷离涣散的眼神解读成诗人的忧郁，把蓬乱的长发和不整的衣衫解读为艺术家的气质，把有气无力的步态解读成书生意气。其实颓废是没有美感的，中老年人尚且慷慨放歌，高吟："老骥伏枥，志在千里；烈士暮年，壮心不已。"那么年轻人为什么精神早衰，表现得如此颓废呢？原因有以下几点：

价值观混乱，找不到奋斗的意义

不少年轻人价值观混乱，不知道自己想要什么，也不知道该追求什么。他们比较容易随波逐流，信奉虚无的享乐主义。随着攀比风潮的到来，年轻人虚荣心空前膨胀，购买欲越来越强烈，可是自身又不具备相应的经济实力。他们得不到最新款的数码产品，最拉风的跑车，最酷的限量版包包，也不能经常出入高档娱乐场所，心里非常自卑压抑。

有的人羡慕含着金汤勺出世的高帅富和白富美，觉得自己输在了起跑线上，就算奋斗一生，也不能与那些生而优越的人比肩，所以就放弃了所有改变命运的努力。有的人想要奋起直追，可是在摸爬滚打数年以后，发现前方阻力重重，即使拼尽全力也无法打破命运的枷锁，于是变得消极避世，越来越颓废，觉得没有必要再继续做无用功了。

过于急功近利，找不到准确定位

很多年轻人没有独立思考的能力，容易受到大众传媒因素的影响。不少人产生了一种错觉，认为一夜成名、一夜暴富的例子在现实生活中比比皆是。然而事实并非如此，幸运只属于少数人，对于绝大多数人而言，不经过长期默默的耕耘和努力，是不可能有收获的。由于人们变得越来越急功近利，只要奋斗两三年不出成果，就无比灰心失望，认为自己一辈子都不可能出人头地。更有甚者志大才疏，刚刚起步就想一步登天，遇到挫折便慨叹怀才不遇，从此一蹶不振，再也不想做任何尝试。

意志力薄弱，心理承受能力差

许多年轻人在温室中长大，步入社会前生活一直顺风顺水，在家里被父母当作掌上明珠，在学校经常受到老师表扬，成长过程中几乎没有受过什么挫折。进入职场以后，既要面对激烈的竞争，又要面对错综复杂的生存环境，往往十分不适应，遇到一点打击，就觉得难以承受，随后自暴自弃，自甘堕落，心态越来越消极。

自我评价缺乏客观性

当今时代，很多年轻人不能正确看待自己，对自己的评价非常不客观，不少人以经济实力、个人能力作为评价标准，极度信奉成王败寇的法则，认为假如不能出人头地就一文不值。他们看不到自己的优点和长处，总以外在的东西自我标榜，得意时即趾高气扬、放荡傲慢，失意时则失魂落魄、羞愧不堪，长期陷在消极的情绪中走不出来。

期望不合实际

有些年轻人对未来期望太高，设定的目标严重脱离实际，而且好高骛远，不能踏踏实实地践行计划，因此很多目标都难以实现。理想破灭以后，就不再对生活抱有任何期望，从此心灰意懒，混沌度日。

失望无奈的时候，更要重燃斗志

诺曼终日无所事事，每天就卧在沙发里吃零食打游戏，累了倒头就睡，醒来之后满血再战。他懒得理发，懒得修面，连衣服也懒得换洗，每天意兴阑珊，总是一副睡眼蒙眬的模样。别人很难相信，这个胡茬满脸、衣衫不整的年轻人只有25岁，看他的样子至少在30岁以上。其实以前，诺曼并不是这样。他有过自己的辉煌岁月，在学校得过一等奖学金，毕业时写下了精彩绝伦的论文，多次受到导师称赞和表扬。

怎奈天意弄人，在学校叱咤风云的他，到了社会上居然施展不开拳脚，找工作的时候也屡屡碰壁，最后被迫进入了一家名不见经传的小公司工作，薪水少得可怜，福利差得离谱，工作却无比繁重，每天活得比驴还累。尽管他不愿承认自己已经变成了穷忙一族，但事实已摆在眼前，由不得他争辩。

他曾经是个有志青年，参加工作两年以后竟然一点斗志也没有了。他害怕工作，害怕上班，不想循环往复地重温那种挫败感，只想安静地待在家里，什么都不做，什么都不想。他觉得自己活得太累了，需要漫长的时间来修整，所以果断地辞了职，成为了一个无所事事的待业青年。

很多年轻人变得颓废堕落，是因为对生活失望，他们很想摆脱命运的枷锁，不想再疲于奔命，希望停下来好好享受人生，或者换一种活法，体会一下生活在别处的新奇感觉。可是现实并没有给他们这样的机会。他们进不能迈向人生之巅，退不能安享一份从容，进退维谷，没有回旋之地，尴尬地卡在狭窄的夹缝中，身心疲惫却不得挣脱，失望之余，便逐渐走向了沉沦。因此从某种意义上说，沉沦颓丧是与现实抗争失败之后的反应，一个人一旦认定自己是个失败者，就很难振作起来了。那么人在失望无奈的时候，究竟该怎么做才能恢复信心，重新燃起斗志呢？

从今天开始停止抱怨

你是不是经常发牢骚，总说自己被生活压得透不过气，抱怨工作，抱怨住宿条件，抱怨邻居，抱怨家人，抱怨命运对自己不公。你抱怨的内容部分是事实，部分是你的臆断和想象，无论你的抱怨是否合情合理，都不要继续发牢骚抱怨了，因为抱怨除了会给你源源不断地带来负能量以外，一点好处都没有。

与其低头抱怨，不如抬头看路。从今天开始管住自己的嘴巴，不要再开口抱怨了，要学会感恩，感谢阳光，感谢雨露，感谢生命，感谢你现在拥有的一切，带着感恩的心态去生活吧，你会发现生活虽然不如你期望得那般美好，但也没有你想象得那么糟糕。人生在世本来就有很多的不容易，何必让自己活得那么纠结呢？

给自己一个情绪缓冲期，慢慢调整状态

如果你现在情绪非常低落，心情降到了冰点，不可能马上振奋起来，那么就不要逼迫自己瞬间改变状态。你可以给自己设定一个时间段，专门用来调整状态。比如两天或三天，在这段时间内，不要勉强自己强颜欢笑，也不要逼迫自己精神抖擞，一切顺其自然，坦然接受自己低潮期的自然状态。等到你的状态低到了谷底，不久即会反弹。

坚持正常学习和工作

很多人感觉状态不佳，首先想到的是放弃学业或者终止工作，把所有的时间都浪费在了发呆和吃喝玩乐的放纵上。这么做是不可取的。当你状态很差，偏偏又有大把的空闲时间时，你极有可能胡思乱想，思绪越来越混乱，也有可能在不断拷问灵魂和命运的过程中，变得愈发郁郁寡欢。无论你心境如何，状态如何，继续学习和工作，在积累新知识、掌握新经验的过程中，努力用健康的疲倦和忙碌填充空虚的内心，一定比什么都不做要好得多。

主动远离让你堕落的社交圈子

如果你周围的朋友全都没有上进心，只想坐享其成，靠啃老度过一生，或者整天喝酒划拳、不务正业，那么过不了多久，你也会变成同样的人。人是环境塑造出来的，不要高估自己的抵抗力。切勿抱着“出淤泥而不染”的想法，你不是清心寡欲的世外高人，而是一个有着七情六欲的正常人，你不可能不受环境影响。如果周围长期充斥着堕落糜烂的气息，耳濡目染的熏陶将潜移默化地改变你的思想和行为模式，不知不觉中你就颓废堕落了。所以不要想着怎样在恶劣的环境遗世独立地活着，而要主动远离对自己不利的环境，杜绝外界对自己的腐蚀。

活在当下，感悟生命的美好

奋斗数年以后，也许你觉得理想离自己很遥远。你没有好工作，收入不理想，付不起房贷，总是为下个月的开销发愁，奔三的年纪仍然没有成家立业，提起未来一脸茫然。你面临着很多现实的难题，对于明天毫无把握，所以总是惆怅不堪，为什么不把目光从未来转移到当下呢？未来是虚无缥缈的，它可以有无限可能，唯有今天是明朗的、确定的，今日的你一无所有，明日的你也许依旧不会拥有太多，可是那又有什么关系呢？至少你还有健康的身体、宝贵的青春和美好的年华，用心感受当下，体会沐浴在阳光下暖融融的感觉，感受春风拂面时清爽的感觉，你会发现活着本身就是一件美好的事情，只要心怀希望，真心热爱生活，前方一定有美丽的风景在等待着自己。

降低期望值

人常说："期望越大，失望越大。"拥有鸿鹄之志本身是件好事，但如果你没有凌云冲天的本领，却又不肯做燕雀，那么恐怕一辈子都不能从失望中解脱。你对自己的期望应该与自身的实力相匹配，超出自身能力的期望都是负担，它不但不能让你飞得更高更远，反而会令你匍匐在地站不起来。当你拼尽全力，达不到期望时，最好不要再勉强，适度地降低期望值，不要再为难自己，不要跟自己过不去，学会欣赏自我，改变成王败寇的想法，假如你成为不了响当当的大人物，做个快乐的普通人也不错。

厌倦就是改变的开始

詹妮弗最近对生活有些厌倦，她终日躺在床上盯着天花板发呆，脑海里充满了消极的念头。她就像一个能量耗尽的电池，再也没有力量维持日常的生活。以前她总能把房间打扫得一尘不染，总是行色匆匆地上班下班，周末约朋友打网球，但现在任何一件事情都完成不了。屋子里乱作一团，她无心收拾，从办公室拿回来的文件，她无心理会，朋友打来电话，她也没有心情接。

如今的她对一切都厌倦透顶，她迫切地想要脱离目前的生活，如果可以的话，她想离开地球，移民火星，在一个遥远的世界开启另一种生活。可惜以目前的科技水平和技术水平而言，人类能在火星上建造家园的希望十分渺茫。

詹妮弗不明白自己为什么总想逃离，有时她想也许是因为她对自己以及人类文明都感到失望吧。她不清楚苦苦奋斗究竟有什么意义，也不清楚自己为什么必须要跟别人竞争，为什么要身不由己地活着，为什么要活得那么累，她有好多问题都找不到答案，总是觉得无论做什么都没有意义，无论做什么都不能改变现状，既然如此，不如什么都不做。

不知你是否有过这样的体验：忽然觉得生活乏味无趣，人生苍白虚无，认为一切都没有意义，所有的努力都是徒劳。以前那些令你引以为傲、能让你获得满足感的事情，现在已激发不了你的热情，你体内的激情似乎在一瞬间全部枯竭了，你变得意志消沉，仿佛进入了暮年一般。你知道这样的事情是怎么发生的吗？知道自己为什么变得如此消极吗？不要过分责怪自己，你不是唯一有这种感受的人。你之所以会变得如此消极颓废，有很多原因，责任并不完全在你自己身上。

长期以来，人们看待世界和看待自己的方式都是简单粗暴的，疯狂的消费、无休止地占有成为了多数人崇尚的生活方式。为了过上所谓的光鲜生活，从小到大都在拼命地搏杀，读书时致力于考高分读名校，毕业以后想要找份体面的工作，住华宅买豪车，人生目标非常明确，任何一个目标达成的过程都好比一场战争，你需要左冲右突，在千军万马中拼杀。可悲的是无论胜与败，你都体会不到快乐的感觉，因为你已经累得丧失了感知快乐的能力。

忽然有一天，你莫名感到迷惘，开始怀疑生活，怀疑人生，怀疑之前树立的目标。你突然之间丧失了目标感，对一切感到厌倦和憎恨，不想再疲于拼命，不想再像机器人一样劳碌，不想再这样庸俗而盲目地活着，你渴望发现生活的诗意和多样性，渴望按照自己的内心生活，可是面对残酷的现实，却又要被迫为五斗米折腰，在无休止地挣扎中，你觉得非常苦闷疲累，于是愈发消沉，只想浑浑噩噩游戏人生。千万不要那么做，生命对每个人来说只有一次，无论你正经历着什么，都不能浪费生命，你只是暂时感到困惑而已，不代表你会被永远困住。厌倦往往意味着改变的开始，如果你对目前的一切已经厌倦了，那么可以尝试换一种方式生活，其实想要换一种活法并没有那么难，只要你有决心，任何事情都能办到。以下几点建议可供你参考：

制定新的目标清单，把新鲜元素带入生活

人类追求的终极目标应该是幸福，而不是功名利禄。以前树立目标的时候，你满脑子充满功利思想，没有考虑过自己内心的真实感受，所以即便得偿所愿，也丝毫感受不到幸福。从今天开始，遵从自己的内心而活，认真地思考一下你最想要的究竟是什么，怎样才能快乐。如果你一时找不到答案，那么先订立一些小目标吧，先让自己僵死的心活过来，其余的事情可以从长计议。你可以策划一次说走就走的旅行，沿途领略旖旎的风光和有趣的风土人情，也可以从事任何一种能给你带来兴奋感和新鲜感的活动，多尝试一些自己没尝试过的事情，让自己多一些愉快的体验。也许过不了多久，你就能摆脱颓废的状态，重新恢复活力。

制作每日活动时间表，让自己的生活充实和丰富起来

心情不佳时，你可能什么都不想做，只想对着空空的墙壁傻傻地发呆，或者窝在沙发看无聊的肥皂剧、不加节制地吃垃圾食品……不能让自己再这样沉沦下去了。你必须马上改变自己的生活态度和生活方式，一定要对生活有所规划。每天制作一张活动时间表，详细列明每段时间从事什么活动，最好每个小时做一件事情，别让自己继续百无聊赖地混日子了。

学习新技能

学习一项新技能，可以让你摆脱无聊的生活，获得前所未有的新鲜体验。如果你能全身心地投入其中并享受这个过程，满怀热情地把一件事情做好，就能开启全新的生活。在状态极差的时候，不要继续愁眉苦脸地充电，而要多学一些自己感兴趣的东西，比如插花、烹饪、瑜伽等。

第二十一章

选择障碍症：取舍难，抉择更难

你应该有过相似的经历：购物时，看到琳琅满目的商品，款式各异的漂亮衣服，感觉眼花缭乱，不知道该选哪一个，挑来挑去始终拿不定主意，最后什么也没买。其实这就是选择障碍症在作怪。人生总要面临各种各样的选择，小到一件衣服、小商品，大到房子、车子、工作、婚恋，你总要在权衡比较后，认定一个选项，选项越多，你也许会越困惑。

取舍难，抉择更难，选择是一件非常劳心费神的事情，谁能保证自己选中的东西一定是最好的呢？谁能保证日后不会后悔呢？也许你放弃的那片面包恰好涂着美味的黄油，也许你放弃的那支麦穗更大更饱满。不管你选择了哪个选项，或多或少都会留下一点遗憾。为了不留任何遗憾，做出最理想化的选择，你会一再拖延时间，始终犹豫不决，最终错过了机会，造成了更大的遗憾。这就是选择障碍症给你带来的困扰，为了让人生少些遗憾，最好克服这种障碍。

选择恐惧——当断不断，反受其乱

艾米是一个优柔寡断的人，面对多种选择的时候总是很纠结。有一天她和男友到一家海鲜店用餐，落座之后，她一直在看菜单，把菜单从头到尾看了好几遍，犹豫了半天，还是不知道点哪个菜好，最后把决定权交给了男友。男友觉得难以理解："只是吃顿饭而已，何必那么郑重其事，选道菜有那么难吗？你喜欢吃什么就点什么好了。"

艾米笑笑说："菜品太多，我实在没法定夺，觉得哪道菜都可以，还是你来选吧。"此后每次一块吃饭，都是男友点餐，艾米一道菜都没选过。艾米声称她有严重的选择障碍症，自己一向拿不定主意。每次到商场买衣服，她都要求售货员帮她挑选，买其他小物件，也需要别人帮助参谋。以前她并不觉得这样做有什么不妥。直到临近毕业，她才发现选择障碍对自己的影响究竟有多大。大四那年，导师为她提供了一次非常重要的实习机会，那时她正忙着写论文，她不知道该先写论文好，还是该先去实习好。心想如果先去实习，就有可能耽误写论文，导致无法如期毕业，如果继续写论文，就会错过千载难逢的实习机会，毕业以后很可能由于实践经验不足找不到工作。艾米思来想去，没办法做决定。她压力非常大，觉得自己都快要垮掉了，后来她病倒了，只好在家休息，没有抓住实习的机会，论文也没能顺利完成，一度陷入抑郁。

在多项选择面前，你是否会举棋不定、犹豫不决，迟迟拿不定主意，任由时间溜走，最后仍然做不了决定，还把自己弄得精疲力竭？这其实是选择障碍症在作怪。选择障碍症是一种常见的心理疾病。调查显示，在正常情况下，一个人每天至少要做 70 个选择，小到出行路线、生活用品的选择，大到人生规划的思考，比如是留守一线城市还是回家乡发展，是出国留学还是留在国内工作，是跳槽还是留在原单位，等等，大约有 83%的人一时之间不知道该如何做出抉择，可见患有选择障碍症的群体有多么广泛。

如果你在生活琐事上拿不定主意，只是多浪费一点时间而已，并不会造成什么恶果，即便是选择失误也不要紧。但是对于感情、事业等终身大事，若是游移不定，迟疑不决，可能会造成一生无法弥补的遗憾。诚然，面临重大抉择的时候，很多人都无法做到当机立断，年轻人尤其如此，许多人习惯了被家长包办一切，长大成人之后忽然要自己做主，自然会觉得无所适从，更何况选项越多，越难做出选择。

在电影《天生购物狂》中，男主角李简仁武艺精湛，身手不凡，他掌握了很多门派的功夫，随便施展一手就能克敌制胜，可是在关键时刻，他总是拿不定主意，不知道该选哪门功夫好，比画来比画去就是不肯出手，直到对手都快睡着了，他还没想好施展哪门绝技。影视作品中的情节虽然有点夸张，但的确可以反映现实生活。患上选择障碍症的人确实如此，随便做出一种选择都有可能解决现实的难题，偏偏比较来比较去，难以定夺，最后不但浪费了时间，还把自己推向了失败的境地。

你也许听说过布里丹毛驴的故事，它讲述的是叫布里丹的教授饲养了一头小毛驴，每天都要购买一堆新鲜的草料喂养这头毛驴。有一天，卖草料的农民白白赠送了一堆草料。小毛驴站在两堆干草之间，左顾右盼，始终无法分辨哪堆草料更好。它一会儿考虑口感，一会儿考虑质量，来来回回地在两堆草料之间奔走，最后竟活活饿死了。这个故事初听起来，感觉很极端，其实它恰恰能反映人们的心理状态。在鱼与熊掌不可兼得的情况下，总是患得患失，既想尝到肥美的鱼肉，又舍不得放弃熊掌，得到了鱼又觉得似乎熊掌的味道会更好，而得到了熊掌又觉得也许鱼更美味，权衡比较无数次之后，心中还是没有答案，结果什么也没得到。

古语云："当断不断，反受其乱。"我们每个人都要面临各种各样的抉择，有时候我们再三斟酌之后做出的选择未必最佳，但终归要比什么都不选好，什么都不选，什么都不做付出的代价往往更高。俗话说得好，时间不等人，机会总是稍纵即逝的，在紧要时刻，如果我们没有当机立断的勇气，就会错失良机，最终一无所获。

人生岔路口，总让人望而却步

米勒在23岁那年面临着人生中最大的抉择，摆在他面前的一共有四个选择：一是考研深造；二是自主创业；三是接受巨头公司的邀请马上就业；四是出国留学。

他学习成绩优异，好几门功课的成绩都是A，考研是没有问题的，一定能通过。他家境殷实，创业不用为资金发愁。在进入大四学年那年，已经有巨头企业向他伸出了橄榄枝，他随时都可以上班。出国留学也没有任何障碍，经济上父母会无条件地支持他，他本人适应能力也很强。

同学们都很羡慕米勒，觉得他未来的道路非常宽广，无论做出怎样的选择，成就都会在他人之上。只有米勒不这么想，他宁愿面前只有一条路，也不愿有这么多选项。他认为放弃读研或出国留学，眼界无法打开，对未来的发展不利。可是一门心思学习理论知识，就会错过积累实践经验的机会，无论是就业还是创业，都有利于积攒更多的社会经验。米勒纠结了半年，始终不知道该怎么选择，他一会儿忙着考研，一会儿为出国留学做准备，期间到巨头公司打过工，还曾经游说过父母支持自己创业。由于精力分散，最后什么都没做好。而他的同学有的已经得到了安稳的工作，有的考取了研究生，有的出国留学了，只有他一事无成，什么也没做好。

有的人认为选择障碍症是一种富贵病，理由是人们在没有选择的年代，尚且可以过得很好，如今有了更好的条件，可以按照自己的意志去生活，能优中选优，在诸多的选项中挑选出最有利于自己的方案，这有什么不好呢？为什么反倒手足无措、焦虑不安呢？

其实人们害怕选择是有道理的。《海上钢琴师》这部影片反映的就是选择的无限性带给人们的压力和困惑。钢琴家1900年在船上出生在船上长大，终年在海上漂泊，他热爱这种生活，因为在船上弹琴让他感到踏实而安定，他说：“你知道钢琴只有88个键，随便什么琴都没差。它们不是无限的，你才是无限的，在琴键上制作出的音乐是无限的。我喜欢这样，我活的惯。”陆地上的生活则让他分外迷茫，即使在大船要被炸毁的时刻，他仍旧不愿下船，他拒绝下船的理由是：“仅仅是街道，就有上千条！你下去该怎么办？你怎么选择其中一条来走？怎么选择‘属于你自己的’一个女人，一栋房子，一块地，或者选择一道风景欣赏，选择一种方式死去。”

的确，当你面临万千选择的时候，确实很难确定哪一个究竟是自己想要的。如果你面前有无数条街道，你怎么知道哪一条通向终点？其实不知道又有什么要紧呢？随便选一条探索着前进便是了，何苦要那么苦恼呢？问题是在拥有主动权的情况下，谁都不甘心把命运交给运气，总想在深思熟虑之后做出最佳选择，可是深思熟虑之后就能做出永不后悔的选择了吗？当然不能。所以人生岔路口，总让人望而却步。

从心理学分析，我们无法快速地做出明确的选择，主要是基于以下几点原因：

无法预估未来

我们对未来的憧憬是建立在想象基础上的，它并不一定能转变成现实。我们对各个方案的考量，带有很大的主观性，没有人能准确预言，选择了 A 方案是什么结果，执行了 B 计划又是什么结果。很多时候我们并不相信自己勾勒出来的未来愿景，心中底气不足，所以尽管踌躇满志，还是无法做出正确的抉择。

由于不能真正掌控未来，我们往往会高估一次选择对自己造成的影响，认为选择失误可能抱憾终身，预先在头脑里描绘出了灾难性后果，所以在实施重大举措之前，我们往往谨小慎微，没有了往日雷厉风行的自信风度。

无论做出任何选择，都要付出机会成本

你选择了一样东西，就意味着要放弃另外一样东西，这就是我们常说的机会成本。比如你选择了鱼放弃了熊掌，熊掌就是你所付出的机会成本。选择的范围越广，选项越多，当你做出抉择时，放弃的东西也就越多。这就好比你在 12 种颜色中要选出一种颜色，就意味着你放弃了 11 种色彩，这比两选一的机会成本要高出许多。你若是没有选择，必须接受一种颜色，那么机会成本为零，你就不会感到焦虑了。这就是现代人患上选择障碍症的根本原因。

效用最大化期望

每个人都希望能选出最优方案，做出对自身最有利的选择。其实这种期望是不现实的。每种选择都是既有利又有弊的，你只能做出相对满意的选择，得不到完全满意的结果。如果你追求最佳最好，希望一切都如自己所愿，必然会大失所望，在比较的过程中，你会发现无论怎么选择，自己都不会称心如意，你的期望永远都达不到，所以无论你浪费多少时间考虑问题，都不会找到答案。

逃避责任，不想承担后果

每个人都会犯错，谁也不能保证自己的选择百分之百正确。如果你选错了工作，选错了伴侣，最终过得不幸福，究竟该责怪谁？恐怕只能怪自己，因为路是你选的，没有人强迫你。不想承担责任的人，往往会把人生的选择权交给别人，比如让父母打点一切或者听从朋友的意见，这样遇到挫折时，至少还可以把责任推给别人，自己扮演受害者的角色。

敢于对自己的行为负责，是一个人成熟的标志，结果并不重要，重要的是你变成了一个有担当的人。逃避选择，不敢承担责任，遇到问题就怨天尤人，是人格不健全的表现。从这个角度分析，患上选择障碍症的人大都不够独立，思想和行为比较幼稚，没有勇气承担责任。

有时候选项越多，反而越不自由

伊莲娜是一个非常出色的女性，她事业有成，年纪轻轻就在权威杂志上发表了好几篇重量级的论文，广受业界人士好评，前途无限光明。她不仅是个聪慧精干的女强人，还是一个体贴的好太太、一个温柔的好妈妈。无论工作有多忙，她都会抽出时间好好和丈夫、女儿相处，他们一家三口经常到海滩游泳、晒太阳。女儿挽着她的手臂，一路蹦蹦跳跳，丈夫深情款款地看着她，眼里有满满的爱意。所有人见了他们都会赞叹不已，如此美满和谐的家庭当然让人羡慕，最难得的是伊莲娜那样优秀的女性，当她回到了家里就自觉褪去了光环和霸气，像一个普通人那样和蔼可亲。

表面看来，伊莲娜无可挑剔。可实际上并非如此。伊莲娜患有严重的选择障碍症，不知道该给孩子买什么款式的鞋子，不知道该给丈夫买什么款式的领带，买完东西之后常常到商场退换，没完没了地折腾。她不清楚该让孩子上哪所学校更好，女儿经常转学，刚刚适应新环境，又要被迫离开。女儿非常难过，曾经对邻家的小伙伴说："我真羡慕你，可以始终在一个学校读书。"小伙伴说："有什么好羡慕的，我读不起私立学校，只能到收费最低的公立学校上学，我倒是很羡慕你，全市最好的学校随便挑。""那有什么好，选择越多未必就越幸福。"伊莲娜听到女儿小小年纪就发出这样的感慨，难过得流下了眼泪。

人们常以为，选择越多，自由度越大，得到的福祉也就越多。也就是说当可能性无限扩展的时候，你就可以随心所欲地安排自己的生活，随着物质的极大丰富，人们将活得更快乐更幸福。事实果真如此吗？

其实不是，选择的自由越大，我们反而会更不自由，而且还有可能被"一切皆有可能"的错觉束缚住，愈发感到不幸福。如果商店只提供两种不同类型的牛仔裤，你可能都不喜欢，挑选了一款慢慢地把它穿旧，不知不觉就爱上了它，不再挑剔它的瑕疵。可是假如商店有几十款的牛仔裤，无论你选择哪条买回去之后都会后悔，觉得自己眼光不到位，没有买到更好的。再比如你接到了一家公司的面试通知，一定会欢欣雀跃地做准备，心里不会有什么别的想法，要是同时接到了三家公司时间都一样的面试通知，情况就不一样了，你参加一次面试就意味着要错过两次面试，无论怎么选，都觉得自己有所损失，反而更加不开心了。

选择增多并不一定会带来好的结果，选择的广度拓展以后，自由度并没有真正变大，满足感不但没有得到提升反而下降了。这是一个不争的事实。不知你是否这样认为：人的一生都是选择的结果，你选择的城市决定了日后的发展，你遇见的人决定了你的社交平台，你选择的商品决定了你的个人品位，你转身走进的那家酒吧决定了你的人生际遇，那些看似不经意的决定，足以改变人的命运。当道路狭窄，选择途径少的时候，你抱怨连连，觉得很多可能性都被扼杀了，可是当拥有了更多选择的时候，却感到更加沮丧，不知道未来的路该怎么走。

大量事实证明，选择多样化会带来种种副作用。有个心理学家曾做过这样一个实验：在第一组实验中，他为顾客提供了 7 种不同口味的果酱，在第二组实验中，果酱的品类多达 24 种。因为第二组实验中，丰富的果酱品类吸引了大批顾客，人们反复比较哪一种口味更好，显得有些迟疑不决，离开食品店的时候，97%的人空手而归，什么也没买，仅有 3%的人选购了果酱。这种情况与第一组实验大不相同，虽然选择范围很少，人们还是高高兴兴地买了果酱，大约有 30%的人买到了自己想要的食品。

这个实验说明，选择越少，人们往往越果断，越能发现自己想要的是什么，而更多的选择则会使人无所适从。很多人认为任何东西都是越多越好，选择多意味着机会多，其实不是这样，无论事物还是人，数量并不重要，是否符合你的心意才是最重要的，上百种果酱里如果挑不出一种符合自己口味的，品类再多又有什么用。人也是如此，朋友也好，恋人也罢，全都是在精不在多，数量太多，有时候反而不是一件好事。

人们在拥有更多选择的时候，往往更容易迷失。比如你的月收入是 7000 元，住在普通社区，周围的居民生活水平大致与你持平。由于经济上受到限制，你不能迁移到其他地点居住。可是有一天你的月收入上升到了数万元，年收入高达几十万元，你有了更多的选择权，可以搬到任何一个豪华社区居住，到时你会发现无论到了哪个社区，你都不会太开心。你没有办法预测你追求的和你真心想要的是不是完全一致，选择的范围越大，你失误的概率越高。选择范围小的时候，你的目光反而更敏锐一些，心灵也更敏感一些，做出正确抉择的概率也更高。

徘徊踌躇时，须当机立断

丹泽尔大学毕业之后面临着两难困境，他在家乡找不到工作，为了前程考虑，他不得不奔往加州发展。可是女友想要留在家乡，不能随他同往，这就意味着在前途和感情之间，他只能二选一。经过一番权衡之后，他决定只身前往加州，安顿下来之后，与女友异地恋，两人每个月见一次面。女友同意了。

丹泽尔来到加州后，一切都很不顺利，苦熬了三个月以后才勉强找到一份工作。在异地他乡生活，丹泽尔感觉很不习惯，经常思念家乡，思念女友，而那份工作对他来说就像鸡肋一样，食之无味弃之可惜，他时常怀疑自己的选择，后悔离开家乡。半年之后，他萌生了打道回府的想法。他认为自己继续留在加州，事业也不会有什么起色，为了这份没有前途的工作影响到和女友的感情非常不值。

做出决定后，丹泽尔马上给女友打了一个电话，女友听到这个消息非常高兴，用愉快的语调说："我真怕你会一去不回头，你离开的时候是那样决绝，我以为我们两个要永远天各一方，好在你就要回来了。快点回来吧，丹泽尔，没有你的日子真的很难熬。"丹泽尔开心地说："以后我们再也不分开了，我打算帮助爸爸经营便利店，彻底结束漂泊的生活。"

丹泽尔辞去了工作，买好了车票，收拾好了行囊，正整装待发，偏偏在这个时刻收到了一家知名企业的面试通知。辞职之前，他胡乱投了几份简历，附带了自己设计的作品，根本没想过会得到回复。踌躇再三后，丹泽尔怀着无比复杂的心情参加了面试，令他没想到的是他当天就被录取了。想起对女友的承诺，他非常纠结，沉吟半晌，他想出了一个还算两全其美的主意，那就是先回到家乡和女友团聚，然后陆陆续续地把自己的创意作品邮寄给这家企业。

一晃很多年过去了，丹泽尔继续经营着家里的便利店，偶尔做做兼职，给当初录取自己的那家大公司提供几幅作品，他没能成为一名真正的设计师，于是又开始后悔当年的选择。其实他和女友的感情一直不温不火，两人并没有进入谈婚论嫁的阶段，有时他想为了这么一段不成熟的感情放弃大好的机会是多么不值啊，然而事已至此，一切已无法挽回了，除了维持现状，他还能做什么呢？

有一句歌词非常耐人寻味："人生有许许多多路口，常常不知向左还是右。"一语道出了人在面临万千选择的时候，困惑迷惘的心情。人生的道路有许许多多分岔口，你做出的选择决定你今后的道路，自然要慎之又慎。有时候生活并不像你想象的那样，令你遐想的道路并没有让你期待的风景，走到半途中时你可能会徘徊犹豫，甚至捶胸跺足、悔不当初，想要折返回去重新选择，路选错了可以折回，可人生的剧本写错了却不能推倒重来。也许这就是那么多人患上选择障碍症的根本原因吧，那么徘徊踌躇时，我们该如何克服这种心理障碍，当机立断地做出抉择呢？

了解自己的真实需求，追求"足够好"而非"最佳选择"

每个人在做出选择之前，都会进行利弊分析，可是经过反复权衡比较之后，仍然犹豫不决，不知道该怎么选，即使继续纠结下去，也不可能有什么结果。人们如此纠结，无非是因为过度苛求结果，希望做出最好的选择。其实每个选项都是利弊参半的，百分百有利于自己的选项是不存在的，没有绝对的最佳选择，只有相对好的选择。

在权衡利弊的时候，不要苛求最佳、最好，要立足于自己的需求，详细列出每个选项给你带来的优势和劣势，经过两相对照之后，你的头脑会变得异常清晰，这时你要相信自己的直觉和判断，跟着心的感觉走，从而做出相对正确的决定。

精减选项，用排除法缩小选择的范围

如果选项太多，你不知道什么才是自己真正想要的，那么可以首先排除自己不想要的，放弃多余的选项，从而缩小选择范围。排除选择是一种非常有效和实用的选择方法。这个过程就像你在做四选一的选择题一样，想要马上选出标准答案并不容易，你能选对的概率比较低，在这种情况下，你必须寻找更好的突破口，从最不靠谱的选项入手，逐一排除存在疑虑的选项，最后剩下的唯一选项，通常比较可信，它极有可能就是你要找的答案。

这种方法适用于生活的方方面面。比如择业时你不知道自己该进入哪个行业，也不清楚进入哪个领域更有发展前途，可以首先排除自己最不感兴趣、最不擅长、最没有发展前景的行业，逐渐缩小选择的空间，最后找到相对适合自己前景又比较看好的行业。

用不同的态度对待不同的选择

人生中只有少数几个重大的选择会决定你一生的发展方向，大多数选择并不会对你的生活产生什么实质性的影响，你根本就没有必要为它们焦虑。比如外出用餐，你既想吃麻辣烫又想吃炸酱面，从价格、口感、营养健康等多方面权衡比较之后，依然纠结不已，这完全是没有必要的。一顿饭而已，根本不值得你殚精竭虑，这次随便选择一种，下次选择另外一种就可以了，何必纠结呢？

人生中重大抉择，很多时候也不是一次选择定终生的，比如择业，一辈子只做一份工作的人少之又少，在一家公司干一辈子的人更是稀少，所以即使你选错了，还是有机会重新选择的，你不必过于焦虑。

无论结果如何，都要坦然接受自己的选择

人们常犯一种错误，选择了 A 之后，总觉得 B 会更好，选择了 B 则会后悔当初没有选择 A。无论做出什么样的选择，都会认为得不到的才是最好的，放弃的都属于追不回来的损失，如此一来，无论怎么选，都不可能感到满意。最明智的做法是，既然选择了，就坦然接受，选择了 A 就把 A 当成最好的方案，不要再想 B 了，即便后来发现 B 确实比 A 好，也不要过分懊悔。你可以这样想：虽然 B 更好，但 A 也不错，停止纠结尽量让自己保持心态平衡，停止无谓的比较。

第二十二章 谁都有一份无法安放的忧伤

不知你是否听过这样一句低回婉转的歌词："每个人心里都有一段悲伤，想隐藏却欲盖弥彰。"它以凄美诗意的语言幽幽道出了万千人的心声。是的，谁都有一份无法安放的忧伤，在这个世界上，你并孤独，你不是唯一一个对月长叹的人，也不是唯一一个在黑夜里放声哭泣的人，人行于世，万般艰难，谁又能天天笑靥如花、展露欢颜？灿烂笑脸的背后又有多少心酸的泪水？不要看别人笑得一脸明媚，就认定他（她）永远无忧无虑，笑容也许是一种掩饰，也许是一种自慰。什么时候你不再愁眉苦脸，不再强颜欢笑，可以潇洒地甩甩头，笑得云淡风轻，那么再沉重的忧伤也不能把你压垮了。

原来心理也会患上“伤风感冒”

心理流感是一种广泛存在的现代病，它就像流行性感冒一样常见，虽不致命，却会令人痛苦不堪。那么心理流感是怎么形成的呢？人们又是怎么患上这种心理疾病的呢？众所周知21世纪是科技、经济高速发展的时代，人与人之间的竞争空前激烈，现代人普遍面临着前所未有的压力，所以不知不觉就患上了各种各样的心理疾病。

如果你感到迷茫、恐惧、愤怒、伤心、羞愧、倦怠，在日常工作中找不到乐趣和满足感，在人际关系中感受不到关爱和温情，无法信任自己和他人。像只刺猬一样时刻处于紧张的防卫状态，时常感到沮丧、压抑、无助，对整个世界失望，对自己更加失望，那么你一定是感染上了心理流感。

心理疾病的破坏性和杀伤力绝不亚于生理疾病，决不可掉以轻心。但患上心理疾病也不必过于紧张，因为你不是个案，在你的身后还有千千万万个与你类似的人，你并不孤独，也不是唯一的受害者，收起你的抱怨和愤怒，直面自己的问题，努力解决问题，唯有如此，你才有希望获得治愈。

小欧在一家大中型公司当会计，迄今已经工作七年了，在这七年里，她一直兢兢业业地努力工作，从一个不谙世事的菜鸟逐渐成长为一名独当一面的“白骨精”。按理说，像她这样的元老级员工，在公司岗位出现肥缺的时候，理应被优先提拔，但财务总监的候选人名单里始终没有出现她的名字。老板不但不器重她，反而总对她吹毛求疵，只要她犯了一点小错误，就会受到劈头盖脸的责骂和批评。

小欧不服气，多次想过辞职走人，可又割舍不掉优厚的待遇，因此非常苦恼。长期以来，她一直调整不好自己的情绪，总是莫名感到郁闷生气，工作的时候总是精神恍惚，越来越讨厌跟同事打交道，渐渐地，与所有的人都疏远了。同事都把她当成怪人，好友觉得她有点神经兮兮的，男朋友也对她越来越不耐烦，不止一次地骂她是神经病。小欧很难过，觉得非常孤独无助，时常独自流泪到天亮。她知道自已病了，由于羞于启齿，无法从外界获得帮助，心理状态越来越差，几乎走到了崩溃的边缘。

在很多人看来，心理问题是一个难以启齿的话题，一个人可以毫无压力地承认自己患有胃病、牙病或者其他类型的疾病，却死活不愿承认自己心理出了问题。不少人甚至直接把心理疾病和精神疾病画上了等号。正是因为讳疾忌医，我们受伤的心灵才长久得不到治愈。其实作为现代人，每个人都会或多或少地患有某些心理疾病，谁都有一份无法安放的忧伤，谁都有脆弱的时候，很少有人能完全对心理流感病毒免疫，你并不是一个人在孤军奋战，所以不要感到恐慌，也不要感到羞耻，而要勇敢地跟自己的心魔做斗争，把困难踩在脚下，以一个胜利者的姿态迎接美好的未来。

仔细观察你会发现，心理流感就像铺天盖地的“后现代”元素一样，已经席卷了我们生活的各个角落，甚至已经深入波及我们生活的各个层面。比如表面嘻嘻哈哈、玩世不恭的乐天派，内心却异常冷漠无助；习惯了在写字楼中苦熬日子的白领，往往忽略了窗外四季的变化；年纪轻轻、涉世未深的少年声称自己看透了世态炎凉，不再相信人世间的真情；热衷于无厘头式调侃的段子手，无法向任何人袒露心扉；被狗血肥皂剧情感动得泪流满面的宅男宅女，对身边的人漠不关心；疯狂考证过级的励志达人，不知道奋斗的意义……

再比如马路越来越宽，“路怒症”却没有因此减少；银行存款越来越多，安全感却直线下滑；屋子越来越大，装修越来越豪华，防盗门越来越严密，家的感觉却越来越淡；得到的越来越多，满足感却越来越少；工作经验越来越丰富，工作热情却被稀释得越来越少；自己越来越优秀，越来越干练，自信心却越来越少；变得世故和现实以后，不再相信纯粹的爱情与友谊，心里却偏偏渴望得到这些东西；宁愿宅在家里暗无天日地看球赛，也不愿出门踢一脚好球；宁可做一个愤世嫉俗的键盘侠，攻击素不相识的人，也不愿意做一些对自己和他人都有益的事情……

现代人就是这样矛盾，所追求的东西总是与自己的情感需求背道而驰，面对分裂的自我，要么麻木不仁，要么歇斯底里，有的人沉迷于灯红酒绿的糜烂生活，有的人习惯在喧嚣的人海中茫然四顾，有的人则喜欢面无表情地发呆。种种表现都符合时代病的特征。假如你患上了同样的时代病，不必懊恼，不必隐藏，承认就好。你唯有接受一个真实的自己，才能在日后实现自我治愈。

一切的痛苦，本质上都是对自己无能的愤怒

王小波说："人一切的痛苦，本质上都是对自己无能的愤怒。"一语道出了痛苦的真谛。人之所以活得不快乐，会患上这样或那样的心理疾病，皆是源于巨大的心理落差以及在现实面前那种无能为力的感觉。人一旦失去掌控感，能力被否定，就有可能被抑郁症、焦虑症、强迫症缠上，从而陷入痛苦的深渊。

没有人愿意承认自己无能，因为每个人的心目中都有一个理想化的自我。自恋是人类与生俱来的本能，适度的、健康的自恋可以帮助我们提升自尊，建立自信，它是心灵的营养品，能滋润和营养我们的生命。当自恋的原始需求得不到根本满足时，痛苦就会随之产生。比如考试成绩不理想、工作不顺利、被朋友拒绝、被恋人放鸽子等负面生活事件，都会给我们带来强烈的挫败感，此外经济状况不佳、找不到人生坐标，找不到归属感，也会诱发身份认同障碍。

不可否认的是，我们对自我的评价是建立在外界因素基础上的，所谓的理想化自我形象本质上都是社会化的产物。我们评价自己不可避免地会受到社会主流价值观的左右。人们评价一个人是否成功、是否优秀，是以薪资的多少、财产的多寡、房车的级别、社交圈的层次为横纵坐标轴的，鲜有人关注精神层面的体验和感受。在物化的世界里，每个人都在拼命占有资源拼命赚取财富，可是资源的总量是恒定的，竞争就显得异常残酷。

有的人相信，通过后天的努力可以填平一切的鸿沟，可事实人与人之间的差距是不可能完全消除的。如果人人都能变成比尔·盖茨或李嘉诚，那么世界

的金融体系和资本市场将陷入瘫痪和混乱。人只有认清自我，认清自己在社会中所处的位置，才不至于用超我的形象来要求自己。

有一部叫作《富贵逼人》的经典喜剧，较为真实地反映了处在社会转型期，广大市民的普遍生活状态。主角骠叔在一家电视台做主持，收入微薄，一家五口被迫蜗居在廉价的出租屋里，忍受种种不便以及噪声的干扰。骠婶整天做着一夜暴富的发财梦，沉迷于搓麻将和买彩票，不想有一天竟真的天降横财，居然中了六合彩头奖。

一家人欣喜若狂，但这笔意外之财并没有给他们带来真正的幸福，反而招来了一连串的祸事，直到他们失去了所有的财富，生活才恢复了平静。骠叔这才意识到不是自己的东西不该贪恋和强求，身外之物永远没有亲情重要。

人们常犯的一种错误就是，喜欢异想天开，不愿接受真实的自我。总是高估自己，觉得只要努力一切愿望都可以达成，期望落空之后，又会莫名地鄙视和憎恨自己，没完没了地在高度自恋和自我鄙视之间摇摆，从一个极端走向另一个极端，找不到可以栖身的中间地带。若想摆脱这种无力感和愤怒感，只有一个途径，那就是不去迷信成王败寇的法则，建立起多元化的自我评价体系，允许自己做一个快乐的、独一无二的普通人。

你成为不了比尔·盖茨，进不了福布斯财富排行榜，没有香车宝马，没有光环加身，只是茫茫人海中极不起眼的一个普通的市民，每天按部就班地上班下班，长年过着波澜不惊的生活，一生籍籍无名，可这并不意味着你的存在没有价值。在这个世界上，每一朵花都有独特的芬芳，每一个生命都是宝贵的存在，人的价值是不能通过外物衡量的。

王建是名牌大学毕业的高才生，一直自视甚高，毕业之前就定下目标，非世界500强企业不进，工作满三年后年薪一定要超过百万。他相信只要自己矢志不移地朝这个目标努力奋斗下去，就一定会美梦成真。毕业以后，他如愿以偿地进了一家知名企业，本想着大干一场，做一番轰轰烈烈的事业，孰料企业人才众多，他无论怎么努力，都无法引起高层的注意，入职半年了，还在坐冷板凳。

王建无法接受这个事实，长期以来，他都把自己看成精英中的精英，多次向同学夸下海口说一年之内买车买房没问题。如今大半年过去了，他的薪水还停留在原来的阶段，现在见了同学他都不好意思主动打招呼了。王建觉得自己已然成了灰头土脸的失败者，从此无颜见江东父老，所以变得越来越自闭。他不想见任何人，尤其讨厌上班，每天早上都一脸悲怆，同事私下里开玩笑说，他上班简直比上坟扫墓还忧伤。王建听到后，气愤不已，从此再也不跟那位同事说话了。

有一次同学聚会，王建多喝了几杯，不停地向同桌大倒苦水，总是絮絮叨叨地重复三句话："我好差劲哦，后来的同事都晋升到了主管位置，薪水都涨到五位数了，我呢，还在原地踏步。我真的是技不如人吗？我的能力真的是很差吗？"同桌说："你就知足吧，我现在只是一名小职员，薪水还不及你的一半呢？不过我可不像你，整天一副苦大仇深的样子。""你是怎么做到的？"王建问，"如果我是你，真想买一块豆腐撞死算了。""我才不会拿豆腐撞头，那多浪费食材呀。"同桌笑嘻嘻地说，"我现在过得挺充实的，每天都有时间跑步和拉小提琴，这就是我想要的生活。"

"你是个多才多艺的人，即使再不济，也能当个文艺青年，而我什么都不擅长，只有出人头地，才能自我感觉良好。我现在真的觉得自己一无是处。"王建苦笑着说。"其实你也有很多优点啊，以前你很健谈，也很幽默，能给别人带来快乐，不过现在你和以前不一样了。"同桌惋惜地说。王建这才意识到自己失去了什么，他失去的不是创富的梦想，而是自我，这种损失远比任何经济损失都更为惨重。

为什么会有那么多人沉迷于不切实际的幻想中呢？是因为浮躁的社会，引发了人类原始的野心和欲望，还是因为我们被诱导着追逐同一个目标？不可否认的是，生活在信息爆炸时代，我们很难做到真正意义上的思想独立。网络、报纸、杂志上到处充斥着一夜成名的梦想故事，商业巨子、明星政要在所有的媒体大放异彩，成为所有人羡慕的对象，泛滥的励志文章和心灵鸡汤激励着我们，无论遇到任何挫折都不要气馁。

假如我们累到精疲力竭，倾尽了所有，还是没能成为梦想中的自己，也没过上自己想要的生活，审视自我时，就会产生那种“哀其不幸，怒其不争”的情绪，这就是我们一直痛斥自己无能的根本原因。其实只要我们屏蔽掉外界嘈杂的声音，冷静下来，仔细倾听内心的声音，让头脑中真实的想法浮出水面，就会发现人生最大的不幸不是成为普通人，而是趋之若鹜地去当被彻底物化的人，努力使自己摆脱这种境地，大多数的心理疾病都会不治而愈。